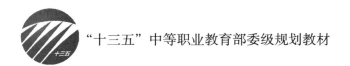"十三五"中等职业教育部委级规划教材

服装成衣设计

施 捷 主编

王 懿 李 军 副主编

中国纺织出版社

内 容 提 要

本书是"十三五"中等职业教育部委级规划教材。书中系统地介绍了服装成衣设计的全部内容以及实际操作的每一个环节，包括：成衣设计的程序、设计基础、流行趋势、设计要素、设计手法、分类设计等多项工作任务，与服装成衣设计就业岗位情境一致，承载教学服务于服装行业与生产实践的目的。全书在对服装成衣设计理论进行详尽介绍的同时，注重实操性，引入了大量的校企合作实操案例为设计依据，做到理论与实践相结合。

本书既可作为中等职业学校服装专业的教材，也可供从事服装专业设计的人员阅读与参考。本书附赠网络教学资源，便于教师教学与读者自学使用。

图书在版编目（CIP）数据

服装成衣设计 / 施捷主编. —— 北京：中国纺织出版社，2018.7（2025.1重印）

"十三五"中等职业教育部委级规划教材

ISBN 978-7-5180-5143-4

Ⅰ . ①服… Ⅱ . ①施… Ⅲ . ①服装设计 – 中等专业学校 – 教材 Ⅳ . ① TS941.2

中国版本图书馆 CIP 数据核字（2018）第 130358 号

责任编辑：宗 静 特约编辑：刘 津
责任校对：王花妮 责任印制：何 建

中国纺织出版社出版发行
地址：北京市朝阳区百子湾东里A407号楼 邮政编码：100124
销售电话：010—67004422 传真：010—87155801
http://www.c-textilep.com
E-mail：faxing@c-textilep.com
中国纺织出版社天猫旗舰店
官方微博 http://weibo.com/2119887771
三河市宏盛印务有限公司印刷 各地新华书店经销
2018年7月第1版 2025年1月第4次印刷
开本：787×1092 1/16 印张：18.25
字数：327千字 定价：49.80元

前言

　　服装成衣设计课程是服装设计与工艺专业的必修课程，也是培养服装专业学生综合服装设计能力的重要专业课之一。其目标是以应用型技术人才培养为核心，培养学生掌握和综合运用服装设计的能力。

　　2014年7月，教育部关于学习贯彻习近平总书记重要指示和全国职业教育工作会议精神的通知，明确提出"要着力推动专业设置与产业需求、课程内容与职业标准、教学过程与生产过程、毕业证书与职业资格证书、职业教育与终身学习对接，更好地适应技术进步和生产方式变革以及社会公共服务的需要。促进校企深度合作育人，激发职业教育办学活力。创新人才培养模式，坚持产教融合、校企合作，坚持工学结合、知行合一，着力提升学生的职业精神、职业技能和就业创业能力。"中等职业教育作为职业教育体系的重要组成部分，正是在这种形式下发展壮大的。

　　伴随着我国服装经济发展的不断深入，服装企业已从单一的服装来样、来料加工逐渐向服装品牌开发转型。众多企业需求一批服装产品设计人员、服装工艺师、服装板型师以及技术和生产管理人员等高技能专门人才，服装成衣设计在企业管理中的地位越来越重要，培养这方面的人才具有广阔的市场前景。为了满足中等职业教育对应用型技术人才的培养目标要求，我们组织了一批在教学一线从事服装设计理论教学和服装成衣实践教学经验丰富的优秀教师，深入企业一线实操，汲取借鉴成功经验，经过细致的调查和分析，我们发现中职学校服装设计专业在现阶段的教学中，普遍存在缺乏贴近企业实践的现象。

　　产生这种情况的原因主要有两点：一是服装设计教学理念中对"创新技能型"人才培养重视不够。培养创新型人才，需要通过服装成衣实践将创新理念转换为企业产品成果，为社会所用。对于中等职校来说，怎样才能运用创新教学法及方式，达到服装设计学科的教学目标；怎样才能培养出具有这样特质的创新学生，更好地适应企业的要求，实现中职服装毕业生"零距离"就业，真正与企业无缝对接，是职教工作者一直在实践摸索的问题。其关键点在于服装专业的教师对校企合作模式下教法和学法的独特设计，在于校企互动教学行动中对小项目课题研究活动进行实践、反思、分析和总结，并通过各种调研、竞赛、展示、交流、分析、教学检验等一系列活动，一边总结、一边探索研究，从而不断改进和完善对"创新技能型"人才的培养方案。二是服装设计教学手段的滞后和教学环境的局限。许多中职服装专业不能在教学实际中搭建起学生就业"真实性"空间和教师教学"有效性"平台。例如模拟提供企业服装设计、生产、营销等真实环境，完善专业技能训练过程，这是一种实际生产环境中完成项目工作的过程，也是一个理论学习、生产技术、技能训练有机结合的过程，是一个真实的实训环境。教师可以直接从生产实际、产品研发过程中提取教学素材，提炼、完善教学内容，把开展教学研究与企业生产实际结合起来，把新技术、新工艺引进课堂教学。同时，教师利用其双重身份，通过直接参与企业成衣研发，获取最新知识，开展科学研究工作，形成有实际应用价值的课堂成果转化。

本着"润物无声、育人无痕"的职业态度，以职业分析为依据，以岗位需求为基准，以培养成衣设计、管理服务一线的应用技术型人才为宗旨，多所学校多位老师合作编写了适合中等职业教育服装专业的。本教材以坚实的理论知识为基础，大量的校企合作真实案例为依据，同现有其他版本的教材相比，具有以下鲜明的特色。

（1）超越教室生成设计的学习与成长。这是未来职业教育发展要走的一个方向，是一种超越课堂、超越教室的学习方式。为了更好地实施课程改革，体现校企合作教学理念，在教学内容和地点设置上，力求与现代服装企业实际工作相吻合，实现学习训练环境与实际场景的高度"仿真"。

（2）关注价值顶层设计的增长与培育。中等职业教育精神是通过教育的持久价值来实现学生就业的创造价值。职业学校的教育梦想是希望每个学生发挥自己的潜力，形成专业化的学习能力。通过学习本教材，教育学生不仅要具备良好的应用技能，同时还要求学生挖掘自身潜力、见识、专业及技术，这些都在很大程度上影响着一个人学习的方式，甚至直接关系到就业后的成败。

（3）把握教学灵活设计的需求与手段。职业教育给予学生的能力结构可以分为三个层次，一是可以直观感受到、可以学习掌握的某一职业技能；二是行业领域内的通用技能；三是在行业和领域内所有人必备的核心技能。而核心技能是最高层次的能力，不仅决定从业者当下的工作绩效，还决定其日后的发展和终生成就。

全书共分八个单元，单元一、单元二、单元五由江苏省南通中等职业学校的王懿老师负责编写；单元三、单元四、单元六、单元七学习任务一由江苏省南通中等职业学校的施捷老师负责编写；单元七学习任务二、学习任务三、单元八由东莞市纺织服装学校李军老师负责编写。施捷老师负责全书的总纂及修改。

在本教材编写过程中，得到中国纺织出版社、上海赛晖服饰有限公司、江苏唯路易实业有限公司的鼎力支持，在此表示真诚的谢意。

本书编写历时两年，由于作者水平有限，在有限的撰写时间中，难以达到尽善尽美，书中难免有不足和疏漏之处，敬请各位专家、读者指正。

施　捷

2017年10月

目录

单元一　服装成衣设计概述

单元描述： 我国成衣业的发展，可以看成是一个时代的剪影。透过其产生、发展、变革的历史，可以清晰地感受到时代生产力的发展和人们审美观念的变革。我国的成衣业经历了由早期手工作坊式的生产阶段至近代工业化生产阶段，直至当今品牌细分化和竞争多元化（国际化）的阶段。

能力目标： 能够对服装进行合理的层次定位；能够分析普通成衣、高级成衣及高级定制服装的差异；能够掌握新中国成立后的女子典型成衣样式；能够理解服装设计师需要具备的职业素养。

知识目标： 理解并掌握成衣的层次结构；了解成衣业的产生过程及我国成衣业的发展脉络；理解并掌握服装设计师所需要具备的职业素养。

学习任务一　成衣设计概述

一、任务书

请将图1–1～图1–3所示的几款成衣进行层次定位，并分析说明原因。

| 图1-1　博物馆珍藏女装 | 图1-2　Alexander McQueen （亚历山大·麦昆）作品 | 图1-3　时尚运动女装 |

（资料来源：时尚网http://www.yoka.com；蝶讯网：www.sxxl.com）

（一）能力目标

（1）理解并掌握成衣、高级成衣、高级定制的含义。

（2）能够对成衣进行合理的层次定位。

（3）能够分析普通成衣、高级成衣及高级定制服装的差异。

（二）知识目标

（1）理解并掌握成衣的概念及特点。

（2）理解并掌握成衣的层次结构。

二、知识链接

成衣设计概述主要包括：成衣概念；成衣的层次；成衣设计（图1-4）。

（一）成衣

成衣是区别于量体裁衣式的个人定制而出现的批量化生产模式，它是服装企业依托工业化的生产流程，参照国内外的号型标准，根据市场的需求而出现的制衣形式。

成衣除了具备规范的号型标准外，其面料的成分、款式造型、颜色、尺寸、产品包装、洗涤保养说明等均有明确的标志和标准。因此，成衣具有以下特点。

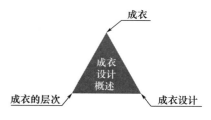

图1-4　成衣设计概述思维导图

1. 号型标准规范化

我国目前的成衣产品参照的是国家号型标准，这是服装行业确定样板规格的基础，消费者可以根据个人的体型特点，找到适合自己的成衣。

【友情链接】服装号型标准

（1）概况。

国家服装标准《中华人民共和国国家标准——服装号型》由国家技术监督局于1991年7月17日发布，1992年4月1日实施，分男子、女子和儿童三种标准，它们的标准代号分别是GB 1335.1—91、GB 1335.2—91和GB/T 1335.3—91。经过修订，目前使用的服装号型标准是2008年12月31日发布，2009年8月1日实施，仍旧分男子、女子和儿童三种标准。标准代号为GB/T 1335.1—2008、GB/T 1335.2—2008和GB/T 1335.3—2009。

（2）人体体型分类。

号型的意义：号指人体的身高，以厘米为单位，是设计和选购服装长短尺寸的依据。型指人体的胸围或腰围，以厘米为单位，是设计和选购服装肥瘦尺寸的依据。

人体体型分类：国家标准根据人体的胸围与腰围的差数，将体型分为四种类型，即Y、A、B、C，体型所对应的男子胸腰差数分别为22～17cm、16～12cm、11～7cm、6～2cm，女子胸腰差数分别为24～19cm、18～14cm、13～9cm、8～4cm。

（3）号型的表示方法。

国家标准规定服装上必须标明号型，套装中的上、下装分别标明号型。例如，男装号型170/88A：适合于身高168～172cm，胸围在86～89cm及胸腰差在16～12cm的人。女装号型

160/81C：适合于身高158~162cm，胸围在79~82cm及胸腰差在8~4cm的人。

（4）号型系列。

身高以5cm分档，分成7档。男子标准从155cm、160cm、165cm、170cm、175cm、180cm到185cm。女子标准从145cm、150cm、155cm、160cm、165cm、170cm到175cm。胸、腰围分别以4cm、3cm、2cm分档，组成号型系列。身高与胸、腰围搭配分别组成5·4、5·3、5·2号型系列。

2. 生产模式批量化

成衣区别于量体裁衣的制衣形式就在于其产品的批量化生产。正是由于批量化的生产，有利于服装企业更好地进行成衣的品质控制，并且有助于企业降低成本，增加产量和利润，拓展消费市场。

3. 品牌定位细分化

随着服装行业的飞速发展，目前国内服装品牌林立，要想在激烈的市场竞争中获得一席之地，就要明确自身的设计定位，细分消费群体。成衣品牌的定位也要更加明确，同时需要具备前瞻的视野，尤其是现代女装品牌的定位，需要满足和体现不同消费人群的差异性需求，展现出个性化、时尚化、专业化的特点。

4. 营销模式多元化

当今服装销售市场竞争十分激烈，成衣的销售人员需要更加专业，需要懂面料、色彩、搭配、测量等服装的专业知识，懂得针对不同的消费心理推荐相应的服装款式，同时还需要及时将市场的供需情况反馈给企业。随着网络时代和电子商务销售平台的兴起，服装的营销模式呈现出多元化的特点。

5. 品质控制标准化

成衣的品质控制，需要建立健全的一系列的品质控制的方法和标准。例如，成品的号型、规格要求、生产中的品质控制、质检要求、面料的成分要求、洗涤要求、品牌的包装要求、商标标志要求等。这些对于当今企业而言，都需要十分严格且规范化。

（二）成衣的层次

按照成衣品牌的层次结构，有如下分类。

1. 高级定制

高级定制（译自法语Haute couture），也称为高级时装。它是根据顾客的特定需求而进行量身定制，以设计师的服务为重点，对每个顾客而言强调其专属感和个性化，尺码、规格非常精确；扬长避短，用料考究，工艺精湛，大部分用手工制作，完全量体裁衣。针对体型定制人台，能够体现穿着者和设计师的个人风格，经过多次假缝和试穿，堪称艺术品。价格非常昂贵，顾客群往往是贵族、影星、社交圈的名流等。

☞ **【友情链接】高级定制的由来**

Haute Couture是高级定制的法语原名，Couture指缝制、刺绣等手工艺，Haute则代表顶级。其诠释了其服饰制作制高点的含义，最终成为法国人崇尚奢华古老传统的代表，每年一月和七月，由法国高级时装协会筹办的高级定制发布在巴黎举行。

Haute Couture于1858年诞生，创始人是英国人Charles Frederick Worth（查尔斯·弗雷里德·沃斯）。想成为高级女装品牌必须向法国工业部下属的高级女装协会提交正式申请，必须同时满足以下6个条件。

（1）在巴黎设有工作室。

（2）参加高级定制服装女装协会举办的每年一月和七月的两次女装展示。

（3）每次展示至少要有75件以上的设计作品是由首席设计师完成。

（4）常年雇佣3个以上的专职模特。

（5）至少雇佣20名工人。

（6）每个款式的服装件数极少并且基本由手工完成。

满足以上条件之后，还要由法国工业部审批核准，才能命名为Haute Couture。高级定制的称谓并不是终身制的，它需要每两年申报一次，不合格者即取消高级女装资格。

出现于19世纪沃斯时代的高级定制在鼎盛时期曾有数百个品牌，随着服装产业化的不断加剧，加上申请高级定制的条件苛刻，如今只有20家左右的服装品牌还保有高级定制的称号。如Pierre Cardin（皮尔·卡丹）、Carven、Givenchy（纪梵希）、Yves Saint Laurent（伊夫·圣·洛朗）、Christian Dior（迪奥）、Chanel（夏奈尔）、Hanae Mori（森英惠）等都属于高级定制的范畴。在意大利，类似高级定制的服装被称为高级时装，Giorgio Armani（乔治·阿玛尼）、Gianni Versace（范思哲）等都属于高级时装的范畴（图1-5）。

图1-5　Dior（迪奥）的高级定制工艺

（图片来源：http://www.eeff.net）

高级定制的流程

（1）寻找到合适的设计师或品牌，顾客与设计师进行初次接触磨合。

（2）与设计师充分地沟通，互相了解、调动情绪、激发灵感。

（3）顾客向设计师提出具体的想法，例如，具体的风格；或指出其心中的偶像；或提出细节要求，例如什么场合需要、顾客的身份、角色等，设计师都会综合考虑。

（4）量体，尤其是各种细节和需要补正的尺寸数据。

（5）设计师出图。设计师会向顾客把设计的意图、创意、细节等讲明白。

（6）试样，用白坯布进行制作。

（7）选定面料。

（8）试穿，按指定面料做成的"半成品"，然后进行修改。

（9）由白坯布制作成半成品，然后再制成成品。高级定制至少要有三次以上试装，不断地修改完善，如迪奥的高级定制要求试装10次。

（10）最后完成。

2. 高级成衣

高级成衣（译自法语Pret-a-porter），其英译为Ready-to-wear，它是以中产阶级为消费对象，在一定程度上运用高级时装的制造技术，小批量生产的高档成衣。现在大多是设计师品牌，消费对象多是中产阶级，价位较高。是介于高级定制和普通成衣之间的一种服装产业。高级成衣发展到今天，早已不是高级定制（高级时装）的附庸，而是成为引领世界下一季流行指向的"权威"风向标（图1-6）。

图1-6　Chloe品牌广告大片

（图片来源：蝶讯网：www.sxxl.com）

👉 【友情链接】高级成衣的由来

高级成衣原本是高级时装的副业。在20世纪20年代末，为了扩大顾客群体，许多时装店对外开设了"门市部（boutique）"，除了主要销售的香水、化妆品和毛皮外，还出售高级成衣。到了20世纪60年代末70年代初，巴黎的高级时装业出现危机，顾客和店面急剧减少，"高级时装"这颗曾经无比璀璨的明星似乎即将陨落，而这时，"时装民主化"的呼声越来越高，恰好正是高级成衣兴起的时机。在皮尔·卡丹（Pierre Cardin）、伊夫·圣·洛朗（Yves Saint Laurent）等人的带领下，高级时装业逐渐壮大起来，许多人纷纷效仿，他们成立了法国高级成衣协会，也像高级时装一样每年举行两次发布会，并将时间错开，定在每年的三月和十月。曾经作为高级时装副业的高级成衣保留着许多高级时装的特点，因为它们主要是将高级时装里面便于生产的或被认为能引起大众流行的款式拿出来，在设计师的指导下进行小批量生产，而价格却相对便宜得多。除了高级时装店经营高级成衣外，1963~1965年间，一批年轻的高级成衣设计师进入时装界，这些设计师力求打破传统高级时装的局限，喜欢以新时代作为灵感来源，令人耳目一新。这使得高级成衣业成了真正独立的产业。与成衣相比，高级成衣的板型、规格更完整，面料更考究，工艺、装饰细节上更精致，注重手工的加入。很多高级成衣多是设计师品牌，讲究品牌的风格和理念，注重个性和品位，有明确的客户群：中产阶级白领、职员等。

3. 成衣

成衣是按照一定号型标准和质量要求，参照工业化生产模式批量生产的系列成品服装。成衣有别于单量单裁的定制式服装，消费群体为广大的普通百姓，价位相对便宜。成衣的风格定位各有不同。无论是各品牌的专卖店、精品店、百货店还是超市，各种类型不同、风格不同的成衣皆有销售。

☞ **【友情链接】我国历史上的"成衣"**

（1）裁制衣服。《淮南子·说山训》："先针而后缕，可以成帷，先缕而后针，不可以成衣。"清·吴炽昌《客窗闲话·呆官》："忽忆及忤逆事，命仆唤纫工，仆误为其欲成衣也。"

（2）裁制衣服的人。《老残游记》第三回："本日在大街上买了一匹茧绸，又买了一件大呢马褂面子，拿回寓去，叫个成衣做一身棉袍子马褂。"

（3）加工好出售的衣服。韩希钧《霞光》："她把衣服穿到身上，长短、宽窄正好合身。她觉得很奇怪……这是她平生第一次买成衣穿呀！"

（三）成衣设计

成衣设计属于产品设计的类别，是服装设计的一个分支。成衣设计就是研发和设计适合于企业批量生产的并能够适合大众消费的成品服装设计。成衣设计除了满足人们基本的生理需求之外，还要考虑人们更高层次的心理（审美）需求。所以它兼备实用的功能性和艺术的审美性（图1-7）。

三、学习拓展

服装设计（Apparel Design）是工艺技术与审美艺术相结合的一门综合学科，涉及美学、文化学、心理学、材料学、工程学、市场学、色彩学等。"设计"指的是计划、构思、设想、建立方案，也含意象、作图的意思。服装设计的过程是根据设计的要求先进行构思，并绘制出时装效果图、平面款式图，再打板进行制作，直至完成设计。

服装设计的三大要素是面料、色彩和款式造型，因此这是一项涉及工艺技术和审美艺术的综合领域。另外，从服装的整体搭配角度出发，还要综合考虑服装的配饰、发型、化妆；模特走秀时还要考虑舞美、灯光、背景音乐等诸方面的因素。

四、检查与评价

请选取几款不同的服装，按照成衣的层次定位进行分析、说明。

图1-7 郭培作品《龙的故事》

学习任务二 成衣业的产生与发展

一、任务书

请根据图1-8所示的照片，查阅相关资料，了解并掌握这些成衣款式所属的历史背景。

图1-8 穿军便服的小孩
（资料来源：穿针引线服装网）

（一）能力目标

能够熟悉新中国成立后的女子典型的成衣样式。

（二）知识目标

（1）了解成衣业的产生过程。

（2）了解我国成衣业的发展脉络。

（3）了解并掌握新中国成立后的女子典型成衣样式。

二、知识链接

成衣业的产生与发展主要包括：成衣业的产生；我国成衣业的发展（图1-9）。

（一）成衣业的产生

成衣业始于英国，18世纪随着英国第一次工业革命的浪潮，掀起了众多与纺织业有关的机械发明。例如，飞梭的发明、针织机的发明、织布机的发明等，使得纺织服装行业从原本的手工制作走向机械化，并为自动化打下了坚实的基础。1850～1870年间，科学技术飞速发展，特别是有机化学和化学染料的问世，使纺织技术和染料技术得以结合，从而使面料的织造技术及染色技术得到划时代的革新。工业化的变革使得纺织服装行业的生产模式走向社会化，成衣业也逐渐规模化，并开始形成自己的产业链。

图1-9　成衣业的产生与发展思维导图

【友情链接】世界格局的变化与成衣行业的发展

工业革命在18世纪产生于英国。1733年，简·凯发明了飞梭，提高了纺织的速度；1764年，哈格里夫斯发明了多轴纺纱机；1769年，理查德·阿克莱斯发明了水力纺纱机；1845年，法国人巴赛莱米·希莫尼发明了可移动链式线迹缝纫机，并在1845年完成了每分钟可缝200针的金属缝纫机；1863年4美国人巴塔利克开始出售纸样，使流行的服装样式走向普及化。

图1-10　Dior New Look（1947年）

第一次世界大战后各国的经济都处于低迷状态，成衣最初仅为社会底层妇女穿着。20世纪20年代后，随着女权运动的开展，各国妇女越来越多地参与社会活动，职业女装随之登上历史舞台，优雅的套装、套裙、裤装开始流行。工业化的飞速发展也催生了简约的、以直线造型为主的现代风格。

第二次世界大战进一步推动了女装的现代化进程，20世纪50年代Dior推出新的服装造型——New Look新，在"新风貌"浪潮下，摆脱了传统宽松死板的服装，以圆润平滑的自然肩线、修身的裁剪，获得广大女性的喜爱（图1-10）。

20世纪60年代的"年轻风暴"使得人们的价值观、审美观受到巨大的影响，自下而上的平民意识使高级时装行业受到严重的打击。就在高级时装逐渐走向衰亡时，高级成衣业应运而生，由此进入高级成衣时代，并且在1963～1965年间，高级成衣逐渐形成自己的创作群体，开始摆脱"高级时装的副业"的称号，成为一个独立的重要的产业。

（二）我国成衣业的发展

我国在20世纪四五十年代流行列宁装。1978年改革开放后，服装进入了一个繁荣的年代。随着西风东渐，西式的服饰时尚（着装审美意识、时装企业运作方式、服饰消费方式等）再次进入中国。20世纪90年代之后，服饰进入一个多元化审美的时代，也进入了一个品牌化的时代。目前，实现产业的升格转型已是服装行业当务之急，由"中国制造"走向"中国创造"是中国的服装品牌的最终强盛之路。

三、学习拓展

☞【小案例】新中国成立后的女子典型成衣样式

1. 列宁装

20世纪50年代女干部多穿列宁装，灰色棉布、双排纽、中束腰带、西式大驳领、挖袋。

2. 布拉吉

布拉吉源自俄语，20世纪50年代女性的连衣裙。当时苏联大花布、苏式的女学生裙很流行（图1-11）。

图1-11　试穿布拉吉的姑娘
（资料来源：北京服装学院民族服饰博物馆）

3.旗袍

20世纪50年代初期旗袍仍被穿着,50年代后期,随着服装政治意义的强化,穿的人越来越少。改革开放后,在一些礼仪场合,旗袍又成为重要的中国女性服装。

4.春秋衫

春秋衫也称"两用衫"。

5.中式外衣

中式外衣即传统的袄褂,农民和普通劳动者穿着。之后流行中西式棉袄罩衣,即中式服装用西式装袖,口袋、扣子、面料有所变化。

6.女着男装

中华人民共和国成立后,"男女同装"是新中国服装史上的特殊现象,这是中国妇女解放的自身特点造成的。妇女为了谋求解放,抹杀女性特点,追求与男子一样的服饰。

7.踏脚裤

20世纪80年代末期,一种名为"健美裤"的黑色弹力针织裤迅速流行,其裤脚下有一条踩在脚下的蹬索。

8.西服套裙

西服套裙也被称为"职业女装"。

9.裙

有直身裙、衬衫裙、春秋裙、背心裙、吊带裙、喇叭裙、超短裙等。

10.民族女装

民族女装也被称为"中国风",是20世纪90年代末流行的一股民族风貌,有时尚旗袍、肚兜、斜襟袄等形式。

四、检查与评价

(1)查阅并搜集新中国成立后的典型成衣款式,分析其设计特色和历史背景,并互相交流。

(2)收集第一次世界大战和第二次世界大战后国外的经典服装款式,并分析其形成原因。

学习任务三 用"设计语言"表达设计师的职业素养

一、任务书

(一)能力目标

能了解服装设计师需要具备的职业素养。

(二)知识目标

了解并掌握服装设计师所需要具备的职业素养。

二、知识链接

服装设计是一门涵盖面较广的综合性学科，它的特殊性决定了服装设计师必须具备多方面的知识、能力和素养。服装设计师职业素养应该是多方面的，不仅要能画时装效果图，懂得服装制板的技术原理，熟悉服装面料的性能，而且要懂得服装销售的相关技巧，具备与人沟通的能力，能够准确地表达自己的设计理念和思想。这些都是服装设计师必不可少的职业素养。所以，服装设计与服装制板、工艺、生产、销售是紧密联系的。作为初学者，应努力培养自己的素养。设计师的职业素养主要包括：良好的艺术素养；善于感悟的心灵；动手实践的能力；善于沟通与合作的能力（图1-12）。

（一）良好的艺术素养

要成为一名好的服装设计师，首先要懂得感受美，并且去表现美。培养自己扎实的手绘基础，懂得表现美的原理和技巧；培养自己深厚的艺术素养，尽可能多地去接触"姊妹"艺术，例如音乐、美术、建筑艺术等，让各种艺术的美不断地感染、熏陶自己，使自己的艺术品位逐渐提高。

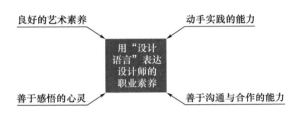

图1-12 设计师的职业素养思维导图

（二）善于感悟的心灵

罗丹说过："美是到处都有的。对于我们的眼睛来说，缺少的不是美，而是发现"。要想成为一名好的服装设计师，首先应具备一双"慧眼"，能从其他人看似平凡的、司空见惯的事物中发现新鲜有趣的、别具一格东西，这种能力是成就一名出色的设计师的重要素养之一。这也是是否能够敏锐地感知时尚风向变化的重要"嗅觉"。服装设计师要善于从自然界的万事万物中，提炼出对象特有的造型、色彩、质感等因素，并通过想象激发出设计思维，获得创作的灵感。

（三）动手实践的能力

服装设计是技术与艺术的结合，是一门实践性很强的学科，只有通过不断的实践才能真正理解服装的结构，判断设计的有效性，才能将抽象理论转化为直接经验。所以学习服装设计的环节应该是由理论——实践——理论的循环上升的一个过程。

（四）善于沟通与合作的能力

要成为一名好的服装设计师，必须树立起团队合作意识，要学会与人沟通、交流、合作。要想顺利、出色地完成设计研发，需要和企业各个部门进行沟通与协作。例如，使用面料离不开与面料供应商的合作；设计方案的制订和完善需要结合流行趋势与决策者进行商榷；服装样板、工艺等细节需要技术人员的配合；成衣的生产离不开一线流水线工人的辛勤劳动；质量的检验需要质检部门的把关；成品的包装和宣传离不开策划部门的参与；销售信息的及时反馈离不开营销人员……所以善于沟通与合作的能力会使你的工作如鱼得水、锦上添花。

三、检查与评价

请搜集若干国内、外知名服装设计师，了解其生平和主要事迹，并互相交流。

单元二 成衣流行的成因与应用

单元描述：本单元讲述成衣流行的成因；分析成衣流行的形式与规律，并通过案例分析流行趋势收集与应用的方法。

能力目标：能够根据成衣流行的形式与规律进行款式分析；能够运用快时尚的相关概念，分析成衣品牌的特点；能够根据流行趋势分析其中的关键元素。

知识目标：了解成衣流行的周期特点，了解并掌握影响成衣流行的因素；掌握成衣流行的形式与规律；了解成衣流行的传播途径及方式。了解并掌握快时尚的概念及特征，并了解其相关案例；了解流行预测的内容。

学习任务一 成衣流行的成因

一、任务书

在时尚潮流瞬息万变的今天，我们无论何时何地，都能感受到潮流的风尚变化。图2-1、图2-2是2016年的流行趋势，关于青少年主题的预测分析。请同学们搜集当下的流行资讯，分析其预案产生的背景，并完成款式、色彩及面料的分析研究。

图2-1 2016流行趋势主题——生态复苏
（图片来源：蝶讯网）

图2-2　2016流行趋势主题分析——青少年装
（图片来源：蝶讯网）

（一）能力目标

能够根据成衣流行的周期性特点，分析并解读当下的流行趋势。

（二）知识目标

（1）掌握流行的概念。

（2）了解成衣流行的周期性特点。

（3）了解并掌握影响成衣流行的因素。

二、知识链接

成衣流行的成因主要包括：流行的概念；成衣流行的周期性；影响成衣流行的因素（图2-3）。

（一）流行的概念

"流行"是指在一定时期内广泛传播于社会大众之中的一种文化形式，表现为对某种观念、样式、语言、思想和行为的追随。流行文化源于"时装"或"时尚"（Fashion）。

服装流行是一种特定的服饰文化倾向，它反映了一定的时间和空间内人们对特定的款

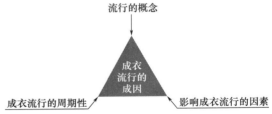

图2-3　成衣流行的成因思维导图

式、面料、色彩及生活方式的崇尚和追求，是被大多数人所接受或采纳的服装作品或服装商品。它浓缩了该时空内特有的服装审美倾向和服装文化的特征，并由社会特定领域内某种力量的推动而在有限的周期内迅速起落的特殊文化；体现出该时期内服装流行的发展、高潮和衰亡的历程。

服装流行的要素主要包括面料、款式、色彩、图案、缝制工艺及装饰细节等几个方面。

（二）成衣流行的周期性

纵观服装的发展历史，服装的流行总是伴随着时代前进的脚步而产生，而且在整个历史发展的长河中，流行总是周而复始地出现，呈现出一种"螺旋式上升"的形式。但是并不是历史样式的简单重复，而是结合了当下的流行因素，在每次的流行中增加了新的特质，成为全新的时代产物。

意大利的某周刊上曾发表过一篇预测女性裙长的文章，认为"第一次世界大战后的20世纪20年代，经济复苏，裙长变短；1929年纽约股市大暴跌带来的经济危机，使30年代的裙摆及地；20世纪40年代的第二次世界大战期间，因战争的不安而产生的某种"轻浮"，使短裙流行；战后经济萧条，由于人们对战争的厌恶及对和平的希求，迪奥推出"新样式"，长及脚踝的长裙和突出女性身体曲线的服装，从40年代末一直流行到50年代前半期；60年代的第二次工业革命，经济飞速增长，再加上"年轻风暴"掀起的反体制思潮，使超短裙登场；70年代的石油危机带来'宽松式的流行'，男女同权、男女平等的呼声越来越高，裙子又变长了；80年代，随着经济的发展，物质丰富，人们的生活富裕起来，享乐主义和大量消费的倾向达到高峰，人们着装的裸露度也随之增大，超短裙、极短裙再度流行；90年代欧美经济的持续不景气，意大利也处于这个漩涡之中，因此，嬉皮时装出现，裙子又一次变长。"

（三）影响成衣流行的因素

1. 政治因素

在20世纪20年代，以美国为首掀起的世界范围的女权运动，引起了服装的重大变革。妇女解放运动使越来越多的女性走向社会，获得政治上的平等。随之而来的变革是女性的裙长缩短，烦琐的装饰被去掉，简洁干练的中性化服装成为服装流行的主流，功能的需要成为服装的主角，因此也促成了职业女装的流行。20世纪30年代，由于第二次世界大战与经济危机的影响，使军服式的女装开始流行，60年代，由于社会的动荡，导致了反传统的文化思潮及嬉皮士服饰的流行。因此，政治上某些事件往往可以促成服装的流行，成为流行的潜在的推动因素。21世纪我国加入了世贸组织，随着世界政治、经济格局的进一步变化，我国的服装流行也进入了一个多元化风格各领风骚的时代。

2. 经济因素

流行产生的首要因素是生产力的发展，经济基础决定上层建筑。所以首先要求社会具有一定的经济能力。其次，消费者需具备相应的消费能力。仅仅为温饱而工作的群体是不可能有闲情逸致来关心流行的，人类服饰流行的发展历程充分说明了这一点。只有随着生产力的发展和物质的丰裕，人们才有财力和物力来研究时尚，追逐时尚。

3. 科技因素

服装业界的每一次变革都离不开科技的参与和提升。工业革命后，工业化的缝制设备代替了传统的手工缝制，极大地降低了成本，提高了生产效率，并使得大批量的成衣生产成为可能，同时生产效率的提高也促成了成衣流行周期的缩短。随着科技的进步和信息技术的飞速发展，全球经济呈现出一体化的趋势，同时使各个时空的距离得以大大缩短，各种文化之间的界限在逐渐淡化。各种信息技术、网络媒体、电子商务销售平台的参与使流行趋势的传播更加快捷和便利。科技的参与使得流行时尚在全球的距离差距大大缩小，使世界变成了地球村，人们也可以更加便捷地享受时尚生活。

4. 文化因素

文化艺术的每一次思潮、变革都会深深地影响着服装的流行风向。每一个时代都有独特的时代精神的烙印，这些都会深深地反映在人们的语言、行为方式、服饰审美等意识形态中。纽约时装评论家贝尔纳丁·莫里斯（Bernadine Morris）曾经说过，许多品牌流行服装本身看似稀松平常，但却成为人们体现魅力、彰显内涵的途径和推动流行服装业持续成长的缘由。此现象的根本原因就在于企业的品牌文化给予了服装品牌恒久不息的动力。

古希腊、古罗马时期崇尚自由，其服饰也崇尚自然舒适。在黑暗的中世纪，封建的宗教神权及禁欲思想统治社会，男女都被严密地包裹遮盖在的宽衣大袍之下。进入文艺复兴时代，人们像冲破封建的牢笼，追求人性的释放，服饰也力求张扬人性之美。16世纪之后，西方服饰越发强调人体的曲线之美，紧身胸衣，夸张的裙撑，无不体现出华丽的装饰感。17世纪巴洛克服饰奢华繁复，在假发、蕾丝花边、繁复的装饰下，营造出一种纸醉金迷的感情色彩。18世纪的洛可可服饰，用尽曲线与粉色，创造出一种纤弱、柔和的女性化风格。这些不同时期的服饰特点为近代服饰风格奠定了流行基础，形成古典服饰风格。

当今的复古风格大多都是对哥特式风格、巴洛克风格、洛可可风格、古典主义乃至现代派艺术风格的回归。所以流行艺术的思潮是一个互相渗透、螺旋式上升的一个回归过程，每一个流行风尚其背后都有着深刻的文化思潮的痕迹。例如，三宅一生的设计作品，就受"天衣无缝"和"褶皱"深刻影响，具有强烈的东方的"禅意"；伊夫·圣·洛朗的系列时装设计，就十分注重文化内涵，以擅长把握文化特质和诠释文化精神而著称。他在1957年担任迪奥（Dior）公司首席设计师后，将街头、大众文化融入服装设计，拓展了Dior品牌的文化内涵，被冠以拯救巴黎时装、拯救法兰西时装文化的殊荣。他的作品有深受立体派大师作品影响的"毕加索"系列，受抽象派大师蒙德里安影响的"构图系列"，还有"波普艺术系列"等。

三、检查与评价

请查阅资料，了解一种流行的风格，分析提取相关的风格特点，并分析当时的政治、经济、科技、文化等因素对其产生的影响。

学习任务二　成衣流行的形式与规律

一、任务书

时尚瞬息万变，但风格永存。在流行的风潮中，我们不能迷失了方向，纵观服装历史的发展潮流，流行有其规律可循，服饰的流行总是呈现出一种螺旋形发展的状态。当下的流行总能够在历史的某个节点找到它曾经的身影。请根据当下的流行款式进行分析，试比较与历史上哪个年代的成衣较相似，并说明原因。

1. 能力目标

（1）能够根据成衣流行的形式与规律分析相关的款式特点。

（2）能够运用快时尚的概念，分析相关成衣品牌的特点。

2. 知识目标

（1）理解并掌握成衣流行的形式与规律。

（2）了解成衣流行的传播途径及方式。

（3）理解并掌握快时尚的概念及特征，并了解其相关案例。

二、知识链接

成衣流行的形式与规律主要包括：成衣的流行规律；成衣流行的传播途径及方式；快时尚（图2-4）。

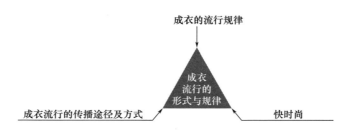

图2-4　成衣流行的形式与规律思维导图

（一）成衣的流行规律

从成衣流行的发展轨迹来看，任何成衣的流行都会经历萌芽、发展、高潮和衰退四个阶段，这就是成衣流行的周期性和规律性。

1. 萌芽期

这个阶段是服装流行的初始阶段，在这一时期，少数对流行比较敏感的人已经率先感受到新锐的流行服饰，并开始穿着和搭配。由此这一轮时尚的序幕便被徐徐拉开，但此时流行时尚还并没有被多数人所感受到。

2. 发展期

随着流行服饰的穿着人群逐渐增多，流行时尚被逐渐推广开来，流行服饰逐渐为更多的人群所接受和穿着，此时流行进入了发展期。

3. 高峰期

伴随着流行服饰的推广和越来越多的人群对这股时尚潮流的参与、推动，服装企业开始大批量生产和销售这些时尚服饰，此时社会大众已经逐渐熟悉这股流行的风尚，成衣流行至此时达到高峰期。

4. 衰退期

成衣的流行伴随着大众的普遍参与到达高峰期之后便是人们审美倦怠的开始，人们逐渐不再被这种流行的样式所吸引。由此对潮流敏感的人士开始逐渐被新的流行所吸引。这也预示着新一轮流行风尚即将开始。因此可见，成衣的流行在高峰期过后便进入急剧的衰退期，与此同时伴随着的是下一轮新流行的兴起。

旧一轮时尚总是会被新一轮时尚代替，时尚的更迭永不停歇，人们在一轮又一轮的时尚追逐中乐此不疲（图2-6）。日本著名服装评论家大内顺子女士在《流行与人》一书中对第二次世界大战后的流行进行了分析，总结出每五年就有大的变动的规律。她认为"流行似乎每五年就发生一次大的变革，这好像和人类社会所具有的持续力有关。五年时间正是一个执政者全力投球的时间。"

著名的服装史学家詹姆斯·莱弗（James Laver）在《*In Taste and Fashion*》一书中对服装流行的循环性和时效性曾做出生动的描述：

穿先进10年的服饰：猥亵；

穿先进5年的服饰：无耻；

穿先进1年的服饰：大胆；

穿当下流行的服饰：时髦；

穿1年前流行的服饰：邋遢；

穿10年前流行的服饰：丑陋；

穿20年前流行的服饰：滑稽；

穿30年前流行的服饰：好玩；

穿50年前流行的服饰：古怪；

穿70年前流行的服饰：妩媚；

穿100年前流行的服饰：浪漫；

穿150年前流行的服饰：绝妙！

☞【友情链接】关于流行的评论

心理学家佛留格尔（J.C.Jlugel）曾描述过一种有关时装或时尚的评论：时髦之所以为时髦，就在于它不那么时髦或还没有真正流行；等一件东西、一种服装真正流行，大家都穿都用，那就不足为奇，换句话说也就不时髦了。正如西美尔所说的："一旦一种时尚被广泛接受，我们就不再把它叫作时尚了……时尚的发展壮大导致的是它自己的死亡，因为它的发展壮大即它的广泛流行抵消了它的独特性。"

（二）成衣流行的传播途径及方式

1. 传统媒体

传统媒体包括广播、电视、报纸、时尚杂志、流行资讯预测手册等，这是最为传统的流行传播形式。

2. 服装展演

服装展演包括时装发布会、订货会、展销会等。对流行的主流起着引导的作用，它包括以下几种形式：

（1）设计师作品或品牌的时装秀。

（2）商业性的时装发布会。

（3）静态展示，如各种博览会、展销会、品牌橱窗、店面展示等。

3. 电子、网络媒体

（1）服装流行资讯网站。

（2）相关服饰品牌的官网。

（3）相关BBS论坛上传播的流行情报。

4. 穿着者之间相互影响

【友情链接】时尚流行传播媒介介绍

顶级时尚杂志有诞生于美国并风行世界的*Vogue*、*Harper's Bazaar*，法国的*ELLE*、*L'Officiel*以及日本的装苑等。仅*Vogue*就有美国（原版）、英国、法国、意大利、德国、西班牙、澳大利亚、巴西、墨西哥、新加坡、中国大陆及台湾地区等十多个版本，是世界上发行量最大的时尚杂志。*Harper's Bazaar*则一直是*Vogue*最有力的竞争对手。作为世界三大出版机构之一的公司，《*ELLE*》则更加年轻而有朝气，关注和贴近大众少女的时尚需求和品位，并且重视服饰产业的市场操作，倡导时尚精神。另外国际知名的流行服装专业性刊物，有法国的*Women's Knitwear*，意大利的*Collezioni*、*Maglieria Italiana*、*Book Moda*、*Book Moda Uomo*、*Book Sposa*、*Sport And Street Collezioni*，德国的*Sportswear International*、*Sous*，西班牙的*Texitura*，日本的*Collections Women*，中国的《中国纺织面料流行趋势》等。这些刊物以流行服装专业语汇促进着流行服装的文化传播和文化经营。

流行服装的宣传网络现有：印刷媒体网站、企业品牌网站、大众资讯网站、专业性质网站四种形式。印刷媒体网站是服装报纸、杂志推出的与其纸本印刷品相配套的网站。企业品牌网站是各服装企业为增强其品牌文化影响力而打造的品牌网站。大众资讯网站是综合性网站开设的流行时尚类页面，如新浪的"尚品"页面、搜狐的"女人"页面等。专业性质网站是旨在为流行服装从业人员和流行服装爱好者提供专业资讯及提升行业影响的网站。较著名的有www.style.com、www.firstview.com、www.texnet.com.cn、www.suite-dress.com、www.ne365.com、www.uniformchina.com、www.efu.com.cn、www.wgsn.com等（图2-5）。这些网站能够贴近时尚，传播最新流行资讯，并汇集大师、名家及相关服饰品牌的内容。

图2-5　www.style.com 网站首页

（资料来源：www.style.com）

（三）快时尚

1. 快时尚的概念

快时尚（Fast Fashion）是一个现代用语，它指时装零售商告诉大众他们的设计产品从T台上到店铺里只需要很短的时间，代表了当下市场上的流行趋势。"快"字主要体现在对市场快速的反应能力，即快速更新产品；快速投入市场；快速响应市场。快时尚与时尚相比，在广度上特征更加突出，它与宫廷时尚、资产阶级时尚这种由上层阶级引发的时尚显得更加亲民性。从某种意义上讲，快时尚就是时尚的民主化进程。

快时尚服装系列是源于每年春夏时装发布会展示的最新的流行潮流。这些时尚元素被重新快速地设计和廉价制造出来以供大众选择。这种以大众能够接受的价格及被快速制造的哲学被一些大的零售商如H&M、ZARA所采取。

2. 快时尚的特征

（1）产品更新速度快，可以在很短的时间内设计、销售最新产品。

（2）产品时髦，颜色、图案、材料、轮廓等走在潮流前端。

（3）价格便宜，相对动辄上千上万的品牌相比，货品价格几十到几百不等。

（4）不以独立设计师为中心，以设计团队为核心。

（5）具有知名度，具有品牌运作一系列流程管理特征。

（6）店铺均选址在人流量很大的繁华商圈。

三、学习拓展

【小案例】快时尚品牌介绍

GAP（图2-6）

号称第一代快时尚的GAP，由唐纳德（Donald）创立于1969年。1983年GAP收购了Banana Republic（香蕉共和国）连锁店，1985年推出童装，同年开设GAP童装专卖店。1969年创建时，仅仅只有为数不多的几名员工，到如今，它拥有三个国际知名服装品牌（GAP、Banana Republic、Old Navy），4200多家遍布世界各地的连锁店，年收入超过130亿美元，16.5万员工的跨国公司。不同年龄阶段的消费者都非常喜欢其生产的商品。它的货品质地优良，价格经济实惠，几乎大多数消费者有能力进行购买，是最早有快时尚特征的国际品牌之一。

图2-6　GAP品牌

Forever21（图2-7）

Forever21是非常受美国年轻人欢迎的快时尚品牌，是全球性的快时尚连锁品牌，1984年5月由Do-Won Chang和他的妻子Jin-Sook创建于美国，公司总部在洛杉矶。和美国其他快时尚品牌的美式休闲风格不一样，Forever21更偏向于甜美清新风格，设计风格简单轻巧，颜色娇嫩亮丽，饱含年轻人的朝气。随着品牌的迅速发展，Forever21在全世界已有500多家连锁店，引领时尚潮流，是全球年轻人热爱的服饰品牌。

图2-7　Forever21品牌

Topshop（图2-8）

Topshop于1964年创建于英国伦敦，最开始，它只是Sheffield百货公司里的小摊位。1974年，Topshop从Sheffield百货公司分离出来，不再寄居在大百货公司里面，成为独立零售商。后来，在JaneShepherdson的努力下，Topshop逐渐成为一个权威的快时尚品牌。世界许多明星都是Topshop的粉丝，麦当娜、格温妮丝·帕特洛、碧昂斯、凯特·莫斯都非常喜欢来这里购物，甚至英国王妃凯特也是该店的簇拥者。

图2-8　Topshop品牌

Topshop是一个快时尚品牌成功的典范，它从大众时尚方向做起，慢慢加入更加时尚的元素，致使它从英国红到欧美再到亚洲，Topshop在中国也有相当数量的簇拥者。由此可见，快时尚最开始都是定位于大众人群，为广大的普通百姓服务，随着世界的发展，人们经济状况的提高，时尚审美的提升，使快时尚的魅力逐渐爆发出来。

ZARA（图2-9）

1975年，学徒出身的阿曼西奥·奥尔特加在西班牙开设第一家ZARA店铺，出售大众成衣。到现在，ZARA拥有200多名服装设计师，这些设计师的平均年龄只有25岁，他们时刻穿梭于巴黎、米兰、纽约、东京等时尚之都的各大秀场，并以最快的速度推出模仿、设计出属于自己品牌定位的服装。

ZARA

图2-9　ZARA品牌

据有关报道，ZARA几天就可以完成对明星的装束或顶级服装大师创意作品的模仿。从时尚潮流的预测到将迎合流行趋势的新款时装摆到店铺内，ZARA只需两三周，而传统生产方式下这个周期要长达4～12个月。中国服装业一般为半年左右，国际著名时装品牌一般可到120天，而ZARA最短只需要7天，一般为12天。

ZARA通过"多款式、小批量"的形式实现了经济规模的突破，深受全球时尚青年的喜爱，即使是一些著名歌星、影星，也难以掩饰对ZARA的喜欢。它有媲美高端时装品牌的出色设计，价格却是在普通大众所能承受的范围之内，所以，它现在成为了全世界最著名的服装品牌之一，即使是历史悠久的LV、DIOR，年营业额也不如ZARA。ZARA被路易·威登的时尚大师Daniel Piette称为世界上最有创新能力且最恐怖的零售商。

CNN（美国有线电视新闻网）形容ZARA为"西班牙的成功故事"，因为ZARA实在是当今时尚品牌的领头羊。平民时尚终于可以比所谓的奢侈品牌更加风光。

H&M（图2-10）

海恩斯莫里斯（Hennes&MauritzAB，简称H&M），1947年由Erling Persson在瑞典Vsters市创立。如今，海恩斯莫里斯在全球多个国家拥有超过1500个专卖店，经营服装、配饰与化妆品等，员工的总数早已经超过五万人。不寻常的是，H&M没有一家属于自己的工厂，它与在亚洲、欧洲的超过700家独立供应商保持合作。H&M买最便宜的布料，所有代加工点都选在劳动力最便宜的地区，例如中国、土耳其等。1997年H&M发布承诺，所有商品全部标注生产地。H&M的商业理念是"以最优价格，提供时尚与品质"。

图2-10　H&M品牌

H&M成功的秘诀除了先进的营销策略和准确的市场定位，更离不开与顶级设计师的强强联手，每次与著名设计师的合作都发引发品牌Fans们彻夜排队抢购的现象，产品几乎能在瞬间就销售一空。

UNIQLO（图2-11）

1984年6月2日，柳井正在广岛市中心区的小巷里创建了一家名为"UNIQLO CLOTHING WAREHOUSE"的服装零售店。这家店与众不同，它定位的人群为十几岁的年轻人，而且只售出物美价廉的休闲服饰。更主要的是它借鉴美国校园仓储式销售的模式，以仓储式卖场及自助购物的方式销售服装。由于价格低廉和选择丰富，"顾客可以像逛书摊买杂志一样"，不受打扰，轻松方便地购买衣服。优衣库的衣服可以百搭，很多基本款被众多高端时尚杂志大幅推荐，那些几百元的单品甚至被配在LV、夏奈尔外套的里面。这就是快时尚的前奏。

1999年，优衣库销售出了3亿件服装，对应日本的1.3亿人口，不分男女老幼人均消费超过两件，可以看出它在大众心中的地位。《福布斯》2000年度富豪榜，柳井正的身价也跃升至60亿美元。如今，优衣库成为日本的又一张名片，并且让柳井正成为日本首富，可以看出快时尚的魅力是多么巨大。

图2-11　UNIQLO品牌

从以上几个快时尚品牌中可以看出，各自品牌需要保持一定的特色，才能与其他同类快时尚品牌区别开。

四、检查与评价

1. 思考题

请查阅资料，了解一种历史上的流行成衣，并按照成衣流行的周期性规律，分析其萌芽、发展、高潮和衰退的过程。

2. 实操题

请根据快时尚的概念及特征，分析相关成衣品牌，进行小组交流，并完成下列评价表（表2-1）。

表2-1　评价表

序号	具体指标	分值	自评	小组互评	教师评价	小计
1	品牌消费对象定位	2				
2	品牌风格定位分析	2				
3	服装品类构成分析	2				
4	服装产品价格分析	2				
5	销售策略分析	2				
	合计	10				

学习任务三　流行趋势的收集与应用

一、任务书

请收集下一季的流行趋势，并分析其在款式造型、色彩图案、面料材质、主题风格等方面的关键元素。

（一）能力目标

能根据成衣的流行趋势分析其关键元素。

（二）知识目标

（1）了解成衣流行预测的概念。

（2）了解成衣流行预测的内容，并能够分析其中的关键元素。

（3）了解国内外主要流行预测的研究机构。

二、知识链接

流行趋势的收集与应用主要包括：成衣流行预测；成衣流行预测的内容；流行预测研究机构（图2-12）。

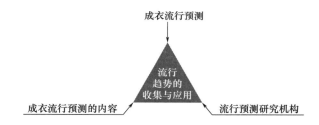

图2-12　流行趋势的收集与应用思维导图

（一）成衣流行预测

成衣流行预测是指在归纳总结过去和现在的流行现象和规律的基础上，以一定的形式显现出来的未来某个时期的成衣流行的趋势。

（二）成衣流行预测的内容

成衣流行预测的内容是下一阶段即将流行的元素。通常以主题形式出现，包括款式造型、色彩图案、面料材质等，或者是针对某个主题风格进行专题性的流行预测。

（三）流行预测研究机构

国内外的流行预测的研究机构有很多，有国际流行色协会（International Commission For Colour In Fashion And Textiles）、伦敦的英国色彩评议会（British Colour Council）、美国色彩研究所（American Colour Authority）、巴黎的法国色彩协会（L'officiel De La Courleur）、东京的日本流行色协会（Japan Fashion Color Association）、国际羊毛局（International Wool Secretariat）、国际棉业振兴会（International Institute For Cotton）等。中国流行色协会是我国

权威的流行色预测机构。国际权威流行预测机构在预测中偏重专家直觉预测，而我国的流行色协会在流行预测中偏重社会文化因素和数据统计资料。

三、学习拓展

☞【小案例】流行趋势应用分析

1. 款式造型

在每一季的流行中，服装都由不同的细节体现出来，例如领子的方圆、腰部束腰的形式、门襟的开合形式、肩袖的造型、口袋的细节变化等。这些细节元素反映出本季流行的重点（图2-13、图2-14）。

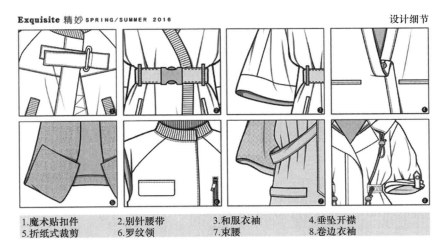

图2-13　2016S/S流行预测——款式细节
（资料来源：蝶讯网）

图2-14　2016S/S造型趋势——休闲俱乐部
（资料来源：蝶讯网）

2．色彩图案

服装的流行色是合乎时代风尚的颜色，它是在一定的时期和地区内，特别受到消费者欢迎的几种或几组色彩和色调，是风靡一时的主流色。流行色包括时尚色组、点缀色组和基础（常用）色组。每一季色彩的倾向都有所差异，要善于从中把握总体的基调（图2-15）。

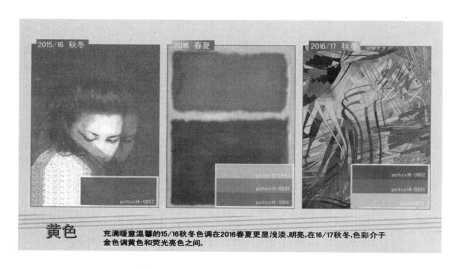

图2-15　2016～2017A/W色彩演变
（资料来源：蝶讯网）

时尚色组，包括即将流行的色彩（始发色），正在流行的色彩（高潮色）和即将过时的色彩（消退色）。点缀色组，一般都比较鲜艳，而且往往是时髦的补色。基础（常用）色组，以无彩色及各种色彩倾向的灰色为主，加上少量的常用色彩。

3．面料材质

面料是服装的载体，是先于服装反映流行信息的。服装面料流行主要是面料色彩、肌理等方面的运用和变化（图2-16）。

4．主题风格

流行趋势的主题风格是整个流行的风向标，它所体现出来的是整个流行风格的综合基调。以图2-17、图2-18中的主题"粉彩年纪"为例，列举了整个主题的意境图、色卡、面

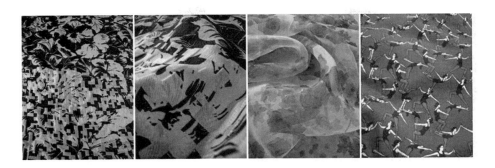

图2-16　2016春夏Premiere Vision展
（资料来源：蝶讯网）

面料
试验性的个性面料在该流行趋势中不可或缺，双面平纹织物、防撕尼龙的运动风格面料与天鹅绒、金属平纹织物、花卉装饰织物、奢华晚装纹理感面料平分秋色。

垂褶细肩带背心
背心式上衣突出对称的垂褶式特色镶片设计，采用黏合平纹织物凸显曼妙身形，结实的拉链增添了趣味性。

图2-17　2016S/S主题趋势——粉彩年纪
（资料来源：蝶讯网）

14-4317   pcltcx12-0738   pcltcx14-1118   pcltcx15-1058

pcltcx18-2143   pcltcx18-2525   pcltcx19-0608   pcltcx19-4922

图2-18   2016S/S主题色卡——粉彩年纪
（资料来源：蝶讯网）

料及款式趋势。整个主题体现出年轻的流行元素与通俗文化相结合，演变成高端的设计灵感的过程。

四、检查与评价

请搜集下一季的流行趋势，分析其中关键的流行元素，并进行小组交流，完成下列评价表。

表2-2　评价表

序号	具体指标	分值	自评	小组互评	教师评价	小计
1	款式造型预测分析	2				
2	色彩图案预测分析	2				
3	面料材质预测分析	2				
4	主题风格预测分析	2				
5	综合表达	2				
	合计	10				

单元三　成衣设计部门职责与工作流程

单元描述： 根据公司成衣产品开发总体规划及年度销售目标，围绕商品部制订的产品开发周期计划，制订公司设计部的年度产品开发计划（款式开发计划、面辅料计划等），并按计划完成设计、下工艺指示等相关任务；设计部对公司现有成衣产品与销售部进行沟通，进行销售跟踪，根据市场反馈情报资料，及时在设计上进行改良，调整不理想因素，使产品适应市场需求，增加竞争力。

能力目标： 根据成衣设计的工作流程和开发周期计划，引用企业设计部操作实例，有目的、有条理地完成相关的工作目标任务，提升企业设计部 SWOT 指标，培养团队协作的精神。

知识目标： 了解成衣设计部各岗位人员的职责与工作核心指标，掌握各岗位工作的重点与难点，通过案例分析，抓取设计部岗位工作的核心指标。

学习任务一　成衣设计部门职责

一、任务书

要求结合市场调研的成衣品牌及流行趋势信息，进行分析整理，阐述由此产生的学校新一季艺术节服装主题设计的灵感来源，并制作专业项目概念板（表3-1）。

表3-1　专业项目概念板内容

序号	校艺术节选题方向		确定主题概念的主要参考源（文字、图片、实物）
1	根据提案选题名称	主题一	
		主题二	
		主题三	
		主题四	
2	结合流行趋势信息		
3	结合企业成衣品牌		

（一）能力目标

（1）能依据既定或虚拟主题进行分析整理，合理提炼成衣设计参考源要素。

（2）对设计部重点项目提出初步构思和见解，并进行设计和效果的描述。

（二）知识目标

（1）知晓学习任务工作中心点。

（2）熟悉成衣设计部各岗位人员的职责与工作核心指标。

二、知识链接

【特别提示】为规范设计部工作要求，适应公司以成衣产品设计为核心的要求，明确内部工作流程，通过梳理和优化成衣产品设计开发流程，以缩短设计开发周期，提高成衣设计开发质量，达到快速适应市场、提高成衣产品竞争力的目的。

成衣设计部的部门职责主要包括：设计开发部的目标与职责；设计部各岗位说明书（图3-1）。

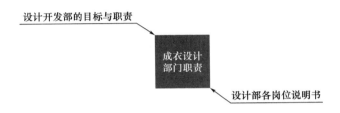

图3-1 成衣设计部门职责思维导图

（一）设计开发部的目标与职责

1. 构想新产品的初步思路

构想新产品的初步思路，内容包括新产品的策划方案（小案例3-1）、市场定位、艺术主题、价位构思、服饰材料、结构特征、工艺过程及质量性能指标等诸多因素。新的款式系列能否获得成功，构想是关键性的第一步。构思统领着各个阶段的大方向和基本策略。好构想的产生取决于三个方面的因素：第一，考察市场动态，收集用户意见；第二，分析竞争对手，做到知己知彼；第三，熟悉自身实力，精心测算投资风险和生产周期。

☞ 小案例

江苏省南通田野服装有限公司系列童装品牌策划初案

童装，是孩子心目中孔雀美丽的羽毛，是父母爱的传递，在实际生活中更是教育孩子，帮其树立正确的人生观、价值观和消费观雏形的重要载体。

和父母一样，孩子在每个阶段都会有购物经历，他们也因此会对不同的商店有不同的看法，他们对商场的想象和玩耍的满足感会不同程度地影响其购买行为。商家对儿童消费者行为的影响，很大程度上取决于商家对儿童作为消费者的态度和行为，我们可以从儿童频繁地惠顾各类商店以及他们的父母对他们去商店购物的鼓励中了解到这一点。作为从生产到销售整体打包的企业，在现有预算基础上，我们应将对儿童消费者与广告之间的互动行为的关注，转移到与销售之间互动行为的关注。

中国家庭是"儿女主导性"的家庭，中国儿童对于自身消费具有强势的选择性，对家庭购买行为的影响度较高。具数据统计，很多中国孩子在上小学之前一般就已经成为消费者，

4岁时就有了强烈的自我表现意识，而12岁以后，则进入模仿成人行为的时期，会刻意选择一些看似"成熟"的服饰来掩饰自己的年龄，一些品牌如阿迪达斯、耐克等穿在他们身上也不再显得那么不合适。所以选择4岁为起点，以培养儿童的购买习惯；以12岁为收尾点以摆脱童装"幼稚"的尴尬。

儿童对特定商店的偏爱，既反映了他们自己的购物经验，也反映了他们从父母那学到的知识。因此，我们应该对那些在父母和孩子一起购物的环境给予特别的关注，并且应该尽量使自己的商品留给父母和孩子很好的印象。

在分析既有的研究资料并结合调查后发现，儿童所喜欢的商店有一些共同的特点，这些共同的特点可以排列为：对儿童友好的气氛——适合儿童的产品——儿童能看得到的商品陈列——与儿童恰当的沟通——其他人对这个商店的喜爱。

结合现有市场竞争环境，决定在"快乐、健康、自然"为大背景的环境下，跳出中国市场沉重的"娱乐性"氛围，确定男孩非常向往的"善良、自信、聪明"的品牌形象，凝练在"小乖猴"身上；给女孩一个甜美的梦，每个女孩都是天使粉红色糖果屋的贵宾，都是善良、美丽的"幸运女孩"。店面与其说是展卖，不如说是主题乐园更为贴切，我们将以童装为载体，通过店面环境独特而细腻的设计，结合特色服务和不定期的活动，还孩子们一个梦想中的童年，一个值得回味一生的童年！

童装品牌———小乖猴（CUTE MONKEY）

方案一

（1）目标消费群：新一代有强烈自我表现意识的少年儿童群体。

（2）目标消费群年龄段：4~12岁男童（以中童为主，延伸小童、大童）。

（3）目标消费群所在地：大、中城市。

（4）品牌风格定位：快乐、健康、自然。

（5）品牌形象定位：逗趣、聪颖、自信、勇敢。

（6）品牌走向：引领潮流、面向中高消费群。

（7）品牌语：欢迎来小乖猴的树屋探险！

（8）产品定位：个性鲜明、童趣盎然、色彩明快、休闲娱乐的设计主题突出。选用优质面料，剪裁细腻，做工精湛、舒适，在服装设计上注重年龄特征，增强安全性，从细节体现高品位及文化底蕴。

（9）店面形象：丛林树屋主题乐园。店面或宽敞或精巧各有所致，店内环境设计注意完善设施有尖锐的拐角处的柔和处理等细节；营业员以卡通形象包装，并身着本季流行主打服饰。

（10）品牌故事：在广袤的大森林里，有一棵大树，树上有个漂亮的树屋，住着一只"小乖猴"。小乖猴不但聪明，遇事勇敢，还很有爱心，经常开动脑筋帮助森林里的小动物解决问题，有许多好朋友。虽然偶尔闯祸，但他的快乐、自信总能将事情化解，是森林里的小英雄！

方案二

（1）目标消费群：新一代活泼、自主意识强的儿童及具有时尚观念的年轻父母。

（2）目标消费群年龄段：3~7岁儿童，有童心、对童年充满怀旧气息的成年人。

（3）目标消费群所在地：大、中城市。

（4）品牌风格定位：快乐、健康、自然。

（5）品牌形象定位：聪颖、自信、有梦想、有爱心。

（6）品牌走向：引领潮流、面向中高消费群。

（7）品牌语：和小乖猴去环游世界！

（8）产品定位：个性鲜明、童趣盎然、色彩明快、家庭休闲旅行的设计主题突出。选用优质面料，剪裁细腻，做工精湛、舒适，在服装设计上注重年龄差异，增强形象的共融性和细节的差异性，从细节体现高品位及文化底蕴。根据季节变化每季推出不同的旅行方式和地域主题，例如白色大象的曼谷之旅，棕色小马的美国西部之行等，通过主题内容实现对儿童寓教于乐的目的，并通过旅行主题的方式凝聚家庭的欢乐时光。

（9）店面形象：旅行家的梦幻工场。店面或宽敞或精巧各有所致，店内环境设计上注意完善设施，尖锐的拐角进行柔和处理等；营业员身着与本季主题相衬的旅行服装，例如水手服、牛仔装等。

（10）品牌故事：有只小乖猴，很聪明，爱幻想，懂得很多科学知识，常发明些小玩意送给妈妈作礼物，最大的梦想是环游世界！每次达成妈妈给小乖猴设定的目标，妈妈就会奖励小乖猴去旅行，一路上风光无限，也遇到许多困难，但结识了许多朋友，小乖猴都能凭自己的聪明才智转危为安。每次旅行回来总是带回许多礼物和故事分享给朋友们，是朋友心目中骄傲的小小旅行家。

童装品牌二——幸运女孩

方案

（1）目标消费群：新一代活泼、可爱、自主意识强的女孩。

（2）目标消费群年龄段：4~12岁女童（以中童为主，延伸小童、大童）。

（3）目标消费群所在地：大、中城市。

（4）品牌风格定位：快乐、健康、自然。

（5）品牌形象定位：善良、美丽、精致、梦幻。

（6）品牌走向：引领潮流、面向中高消费群。

（7）品牌语：我们都是幸运女孩！

（8）产品定位：个性鲜明有梦幻，色彩甜美的设计主题突出。选用优质面料，剪裁细腻，做工精湛、舒适，从细节体现高品位及文化底蕴。根据季节每季推出不同色彩的糖果甜美梦幻主题，比如红色的草莓棒棒糖系列、黄色的香蕉奶糖系列、白色椰子风情系列等，每种主题都有一个美丽并有教育意义的故事，达到对儿童寓教于乐的目的。

（9）店面形象：粉红色的梦幻糖果屋。店面或宽敞或精巧各有所致，店内环境设计精致、梦幻、典雅，细节上注意完善设施，尖锐的拐角进行柔和处理等；营业员装扮成有白色羽毛翅膀的天使，微笑迎接每位"幸运女孩"。

（10）品牌故事：有一个善良美丽的女孩，常常帮助她身边的朋友，天使就奖励她去自己的糖果屋做客。这样，两个人就成了好朋友，每次女孩遇到难题伤脑筋的时候总会去天使的糖果屋，天使就给她不同的糖果，每种不同颜色的糖果就会有不同的梦境体验，糖果吃完，梦结束。女孩明白许多道理，重新变得快乐美丽。因为每次遇到困难，女孩靠天使的糖果总是能顺利解决，所以人们都叫她"幸运女孩"，其中的小秘密只有幸运女孩和你自己知道。

2. 筛选各种构思方案

成衣产品设计必须要有足够的构想，产生多套方案进行比较、分析和研究。一般情况下，设计部门要准备多套设计方案（图3-2），与企业内部各有关部门，如技术部门、商品部门、销售部门及生产部门等，共同"会审"，设计师要做出合理、有据的解释和说明，以便共同判断、评价和选优，淘汰那些不可行或可行性差的构想。筛选方案时，有三个方面的问题必须详细说明：第一，新构想是否符合企业成衣生产目标；第二，本企业的资源能否满足构想的需要；第三，成衣产品性价比是否合理。

图3-2　2015年春夏女童主题板之二——针织T恤衫的设计
（资料来源：上海赛晖服饰有限公司品牌设计部）

3. 做出必要的销售预测

所谓做出必要的销售预测，即通过新款式系列的技术分析，进一步评价其商业成功的可能性。销售预测要建立在科学的可行性研究基础上，使预测真正成为新产品决策的依据（小案例3-2）。

☞ 小案例

童装设计的"情趣性"预测

童装成衣的"情趣性"设计是通过一些趣味元素来体现儿童的一些情绪和情感。对童装而言，艺术和美学的融入可实现更高级的视觉需求和心理需求。因此，童趣实际上是体现了儿童审美观和时代精神，浓缩着孩子们情感与思想，通过情感属性的运用来表现儿童着装的兴趣、爱好、趣味与个性等，由此诠释的意蕴和情调与形式之间形成童装设计独特的"情趣性"符号语言，同时它还受到了市场设计文化的影响而给予了各种诠释。童装设计中"情趣性"的符号元素是外在表现形式，属于视觉传达范畴，这种形式语言符号是外在的、可见的、可以直观触发人们的视觉心理和审美情趣。

（1）"情趣性"——潜移默化儿童的情感。著名艺术家丰子恺凭借艺术家的敏锐直觉和丰富的创作经验，认为人类的存在价值在于情感，而情感和艺术之间存在双向的互动关系：一方面艺术来源于情感，情感是艺术诞生的机缘；另一方面，艺术作品又反转过来起到安慰情感的功效，可以提升和净化情感。童装设计中应强调艺术的审美功能和社会功能，而审美功能和社会功能的实现必须依赖情感的作用与趣味。天真烂漫的儿童是未曾雕琢的璞玉，应琢去其不合理的杂质，擦亮其"情趣"的光泽，这便是艺术教育的功用。其实，在人的审美心理感应过程中，内在的心理感应和外在的心理感应是同时作用的，只是在不同的情况下，二者作用的程度真正具有生命力和感召力的产品，应该是将童装设计与一整套自然、丰富有力的艺术语言融为一体，使得童装产品同其本身所具有的技术和文化建立一种关联，以潜移默化儿童的情感。

（2）影响童装设计"情趣性"的因素。从表3-2中可以看到，国外著名童装设计中"情趣设计"的使用比例极高，且这些产品在国外童装流行中深受欢迎。例如，日本著名的童装品牌FO（图3-3），经常利用小朋友喜爱卡通造型，或者是由点、线、面形式基础结合字母、绒球等组合做趣味设计推出系列服饰产品，以形式各异的情趣手法吸引儿童或家长的眼球，从而提升品牌"情趣性"艺术文化，FO童装品牌产品在世界各地童装市场上深受欢迎。由此可见，"情趣性"设计符合人们现今对童装市场的消费需求，具有现实的可行性，同时也反映出"情趣性"设计在童装设计文化中的积极意义：首先，人的审美观在不断地变化，童装产品的外在美更是如此，能够通过研究现代儿童和家长的审美方式来表现童装的情感，使情趣美体现在童装文化中；其次，童装设计师已将设计的触角伸向了人们的心灵深处，通过富有感性的色彩、材料等创造性设计，赋予设计更多的意义。儿童在穿用的过程中，会得到种种信息，引起不同的情感流露，使童装产品具有一种可爱的"人情味"。第三，现代社会，人们对于产品的要求不仅仅满足在基本的功能上，通过各种丰富的设计语言与产品进行交流，享受情趣体验和心理满足成为人们更高层次的追求。童装产品中的情感化成分不仅影响着购买决策而且也影响着购买后拥有该产品和使用它时的愉悦感觉。情趣化、情感化的设计已是一种必然，将情趣性概念引入童装产品设计领域，人性化的因素将会成为增强市场竞争力的有力武器。情趣设计所体现的文化心理随着消费水平的发展提高也发生着改变，设计审美于细微处见真心。因此，童装中"情趣性"的重要性是显而易见的，它起着"点睛"的作用，是设计审美表达的闪光点，也是设计心理灵魂和精神的所在。相对成熟的

表3-2　"情趣性"元素在国外著名童装设计中的使用率

情趣图案样本特征	品牌1休闲时尚	品牌2休闲	品牌3卡通可爱	品牌4赛车运动	品牌5运动休闲	品牌6卡通	品牌7怀旧	品牌8休闲时尚	品牌9卡通可爱	品牌10清新可爱
国外童装品牌名称	FO KID'S	JUNK STORE	BIT'Z	DUNLOP	KLC	SNOOPY	PAL HOUSE	FO TO	HELLO KITTY	MOTHER WAYS
情趣图案使用比率%	100	82	100	56	78	100	98	100	100	99

图3-3　带有"字母、绒球"的趣味童装

国外"情趣性"设计而言，国内童装缺乏符合中国儿童心理特征的要素。每个民族都有自己独特的民族文化、民俗风情，且各民族都有独特的消费心理，设计中应根据自身品牌定位仔细地进行市场调研，把握流行趋势，开发符合我国儿童消费心理、兴趣、喜好的童装，才会更有市场价值。在分析既有的研究资料并结合调查后发现，儿童所喜欢的事物有一些共同的特性，这些共同的要素或者说是属性可以按重要性程度排列：吸引眼球的新事物（装饰细节或图案）；儿童喜爱的款式；适合儿童的色彩；儿童熟悉的品牌；购物环境（对这个商店的喜爱）。结合现有市场竞争环境，确定充满童真、童心、童趣的产品，可以毫不费力地赢得孩子们的好感，他们非常向往"有趣、自信、卡通"的品牌形象。"情趣性"因素凝练在童装产品中，很容易激起人们久违的童心，使用此类产品，能把人们带入无限的轻松、愉悦、自由和退想的美好感觉中。

4. 整理出总体构思方案

对可能涉及的新造型、新结构和新材料进行必要的试验，以掌握其工艺性。新产品开发建议书的内容主要有：开发新产品的名称和类型、市场理由、初步构想方案、产品的性能和用途、技术的先进性、经济的合理性、组织方式及经费预算等（小案例3-3）。

👉 **小案例**

新造型设计案例

新的知识、新的信息日新月异，而科学技术的发展也带来了艺术的革新，日益积累的知识又加快了科学技术的进步。计算机广泛地运用在社会各个领域，信息时代的到来极大地改变了人们的思想观念和时空概念，当人类迈向21世纪被称为"知识经济时代"和"信息时代"的时候，人类的生产方式、生活观念、认识理解、设计思想也与传统的方式形成鲜明的对比而呈现出一种全新的概念，艺术设计领域竞争也日趋激烈。信息时代的艺术设计赋予它的应是高科技的冲击，新媒体艺术和网络首当其冲，计算机网络的应用被称之为第二次文艺复兴（《连线》杂志称，第一次文艺复兴是"自信的互相竞争的，一心要获得成就的、追求光荣和不朽的社会。"出自伯克，哈特《意大利的文艺复兴时期的文明》）。网络时代的第二次文艺复兴是"自信的、互相竞争的，一心要获得成就的，但并非追求光荣的不朽的，而是追求个人主题和及时消费的社会。"艺术家或多或少的以自己的作品影响和改变人们的生活。新能源、新材料、电子信息等新科技广泛的运用，使得人类进入一个跳跃式的发展阶段，这些因素深深地影响和冲击着服装设计及时尚潮流，同时也给设计师提供了一些新思路，对服饰文化内涵也有着积极的意义。

后现代主义的哲学理念推行的是在设计元素中注入生态设计、绿色设计等。例如，童装流行的趣味化、时尚潮流的多元化、造型理念和内涵精髓的民族化、个性化等，这些都与现代信息技术中高科技手段运用于童装领域是分不开的。社会的进步、经济的腾飞，随着人们物质生活的提高，对于精神文化领域需求越来越多，人们的审美情趣、观念正在发生质的转变，基于对儿童心理和生理的要求，使之对现代童装设计也提出了新的和个性化的要求，"情趣性"语言是解决发展的重要途径之一。美国计算机和心理学教授唐纳德·诺曼（Donald Norman）说：产品具有好的功能是重要的；产品让人易学会用也是重要的；但更重要的是，这个产品要能使人感到愉悦。在满足物质需要的基础上，生活中情趣化的产品会给人们带来快乐的心情，满足了人们的精神需求。设计师把形式美的诸因素与装饰艺术的特殊规律融合起来，创造出悦目怡神的装饰美效果。在视觉上除了形态的和谐统一，质地也讲究一定的对比关系。例如，童装艺术更多的是追求"返璞归真"和"天人合一"的自然美感，具体表现在装饰的手法上，一定程度地有意识地还原或强调材质的本源，甚至有时候不去过多地重塑形态，而是直接利用原始的状态，给人以朴拙、清新的自然感受（图3-4）。这是随着现代社会环境的变化，人们发自内心的一种审美渴望。强调审美功能并对艺术设计予以肯定，而现在这些文化尺度可以通过一定条件下的技术与人的良好关系来确定文化与人的良好关系，表明了服装文化和人类"需要"层次转化在设计理念上的相互紧密联系。

图3-4 树叶装饰下的童装

童装搭配中，新造型在品牌设计中更具特点。例如前文案例中提到的童装品牌"小乖猴"具有超前的时尚理念，以儿童的天性乖巧和调皮为切入点，以个性鲜明、童趣盎然、色彩明快、家庭休闲旅行的设计为主题定位。选用优质面料，剪裁细腻，做工精湛、舒适，在服装设计上注重年龄差异，增强形象的共融性和细节的差异性并存，从细节体现高品位及文化底蕴。"小乖猴"2014春夏休闲旅行装主打流行主题是"蓝色天空"，产品造型风格锁定在线条简洁、个性鲜明的悠闲系列"我的世界"中（图3-5）。都市生活中，儿童与文化和文明的和谐，体现一种时尚，明快的着装风格，这种造型风格更能体现童年的天真。在深刻思考后，更注重和关心童装别样趣味性的体验，本系列主要运用直线型的款式造型，基本款式如衬衫、背带裙、套头衫及小夹克，加上精致的分割线，采用竹纤维的新型针织面料，以面包状的小立体装饰造型向你讲述一个动人的故事：春日午后，微风吹拂，童年的梦想在兼容并蓄的蓝白气息簇拥下悄悄进入每个孩子的心灵。6~12岁的城市儿童向往独立，梦想长

图3-5 "我的世界"系列效果图

大的心态促使他们需要建立"个人风格"，喜欢"酷"的着装。所以童装设计中，更多的是从造型角度入手，以动态感"H"造型和人为的意蕴符号形式重点体现"酷"的童装休闲时尚感。这个系列在"小乖猴"连锁专卖店的14春季销售中，很受年轻消费者的欢迎，验证了新造型设计在童装文化中的重要地位。

5. 规范和优化服装产品设计开发流程

制订规范的流程文件，包括：流程图、作业规范、标准和流程有效性衡量指标，逐步实现精细化管理，提高工作质量；缩短成衣设计开发周期；控制成衣产品成本；从成衣产品策划到参加订货会过程中的主要业务流程的规范与优化。

产品设计开发流程中可以设置流程管理督导员，此岗位由设计部系统设置，由总公司挑选合适人员担任日常工作监督。其职责为：主持编制、更新、维护流程规范文件，负责流程规范的宣讲及推动执行工作。监控流程运行状况，收集流程运行中发现的问题及相关意见和建议。正常情况下，每周向设计部主管通报；遇到特殊情况，向企业或公司总经理室反馈，讨论解决流程问题。

（1）流程有效性衡量指标一：整体流程的有效性衡量指标（表3-3）。

表3-3 整体流程的有效性衡量指标一

流程有效性衡量指标	定义	计算公式
产品订货目标达成率	订货会金额与目标金额的比例	订货会金额/目标金额×100%
时间周期	流程运行时间	
流程规范执行	工作中是否严格按照流程规范文件执行。流程督导员定期对流程执行情况进行检查	

（2）流程有效性衡量指标二：各阶段流程有效性衡量指标（表3-4）。

表3-4 各阶段流程有效性衡量指标二

流程	关键控制点	有效性衡量指标	公式
产品设计流程	销售团队和相关部门对图稿进行评审	图稿评审一次通过率	一次性通过评审设计图稿款数量/提交评审设计图稿款数量
产品设计开发	评审一	样衣评审通过率	通过评审的开发样衣数量/提交评审的开发样衣数量
	评审二	样衣修改率	通过评审决定修改的样衣数量/提交评审的样衣数量

续表

流程	关键控制点	有效性衡量指标	公式
产品设计开发	评审三	样衣增款比率	经过评审决定新增的样衣数量/提交评审的样衣数量
	资料流通的准确率和可操作性	工艺单指示通过率和可操作性	生产技术部可接受的款式工艺单数量/设计部下单款式数量

6. 整理新产品的配套工作

整理新产品的配套工作包括：组织产品设计过程中的设计评审、设计验证和设计确认；负责相关技术、工艺文件、标准样板的制订、审批、归档和保管；建立健全技术和保密档案管理制度；负责与设计开发有关的新理念、新技术、新工艺、新材料等情报资料的收集、整理、归档；订货会样衣和相关资料的准备；配合企划部完成每年春夏与秋冬画册的拍摄工作。

（二）设计部各岗位说明书

1. 设计主管或设计总监

（1）职务名称：设计主管或设计总监。

（2）管理权限：受总经理室委托，行使对产品设计的指挥、调度、审核权和对本部门员工的管理权，组织协调所需资源、汇报与沟通管理。

（3）管理责任：对设计部工作职责履行和工作任务完成情况负主要责任；设计部计划管理、考核设计员工的工作表现；项目费用预算与填报；增加工艺员、板师与设计师的交流次数，争取在工艺设计阶段减少传递的错误，增加图稿设计比例和样衣开发比例，避免因选样过程中的删款而带来的增款，从而导致的设计流程周期的延长；必须每月一次巡店或市场调研，并进行调整，做好巡回小结，做好相应记录；做好领导交办的其他工作。

（4）具体工作职责：

①每年在第一季前按销售部的计划制订第二年的产品风格及结构，交销售总监审核，由销售部、设计部、商品部三方达成共识后进行投入设计及制作。

②负责对部门内人员进行培训、考核。

③负责设计部日常工作的调度、安排，协调本部门各技术岗位的工作配合。

④负责工艺单及工艺技术资料的审核确认、放行。

⑤负责组织力量解决设计、车办工艺技术上的难题。

⑥负责与销售部沟通，提高所开发产品的市场竞争能力。

⑦负责与商品部门沟通，保证所设计的产品生产工艺科学合理，便于生产质量控制，有利于降低生产费用。

⑧负责组织本部门员工对专业技术知识和新工艺技术的学习，不断提高整体技术水平。

⑨负责制订本部门各岗位的工作职责、工作定额、工作规章制度，并负责检查、考核。

2. 主设计师

（1）职务名称：主设计师。

（2）工作职责：

①必须每月两次巡店或市场调研，并进行调整，做好巡回小结，做好相应记录。

②每季不少于140～180款的设计与打样（图案设计师根据内外衣款式要求设计相应图案稿）。

③了解市场流行趋势，根据公司品牌的风格与定位以及消费者的需要进行设计（小案例3-4）；负责跟踪所开发的产品与市场流行趋势相吻合；按计划负责设计完成款式图和工艺单；订货会资料的准备。

④对缝制样，展示样，产前样等的审定跟踪以及确定款式等细节工作；配合板师对款式的尺寸及工艺要求的确定。

⑤负责对自己设计款式的要求做好打样前所需的资料等工作。

⑥领导交办的其他工作。

3. 助理设计师

（1）职务名称：设计助理。

（2）工作职责：

①根据主设计师的要求，负责绘图、配色、调色等辅助设计工作。

②收集主、辅料市场信息，受设计师指派采购合适的主、辅料；必须每月一次巡店或市场调研，并进行调整，做好巡回小结，做好相应记录。

③设计图纸、资料收集、整理、归档、保管。

④负责"OK展示样"和面、辅料等登记归档和保管。

⑤订货会资料的辅助准备。

⑥领导交办的其他工作。

☞ **小案例**

主设计师设计案例说明

根据童装最新流行趋势，VIV&LUL将2016秋冬外衣的流行分为六个主题：《琥珀时光》《开花的公主》《麦哲伦的远航》《粉色的百灵》《大眼睛的向往》《红与黑的纯粹》。这些主题多层次、多角度地展现了小朋友们的灵动、健康、天真的性情，也将冬季的流行趋势涵盖齐全。VIV&LUL使2016秋冬外衣带来了一种强调精神享受乐观向上、浪漫、鲜亮、清爽的时尚色彩。荷叶边、泡泡袖、节裙等强调浪漫情调元素的运用让"情趣性"设计注入清新的格调。从12世纪贵族风格中获取灵感的昔日经典系列，跨越时空的复古、毫无繁杂的虚饰，手感细腻的绒面外观，温暖柔软的质地，传递着古典的优雅和含蓄的奢华。

例如，《大眼睛的向往》主题系列（图3-6、图3-7）：天真的小女孩她喜欢安静地待在一间透明的房子里，看阳光悄悄着洒进来，风轻柔地吹乱树叶，小鸟偷偷地衔走了一片……小女孩想象自己成为一只百灵鸟的模样，快乐自在地在树叶间唱着自己的歌。

关键词：玫红色的幻想、小姑娘、大眼睛、树影、小鸟、啁啾。

产品风格"情趣性"设计定位：轻松自信、自在舒适、时尚婉约。

产品特色：各式柔嫩的粉，被用在针织衫、小外套或小棉袄上，舒适可脱卸的毛领，假两件套式的薄型小羽绒服，配上跳跃的玫红色围巾，白色或灰色的袜套，描绘出灵动可爱、清新婉约的产品形象。

L314402 T恤　　　　L314425 针织开衫　　　L314430 机车夹克　　L314443 连衣裙
L314420 连衣裙　　　L314418 T恤　　　　　L314457 T恤　　　　L314417 风衣
L314407 打底裤　　　L314446 短裙　　　　　L314446 短裙　　　　L314408 打底裤

图3-6　《大眼睛的向往》主题系列女童成衣产品搭配之一

L414524 中款外套　　L414547 衬衫　　　　L414511 羽绒马甲　　L314443 连衣裙
L414562 衬衫　　　　L414548 马甲　　　　L414623 毛衫　　　　L314417 风衣
L314447 短裙　　　　L314424 短裤　　　　L314447 短裙　　　　L314408 打底裤
L314407 打底裤

图3-7　《大眼睛的向往》主题系列女童成衣产品搭配之二
（资料来源：上海赛晖服饰有限公司品牌设计部）

三、学习拓展

☞【案例】上海赛晖服饰有限公司设计部SWOT评价分析

SWOT是Strength（优势）、Weakness（劣势）、Opportunity（机会）和Threats（威胁）的缩写。SWOT分析实际上是对企业内外部条件各方面内容进行综合和概括，进而分析服装企业的优劣势以及面临的机会和威胁的一种方法。

（一）自身优势与实力（Strength）

成衣设计的竞争优势可以指消费者眼中成衣产品有别于其竞争对手的任何优越的产品，它可以是产品的设计点、质量、可靠性、适用性、风格、形象以及服务的及时、态度的热情等。虽然竞争优势实际上指的是一个企业比其竞争对手有较强的综合优势，但是明确企业究竟在哪一个方面具有优势更有意义，因为只有这样，才可以扬长避短，或者以实击虚。例如，产品是否新颖，制造工艺是否复杂，销售渠道是否畅通，价格是否具有竞争性等。如果一个企业在某一方面或几个方面的优势正是该行业企业应具备的关键成功要素，那么，该企业的综合竞争优势也许就强一些。需要指出的是，衡量一个企业及其产品是否具有竞争优势，要看该企业是否能站在用户角度考虑问题。在品牌服饰设计过程中，上海赛晖服饰有限公司设计团队对产品每一步的"走心创意点"，都会从各种时尚风格和经典历史案例中获得更多的灵感，在可以承受的价格范围内，以更时尚、更精致的细节设计，给予产品更多令人赏心悦目之处。尤其是品牌每季的代表性产品，主打的创意精髓，选用产品树立认可度，回应顾客的需求和期望，展示品牌的个性与价值，同时也表现出季节性的时尚趋势。

1. 鲜明的主题设计理念

主题设计之所以成为品牌设计的常用方式，不难发现，服装产业发展至今，创意点俨然成为服装企业品牌高附加值的来源，创意也就成为品牌市场竞争的焦点之一，而确定主题的过程则是将创意集中化、具象化的过程，因此这个环节显得格外重要。鲜明的主题为设计师团队指出了明确的设计方向，为整个设计过程理清了思路。唯路易品牌在2011年秋冬季女童主题中推出"爱心"系列，并成功创意出红色爱心斗篷经典款，在设计开发工作结束之后，"爱心"主题还为市场销售奠定了良好的推广基础。在订货会、专卖店、推广海报和杂志上，独特而精彩的主题形象如价值百万的广告语一样宝贵，深受消费者们喜欢，连续3年成为女童榜上销售冠军款。

2. 色彩元素注入品牌创新能量

因受国际与国内市场每季流行色的影响，色彩波动幅度较为明显。唯路易品牌色彩在选用上有两个特点：一是制订持久运用的品牌基调色。消费者可以根据服装的色彩轻易识别出本品牌，这是表现品牌的个性和其时尚的基础色彩，每个季节，根据趋势及时尚主题进行更新，唯路易会定义三个主要的身份色，例如，代表品牌历史色彩的永恒的黑色、必备的中国红、时尚的宝蓝色；二是通过色彩元素注入品牌精选主题色彩，或是提升的，或是对撞的用于明星单品款设计，如大衣、羽绒服、裙子、针织衫等。运用流行色彩来提亮中性色使造型更生动，使图案更时尚，并与配饰趣味搭配，特别是对于每季时尚主题中的一些细节的运用，色彩整体规划上保持一致性，便可以在竞争中表现出不同的身份颜色。

3. "三位一体"的面、辅料选择与设计

面、辅料选择采用的是"三位一体"的方式，即常规的、流行的、自主开发的面、辅料。每季设计之初都由设计助理与工艺助理梳理一遍，为设计团队提供服装设计必要环境和土壤，这样的土壤是否肥沃，温度和气候是否适宜，对品牌创新的发展关系重大。例如，2014年当春夏时装周上掀起棋盘格纹潮流时，唯路易设计师们也按捺不住倾情打造棋盘纹，在创意时一改传统的印花格纹面料，采用了符合儿童趣味心理的编制格纹装饰手法。但这种独特的工艺手法运用在夏款连衣裙中，同时还要满足成衣生产和工艺的要求，这对面料的手感与厚度，以及儿童穿着的舒适性提出了新要求，团队成员试用多种面料，最终选用了真丝绵解决了所有的难题。

4. 联想和想象：图案设计的双翼

图案的设计和选择对于整个童装设计有着举足轻重的作用。童装设计师可以根据图案本身来展开联想和想象，这就为设计插上了双翼，打开更广泛的思维设计空间，选择最为恰当的设计元素。创意思维来源于社会生活中的多个方面，例如当下社会热点和"非主流"的发展动向，参观博物馆和图片展、浏览杂志、了解某种时尚流行；参加各种工业设计展览会、服装展览、艺术展；学习服装史等历史知识；关注流行影视剧等，这一切都构成了与创意思维相关的行动力 。花朵图案虽不具备流行元素特性，但却是女童服装设计中的常用元素。当然，图案在具体的产品开发选用中是可以进行不断调整的。因为最初的设计概念是模糊而笼统的，在进入到一定的设计阶段时，随着设计思路的明朗化，可以对不尽如人意的图案进行调整，并植入成熟的印、绣花技术，使产品整体性更有特点。

（二）缺点与劣势（Weakness）

市场是检验成衣产品的唯一标准，为了更好地适应成衣市场的需求，把劣势变为优势，企业品牌设计部需广泛收集各种资讯，进行多渠道、全方位的市场把控，从基础上打开产品的市场。首先，设计部借助销售平台，根据设计目标，分别提供各自设计创意方案并制作成衣；其次，每季首批展示样衣都需严格通过东北、华东、华南等地区主要销售城市的代理商、大区经理及店长的打分考核，再经过第二次展示样的调整与修订；再次，开设每年两次的成衣产品订货会，产品接受全国所有销售成员下单订货；最后，商品部整合大货生产的个案经过此过程的检验，投入到市场中的成衣产品才符合市场的需求，才具有竞争力。

（三）机遇（Opportunity）

成衣设计机遇必须按照《国家中长期科学和技术发展规划纲要（2006-2020年）》关于科技工作"自主创新，重点跨越，支撑发展，引领未来"的指导方针，把增强自主创新能力作为科学技术发展的战略基点和调整产业结构、转变增长方式的中心环节，旨在大力提高服装行业原始创新能力、集成创新能力和引进消化吸收再创新能力。在媒介碎片化、分众化趋势越来越突出的时代，传统的服装营销模式遭遇了前所未有的挑战，新媒体的出现和成长促进了服装营销方式商业思维的变革，也为我们带来了巨大的商业想象空间。服装成衣设计的机遇，主要以创新产品结构、提高企业核心竞争力为目的。就当下国内成衣市场而言，其核心竞争力不仅表现在先进的管理水平、特色个性化产品服务上面，更重要的是体现了一种先进的企业产品创新发展理念、纯熟的品牌市场管理为先导的再现与植入。根据企业品牌发展

的理念和愿景，考察中外市场，对话企业和运营量大中心，最终提出组成品牌风格DNA的方案，并使成衣产品风格实现国内童装市场的独一无二。

四、检查与评价

1. 思考题

（1）思考成衣设计部门职能的重要性及其作用。

（2）分析服装企业任务SWOT评价体系，说明其对成衣设计的指导作用。

2. 任务评价表

参考服装企业任务SWOT评价体系（表3-5）。

表3-5　服装企业任务SWOT评价表

评价任务 SWOT评价体系	评价情况记录		
	自评	互评	师评
S 优势 （3分）			
W 劣势 （2分）			
O 机会 （3分）			
T 威胁 （2分）			

学习任务二　成衣设计部工作流程

一、任务书

结合时下成衣市场需求，找到切入点，以组为团队拟定系列设计企划方案制作出方案册，全面展示品牌服装设计与运作理念，制作系列服装表达设计思路架构图；借助市场调研与企业调研，深入思考、深刻挖掘具有实际指导意义的有关命题，通过多方的资讯，广泛收集素材，全面征集案例，用敏锐的洞察力、高度的概括力、准确的判断力、良好的逻辑思维能力，撰写能够指导产品开发、生产加工、技术改造、企业管理、市场销售等领域实践的说明书。

（一）能力目标

（1）能依据成衣设计部工作的流程拟定并制作系列设计企划方案册。

（2）能借助市场调研与行业企业调研，撰写能够指导产品开发、生产加工、技术改造、企业管理、市场销售等领域实践的说明书。

（二）知识目标

（1）知晓学习任务工作中心点。

（2）熟悉成衣设计部工作的一般流程。

二、知识链接

【特别提示】企业的成衣设计部工作，不仅是设计师团队的艺术创作活动，而且是整个企业活动过程中的重要工序或一项工作。在销售过程中，设计师应密切关注市场动态，及时收集市场信息，为及时供货或调整产品及开发新产品提供依据。成衣设计部要紧密配合销售部、生产部、商品部等进行配合工作。

成衣设计部工作流程主要包括：设计部开发初期工作流程；设计部开发关键流程；后期与商品部工作流程（图3-8）。

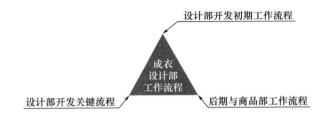

图3-8 成衣设计部工作流程思维导图

服装设计部门工作流程的制订，要根据公司整体运作的需要，既要简洁严谨，又要科学规范。在严格执行的过程中，还要灵活变通，确保工作质量和工作效率的提高。成衣设计部的工作流程一般如下（图3-9）。

（一）设计部开发初期工作流程

1. 前期资讯研究

整理上一季订货会反馈意见及市场销售数据，研究目前与未来的成衣信息变化，对于流行趋势的关注产生新产品方案。成衣具有很强的流行性，流行是成衣市场的特点，也是服装企业需要把握的商机。服装企业在任何时候都不能忽视对流行的把握和研究。对流行的把握一般来自两个方向。第一，自上而下，即通过查阅资料信息，了解国内外有关权威机构发布的信息，还有上游原材料生产的流行信息等。第二，自下而上，它直接来自于商场货架的销售情况、街头巷尾的穿着或生活小报杂志。

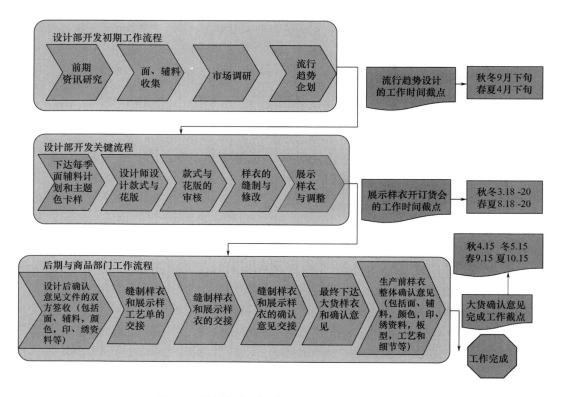

图3-9　设计部主要工作流程与时间截点示意图

2. 面、辅料收集

收集面、辅料市场及长期合作供应商的新型小样，新能源、新材料、电子等新科技广泛的运用，这些因素深深地影响和冲击着成衣设计，同时也给设计师提供了新思路，对成衣设计内涵也有积极的意义。

👉小贴士

新能源、新科技、新型环保纤维材料广泛的运用

我们生活质量和物质水平的提高，尤其体现在使用高科技手段改变纺织材料的物理特性来适应人们的生理和心理需求，以及适应环境和主流艺术潮流的需要。由于现代社会人们消费水平的提高以及消费观念的改变，成衣的质量除了体现在外观质量、颜色、缝制质量、熨烫、包装等方面，越来越受到社会和家庭关注的还有面料成分的含量、是否含有甲醛、pH等关系到成衣衣着安全的指标，所以，健康和环保型的产品日益受到市场的青睐。近年受"回归生态"潮流的影响，服装界又陆续推出了适应新潮流的新型环保纤维材料，例如：以天然纤维织物为基布，应用高科技涂层技术使织物防风，并保留良好的透气性能；通过烂花、提花、压花、立体印刷、割绒等技术增加面料的立体效果，使传统的面料具备了多样化的风格。另外，弹力纤维以其广泛的适应性与各种天然纤维或传统合成纤维混纺，大大改变了面料的外观和品质。还有绿色纤维的应用更是令人赏心悦目，彩棉、有色羊毛、兔毛、塑料再生、太阳能染色等使面料的各个环节（纺、织、印、染、后整理）尽可能避免了污染，因此

被称为绿色纤维，它由纤维素木浆经过溶液仿丝而得，是自然与科学技术和谐结合的新型纤维，被称为Tencel，具有良好的透气性和吸湿性，可与各种纤维混纺、质感好、手感滑爽柔软，悬垂性佳且舒适性、耐用性强，染色牢度高、色彩丰富，是未来时尚运用的绝佳材料。还有可上网的"互联网成衣"和可监测人体健康等状况的"智能成衣"的出现即是高科技、艺术、人、时尚的联结。又如，为体现成人内衣舒适性，市场上推出了具有传统的审美特征及更好技术特性的混纺织物和仿生织物，它既具有经过技术改良或基因改良后的天然性、仿自然性、适应多种气候环境的多功能性，以及兼有环保性、抗菌防紫外线等特性。材质中彩色棉的开发和根据企鹅的毛在零度以下的环境中极强的保温性仿制防寒服装即是很好的技术与生态完美结合的例证。这种以回归自然、返璞归真的设计潮流使以人为本的设计理念赋予了更深刻的内涵，它不仅涉及成衣设计有形的外在的方面，还关注无形的内在情感的流动，以人为本的设计是感性和理性自然结合的设计实践。

3. 市场调研

在成衣设计构思之前，要了解市场各种信息，做好充分的市场调查。调查的对象包括原料批发商、成品销售商、消费者生活结构的变化和竞争对手的产品状况等。调查的内容有产品、价格、销售量、成本、利润等相关信息。成衣产品生命周期的延续需要新方案，如在成衣生命周期进入成熟期以前，就要求新产品在市场上崭露头角。这样，在老产品走下坡路之前，新产品方案已开始被孕育。产品的升级换代可使企业永葆活力。

☞ 小案例

童装图案设计的市场调研

在童装图案设计中，可根据不同的款式、部位将图案设计为动物图案、花卉图案、字母图案、卡通图案、非主流图案等情趣化的常用服饰图案。以童装消费者为调查对象，以市场为依托，对图案的情趣性吸引力做了市场调研，调查地点为上海、苏州、郑州、南通，各个城市的抽样人群比例基本一致，每城市100份抽样问答。以各城市抽样人群比例的一致性为基础，可以保证比较分析的正确性。参与问答调查的人员为不同职业的儿童父母，职业包括职员、私营业主、教师、专业人员、公务员及其他（图3-10）。因为调查结果重要的是调查范围的广度，不同年龄的儿童和父母对图案有着不同的喜好、需求与认识，这样可以更加充分地了解儿童需求，以确定童装产品定位与目标消费群情感意识。从调查中可以探寻出图案情趣化设计的切入点，其具体表现如图3-11所示：卡通图案受电视卡通动物，生机勃勃、情趣盎然的表演，让所有的人群爱不释手；动物图案稚拙乖巧，花卉图案温馨动人，让职员身份的家长们念念不忘；字母图案简洁大方、抽象，留给自由工作者、私营业主和教师身份的家长广阔的遐想空间；非主流图案个性张扬、无拘无束，使专业人士身份的家长们欣然接受。从调查的结论中分析得出，图案情趣化品类喜好虽然因人而异，而且有一部分人群对图案装饰意义并不是很了解，但是他们对童装中采用情趣化图案的满意态度的人数占到了95%以上。而问及希望对情趣化图案未来展望的时候，超过半数的人认为应该具有美观和环保功能。"情趣图案"的装饰部位、结构设计、面料创新等与儿童的身心健康有着不可分割的关

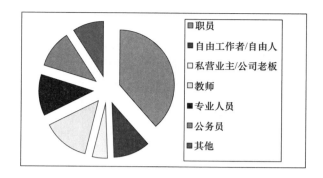

图3-10　被访者职业分类与比例图

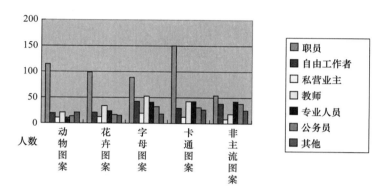

图3-11　不同职业的父母对图案的情趣性吸引力市场调研图

系。当问及家长希望购买何种类型图案的童装产品时，他们认为最重要的是"情趣图案"整体形式感好，要满足自己孩子的喜好认知，适合孩子成长的个性化和差异化需求。

4. 流行趋势企划

流行产品的设计要根据市场的变化不断变化，总体来说，在一定时期内，企业成衣产品应有相对固定的风格。一方面便于成衣生产组织；另一方面便于消费者对企业的认知，对于品牌产品，事先规定好企业的产品风格是非常重要的。每季流行企划包括风格理念、主题故事、廓型风格、色彩系列等具体内容，它是设计团队设计工作的第一步，也是设计的工作重点和限定元素（图3-12）。

（二）设计部开发关键流程

1. 每一季面、辅料计划和主题色卡样

设计主管或设计总监根据公司总体战略规划及年度经营目标，围绕销售部制订的产品计划，依据公司的品牌风格和产品风格定位，制订公司成衣品牌的季度产品开发计划，并根据系列主题，规划每一季面、辅料和主题色卡样（图3-13）。在成衣设计时要考虑到形、色、材等方面的自然和环境因素，因为成衣设计是在制作材料、生产工艺、使用功能以及形式感觉各种因素的互相影响、互相牵制中完成的。歌德在《自然与艺术》中写道："在限制中才能显示能手，只有规律才能结予自由"。形式的限制通过对自然规律的认识转化为表现的自

图3-12 童装流行趋势企划案例
（资料来源：上海赛晖服饰有限公司品牌设计部）

图3-13 规划每一季面、辅料和主题色卡样
（资料来源：上海赛晖服饰有限公司品牌设计部）

由，最终产生别具一格的艺术品——人与自然融于一体，产生具有强烈装饰性和美感的艺术品。

2. **设计师设计款式**

根据市场调查和企业每季风格战略的要求，设计团队加上自己对艺术的独特理解，绘制服装效果图，一般多采用软件绘制正背面彩色成衣款式图，如图3-14所示。企业用的成衣款式图是设计初级方案，一般需要提供款式的数量是所需数的3~4倍，而且多为系列成衣产品。

图3-14　正背面款式图绘制
（资料来源：上海赛晖服饰有限公司品牌设计部）

3. 款式的审核

设计团队对系列成衣产品整体性把关（图3-15），设计主管或设计总监根据具体产品系列的设计方案，组织设计师设计图稿、选择面辅料、配饰。设计款式图经设计主管或设计总监审批通过后，由打板主管安排制板师打样板。

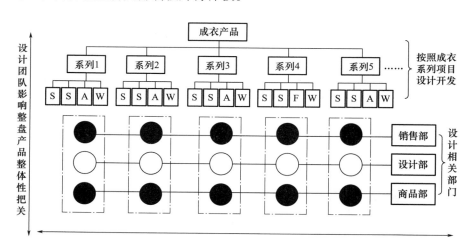

图3-15　设计团队对系列成衣产品整体性把关架构图

4. 样衣的制作与修改

制板师按款式设计图稿和设计师的要求制板，经设计师审核批板后，工艺师根据设计、制板的要求制订工艺要求。工艺师依据工艺要求指导样衣师制作、修改样衣，样衣师根据设计、制板和工艺要求制作、修改样衣，为工艺师提供各个环节的制作准确数据，样衣经设计师、制板师、工艺师审核通过后，由工艺师编写完整的工艺单。

5. **展示样衣的制作与调整**

设计师提供各种比较方案的设计图之后，制作展示样衣，再由企业的各职能部门会审评价（图3-16）。部门包括商品部门、销售部门、生产部门、技术部门、财务部门等，他们从各自角度对设计师的图纸作出评价，筛选最佳方案，经总经理确认通过的产品系列将组合成公司下一季的新产品，并计算量、本、利，落实资金，安排生产计划。

图3-16　样衣搭配陈列会审
（资料来源：上海赛晖服饰有限公司品牌设计部）

（三）后期与商品部工作流程

（1）设计后确认意见文件的双方签收。在批量生产时，必须事先制作样品，并模拟大批量生产的工艺条件。例如，成衣样品颜色的确认，要求染色方提供至少每组三个颜色以上，并将色样给予设计师挑选确认。样品通过后，进一步审查设计方案，并计算工时，编排工序，为车间生产安排提供依据。样品制作人员无权对大效果做出变更，无权改变原设计，如需改变设计风格，必须履行一定的企业程序，即重新会审评价并由有关主管认可。

（2）缝制样衣和展示样衣工艺单的交接。

（3）缝制样衣和展示样衣产品的交接。

（4）缝制样衣和展示样衣产品的确认意见交接。制作工业性样衣（大货样衣）和制订技术文件（包括扩号纸样、排料图、定额用料、操作规程等）。

（5）最终下达大货样衣和确认意见。

（6）产前样衣整体确认意见。产前样整体确认意见，包括对面辅料、颜色、印绣资料、板型、工艺和细节等的确认。

（7）批量生产的跟踪反馈。

（8）成衣订货会配套工作。设计团队在订货会前推广成衣产品的配套工作包括以下三个方面：设计部设计师整合成衣产品推广的卖点说明。设计师进行款式系列搭配，应用面料的颜色特点和成分特点，与季节产品需求、时间相匹配，形成严谨的组合配搭、设计创意，提高成衣产品附加值。

三、学习拓展

解读主题企划与店铺陈列指引范册（资料来源：上海赛晖服饰有限公司品牌设计部）。

（一）童装品牌唯路易女童2014秋冬主题

1. **主题一：HELLO COCO（图3-17）**

谁在巴黎的街头驻足，漫不经心的笑容，任凭时尚流转，黑白色的搭配是我们的最爱！汲取COCO小姐黑白色的精华，用闪光的薄呢面料，精巧的金属花边，勾勒出最美好的似水年华。皇冠徽章、金属链、山茶花点缀出成衣精致的轮廓。

图3-17 主题一成衣产品图

2. **主题二：索尼娅重现（图3-18）**

在这个系列服装中，索尼娅风潮席卷而来，舒适的针织面料，搭配鲜艳的撞色条纹，可爱的装饰假领配饰可爱的小女孩造型，在满足孩子们童趣的同时又突显时尚风格。玫红色与灰色的搭配使孩子特有的可爱、率真表现得淋漓尽致！

图3-18 主题二成衣产品图

3. **主题三：Wild（狂野）的洗礼（图3-19）**

这个主题的系列服装，天然的动物花纹随处可见，混合的服装面料诠释了大自然的新

图3-19 主题三成衣产品图

风采，人造皮草和柔软毛绒面料的搭配赋予服装自然不造作的纹理感。皮草是本季的主要趋势，从配饰到整体服装的运用，闪光装饰物、金属亮片和蝴蝶结的组合尽显柔美风韵，米色、驼色、咖啡色等大自然的颜色和谐地组合在一起并运用到这一系列服装中，为我们呈上富有神秘感的大自然盛宴。

（二）女童装面料选用波段表（表3-6）

表3-6 根据主题制订上货波段面料计划表

波段表		主题一	主题二	主题三
秋季	毛织	1. 33%莱赛尔、33%腈纶、34%黏胶 2. 五五毛	1. 60%丝光羊绒、40%莱赛尔 2. 三七毛	1. 60%丝光羊绒、40%莱赛尔 2. 五五毛 3. 羊仔毛
	机织	1. 具有悬垂性的混纺裤料 2. 精纺毛呢 3. 浮雕效果的提花面料 4. 千鸟格图案的精纺面料 5. 素色及印花针织面料	1. 精细低弹纯棉面料 2. 亮光效果的记忆丝面料 3. 提花记忆丝面料 4. 混纺外套风衣面料 5. 素色及印花针织面料	1. 记忆丝面料 2. 精细弹力牛仔布 3. 横条及素色针织面料 4. 亮光硬挺混纺面料
冬季	毛织	1. 2/48支30%羊绒、70%羊毛 2. 2/28支30%羊绒、70%羊毛 3. 100%羊毛 4. 100%羊绒	1. 2/48支30%羊绒、70%羊毛 2. 2/28支30%羊绒、70%羊毛 3. 100%羊毛 4. 100%羊绒	1. 1/16支羊仔毛 2. 100%羊毛 3. 2/28支30%羊绒、70%羊毛
	机织	1. 素色粗纺毛呢 2. 浮雕效果的提花毛呢 3. 针织弹力面料	1. 粗纺格纹毛呢 2. 棉混纺面料 3. 记忆丝棉面料	1. 仿毛面料 2. 100%涤纶记忆丝面料 3. 弹力牛仔面料

（三）女童装图案设计说明

1. 第一波段设计说明

在女童服装第一波段中，再现夏奈尔的风格。夏奈尔传承着优雅与简洁，山茶花成了夏奈尔服装的品牌识别标志，不论春夏或秋冬，它除了被设计成各种材质的山茶花饰品外，还经常被运用在服装的面料图案上。这次的设计中在采用夏奈尔元素的同时，加入自己服装的风格，形成了一道独特的风景。索尼娅风格的小女孩在其中很好地体现出来。

此波段中在图案设计上运用多种印绣手法，具体如下：

（1）胶印：颜色鲜艳，表面光洁，但比较厚、硬，不太适合用于大面积的印花上。适合面料：除涂层面料以外不吸收的面料。在弹力针织面料上一般用弹力胶浆。胶浆的种类包括弹力胶浆、非弹力胶浆和牛仔胶浆（抗水洗）。

（2）水印：颜色比较暗淡，但比较柔软，适合用于浅色面料上，因为深色面料会泛底色，所以这种印法具有局限性。

（3）半胶浆：其特点在胶印和水印两种之间。

（4）油墨印：颜色鲜艳，表面光洁。适合用于涂层面料等不会吸收的面料。

（5）彩箔印花：类似于烫金烫银工艺。烫金烫银是传统的装帧美化手段，常常运用在纸张包装上。丝印烫金烫银是一种新型工艺，其原理是在印花浆中加入特殊的化学制剂，使花位呈现出特别靓丽的金银色，并且色样持久，不褪色。而彩箔印花不仅能呈现出颜色效果金银色的蕾丝效果，颜色还特别靓丽。

2. 第二波段设计说明

在女童装第二波段中所用的格纹灵感来源于传统的苏格兰方格，在其中汲取灵魂，采用新颖的色彩组合和格纹重组的方式进行改良，用丰富的同色调黑色配上红色，加入色彩鲜艳的玫红色提亮，为设计带来耳目一新的效果。

3. 第三波段设计说明

在女童装第三波段中，主要运用了豹纹图案，豹纹图案一直是炙手可热的流行符号，尤其是在秋冬季节，豹纹图案单品由于其色彩与质感显得尤为应季。再在其中加入金色调，打造出风情浓郁的遍布金色的LOOK。印绣手法除了上文讲过的，还运用了如下印绣手法。

（1）金粉印花：金粉为铜金合金粉，能与黏合剂、涂料、抗氧剂、增稠剂等混合调成色浆，印制在织物上，呈现闪闪发光的图案。

（2）数码印花：用数码技术进行的印花。工艺流程摆脱了传统印花在生产过程中分色描稿、制片和制网的过程。

（四）女童装陈列指示说明图

唯路易品牌2014年的秋冬成衣产品陈列手册与产品搭配手册中，详尽地展示了产品的摆放方式，新季服装的搭配以及每件服装的设计理念等，非常直观（图3-20～图3-23），但是

A1期货品陈列色组

男孩高柜　蓝色+黑色+白色+灰色

女孩高柜　粉色+黑色+白色+灰色

模特　黑色+白色+灰色

A1男孩高柜　●＋● ○ ●　　　　女孩高柜　●＋● ○ ●

A1模特搭配色组　● ○ ●

图3-20　主题一陈列指示图

A2

A2期货品陈列色组

男孩高柜	蓝色+黑色+白色+灰色	● ● ○ ●
女孩高柜	红色+黑色+白色+灰色	● ● ○ ●
男孩模特	蓝色+黑色+白色+灰色	● ● ○ ●
女孩模特	红色+黑色+白色+灰色	● ● ○ ●

图3-21

图3-21　主题二陈列指示图

图3-22 主题三陈列指示图

图3-23 店铺设计示意图

设计师与店长、代理商之间的对陈列问题会产生矛盾，因为店长、店员时常会根据自己的想法进行陈列。在全国几百家专卖店推广统一的陈列方式，手册就成为最直接有效的指导，这也是一些国际品牌推广陈列的方式之一。有了手册的参考，就会很清楚地知道怎样陈列。许多人把陈列称之为是游走于商业与艺术之间的学府，它通过艺术手法包装产品、卖场，同时利用流行趋势、消费心理等把商品推销出去。陈列知识的基础包括很多内容，例如层板服装的折叠方式、服装出样的件数、挂钩方向、尺码排列等，要求非常细致。在这样的基础上，设计团队会建议考虑成衣的出样方式，例如在橱窗上展示最有代表、最时尚、最显眼的服装；根据顾客视角习惯和行走路线，在第一视野陈列主推商品，在补充区域陈列走量商品等（图3-23）。在此过程中发挥陈列者的艺术天赋，统观全局展示成衣产品的搭配效果、色彩效果。

四、检查与评价

（一）实操题

模拟国内一线品牌如"例外""播""天意"等设计师品牌进行模拟开发，锻炼品牌设计开发能力及系列化设计方法。作为成衣设计流程的学习来说，根据市场上某个目标品牌进行模拟产品开发能够提高自己的实战能力。以团队小组为单位，在掌握成衣设计开发流程的基础上，要对本组模拟成衣品牌进行全方位的阐述。具体要求如下。

1. 方案综述

模拟品牌的风格、年龄定位、目标客户、上货波段，甚至包括公司文化、目标品牌主设计师的情况等都要有一个全面的分析综述（教师建议：要求每组都要有本组喜欢的设计风格参考品牌，并进行长期的跟踪，以增强针对性，能清楚地知道成衣品牌开发和上货情况）。

2. 流行趋势企划

根据参考品牌的风格和市场流行趋势，确定模拟品牌某一季度产品的品类和数量、产品设计理念、开发进度等。

3. 案例小试

结合模拟成衣产品需要进行面料调研，作为模拟开发，可以到面料市场收集面料小样（不少于10种面料），并进行系列化或单款的细节设计（至少两个主题，20套系列成衣产品设计）。

（二）任务评价表

本单元任务评价表参考服装企业任务SWOT评价体系（表3-7）。

表3-7 服装企业任务SWOT评价表

评价任务 SWOT评价体系	评价情况记录		
	自评	互评	师评
S 优势 （3分）			

评价任务 SWOT评价体系	评价情况记录		
	自评	互评	师评
W 劣势 （2分）			
O 机会 （3分）			
T 威胁 （2分）			

单元四　成衣设计程序

单元描述：根据成衣设计原理,引用企业或参赛作品成衣设计实例,讲解成衣设计的企划准备、施展过程、后期反馈等步骤程序；详细分析、实证成衣产品设计开发的策略与方法。本单元学习会忽略掉成衣设计程序繁缛枝节的赘述，强调以学习者为中心，注意实战能力的系列训练，积累相关技能实操的知识点，为学习者搭建一个完整成衣设计的程序构架。

能力目标：在实际案例中，掌握成衣设计的程序，通过本单元的训练，学生全面掌握各类成衣的设计、效果图绘制方法；了解设计师的工作流程；并且能够在成衣设计与制作过程训练中增加实战工作经验；具备新产品开发与策划能力；了解服装工艺化流程，具备工艺制作能力；具备综合职业岗位能力，注重培养沟通交流、革新创新、持续学习、团队协作、解决问题、信息收集与分析等核心职业能力。

知识目标：进一步优化以项目工作过程为导向的考核机制，熟悉成衣设计师职业岗位及职业标准工作任务，知晓成衣设计的一般程序。

学习任务一　成衣设计开发企划准备

一、任务书

在个性化张扬的年代，流行元素在不断地更新。面对千篇一律的商务服饰，定制个性化、标新立异的商务成衣服装已经成为生活时尚的体现。鉴于此，以组为单位，根据下面的参考范例，创设一个虚拟成衣品牌，写出虚拟品牌的成衣企划开发书。

（一）能力目标

（1）根据市场开发需求或主题诉求进行成衣设计开发企划。

（2）能为成衣设计环节施展创作制订具体的方向和步骤。

（3）提高本组成员统筹规划的能力。

（二）知识目标

（1）知晓学习任务工作中心点。

（2）熟悉成衣设计开发企划的相关要素。

（3）了解消费者定位分析对成衣设计企划的影响。

👉 **参考范例**

"Jane mor"（珍摩尔）成衣女装品牌

（资料来源：百度文库http://wenku.baidu.com/link? url=yoMMHc-ysykuVfnBMB5XyYDRZO3ShKQWufDOMOfUI8SUMNnkzc8kg3gQ4mmaMRzoLTblBexjvJQZNbxe5fNPh8bHk-_xWTAhvYKB1gOSwdS）

1. 品牌介绍

（1）品牌故事：早晨，IVY被机械的轰鸣声吵醒，推开窗，脚步匆忙的行人，一个一个消失在雾霾笼罩的街道，这个世界失去了原有的色彩。于是，IVY心中萌发了一颗创作的种子，这颗种子被心底泉水悉心滋润，逐渐成长为一颗色彩斑斓的时尚之树。

（2）品牌名称：Jane mor（珍摩尔）

（3）品牌内涵：时尚源于生活，生活造就时尚

（4）品牌标语：爱生活，更时尚（enjoy your life, be more chic）

（5）品牌宗旨：为时尚创造附加价值。

2. 产品定位

（1）设计理念：从生活中发现时尚的事物，从事物中获取创作的灵感，为女性提供一种时尚积极，热爱环保的生活方式。

（2）风格定位：时尚、休闲、创意、轻奢。

（3）年龄定位：目标消费者年龄：25～40岁（宽度）；28～35岁（核心）。

（4）消费群体分析见表4-1。

表4-1 品牌消费群体分析

职业	政府机关干部，企事业单位人员，银行、医院、学校工作人员、技术人员、外企工作人员、公司白领、演艺界名人、个体经营者、企业家、涉外机构高级人员、金融界人士等
形象	时尚靓丽，追捧潮流
动机	追求自我贡献的价值，展现特立独行的风采
购物状况	收入水平5000元/月以上，追求高质量的生活状态
感觉	热爱生活，激情活力，独立理性，个性鲜明
生活态度	奋斗、乐观、自信、独立
生活方式	逛街、购物、看电影、KTV、旅行、摄影、互联网
购买意识	追求时尚单品，注重潮流混搭
交际	乐于与人畅谈，交友广泛，常常邀请友人小酌，探讨人生。
衣着习惯	掌握时尚信息，但并不盲目照搬，而是将时尚与自身风格有机融合；不太会发生冲动购买行为，注重自己倾向的格调。
居住习惯	注重营造放松、惬意且能表现自我的生活空间，收集一些室内装饰品和小摆设，对艺术装饰品有很好的审美意识。
爱好	喜欢时尚、电影、音乐、互联网等

3. 成衣产品定价表

品牌成衣产品基本定价见表4-2。

表4-2　品牌成衣产品定价表　　　　　　　　（单位：元）

类别	春		夏		秋		冬	
	品类	定价	品类	定价	品类	定价	品类	定价
上衣	长袖T恤	299～499	长袖T恤	299～499	长袖T恤	299～499	长袖T恤	299～499
	短袖T恤	199～399	短袖T恤	199～399	短袖T恤	199～399		
	吊带背心	199～399	吊带背心	199～399	吊带背心	199～399		
	雪纺衫	399～699	雪纺衫	399～699	雪纺衫	399～699	雪纺衫	399～699
	衬衫	299～599	衬衫	299～599	衬衫	299～599	衬衫	299～599
毛衫	开衫	299～599	开衫	299～599	开衫	299～599	开衫	299～599
	毛衣	399～699			毛衣	399～699	毛衣	399～699
外套	风衣	599～1299			风衣	599～1299	风衣	599～1299
	皮衣	599～2999			皮衣	599～2999	皮衣	599～2999
							皮草	2999～9999
	夹克	399～899			夹克	399～899	夹克	399～899
	卫衣	299～599			卫衣	299～599	卫衣	299～599
	马甲	299～599	马甲	299～599	马甲	299～599	马甲	299～599
	西服	399～1299			西服	399～1299	西服	399～1299
大衣	短大衣	599～1999			短大衣	599～1999	短大衣	599～1999
	长大衣	799～2999			长大衣	799～2999	长大衣	799～2999
棉服							棉衣	799～1999
							羽绒服	1299～2999
裙装	连衣裙	499～999	连衣裙	499～999	连衣裙	499～999	连衣裙	499～999
	半裙	299～699	半裙	299～699	半裙	299～699	半裙	299～699
裤装	牛仔裤	399～699	牛仔裤	399～699	牛仔裤	399～699	牛仔裤	399～699
	休闲裤	299～699	休闲裤	299～699	休闲裤	299～699	休闲裤	299～699
	打底裤	199～399	打底裤	199～399	打底裤	199～399	打底裤	199～399
	短裤	299～499	短裤	299～499	短裤	299～499	短裤	299～499
配饰	包	399～1999	包	399～1999	包	399～1999	包	399～1999
	鞋	499～1299	鞋	299～999	鞋	499～1299	鞋	499～1299
	饰品	199～999	饰品	199～999	饰品	199～999	饰品	199～999

二、知识链接

成衣设计开发企划准备包括：服装市场调研与规则；企业文化；品牌定位与风格；

成衣商品规划与架构；品牌运营策略（图4-1）。

从观察消费者、发展满足顾客需求为导向进行市场调研，运用成衣设计研究为基础（图4-1），探索服装企业让目标客户满意的关键因素是什么？精确地评估市场机会点与品牌成衣设计优势，描绘出品牌成衣设计

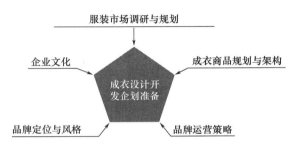

图4-1 成衣设计开发企划准备思维导图

的优点，并突显品牌脆弱的地方，精准地描绘出品牌今日现况。检视产品、服务的质量，找出企业与竞争对手的差异以及品牌成衣设计开发前期企划准备及未来竞争的目标。

（一）服装市场调研与规划

1. 服装市场调研概念

服装市场调研是指以科学的方法收集市场资料，通过有目的地对有关服装设计生产和营销的资料、情报、信息进行收集、筛选、分析来了解现有市场的动向，预测潜在市场，并由此做出生产与营销的决策，从而达到进入服装市场、占有市场并实现预期的目的。为企业管理者提供决策所必要的信息依据。

2. 服装市场调研的作用

（1）了解消费者的真实需求：市场调研是观察消费者与了解消费者真实需求的有效途径。一般情况下，服装企业是单方面向消费群提供流行信息与服饰产品的，但目标消费者真正需要和喜好的产品是什么色彩、什么风格、什么功能以及搭配方式等信息却很难自动反馈给企业。通过自身店铺和同类其他品牌的销售门店调研以及对消费者问卷调查，可以直观地了解消费者对于产品的反应及需求。

小贴士

观察消费者

通过观察消费者分析消费者在想什么？消费者在买什么？消费者需要的是什么？

观察消费者要从以下几方面进行：顾客内心的渴望；触动消费者的心弦的因素；观察、聆听寻找设计点与消费者的关联性；人心理的需求；环境变动的影响；文化层次的差异；分众族群的形成。

消费者需求的层次

从消费者需求的层次来看成衣设计（图4-2）。

▲成衣设计满足的是什么类型需求的设计？设计的理由是什么？

▲成衣设计核心竞争力是什么？我们真正擅长的成衣设计是什么？

（2）提供市场决策的依据：市场调研可以为企业成衣设计方向决策提供最直接有效的依据。相对于仅凭经营者的经验而对市场做出的判断来说，客观的调研结果在很大程度上避免了判断的主观性、盲目性和风险性。成衣设计的定位和相关的建设都需要通过市场调研进

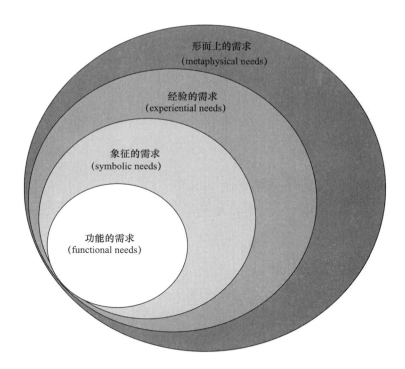

图4-2 从消费者需求的层次来看成衣设计

行必不可少的前期准备工作。

（3）掌握竞争对手的信息：市场调研还是掌握竞争对手信息的重要手段。一个品牌在发展还不完善，尤其是尚未成为业内领头羊的时候，通常都会在市场上寻找一个旗鼓相当或者略高于自己的对手作为竞争的目标品牌。通过市场调研，可以了解目标品牌成衣设计的基本情况，并为赶超对手提供客观的依据。

对服装消费对象的定位分析

消费者性别的定位；消费者年龄的定位；消费者职业的定位；消费者的穿着场合；消费者的文化程度；消费者的生活方式；消费者所在区域的定位。

☞小贴士

合理有效的服装市场调研，是为规划成衣设计的内容所需，以作为成衣品牌策略发展的依据，并描绘品牌在市场的竞争蓝图。

（1）服装调研市场在哪里？目前成衣设计品牌在市场与消费者心中的位置如何？（思考原因：行业分析、品牌分析、竞争分、消费者分析。）

（2）目前成衣设计市场为何在这里？（什么原因、动力或趋势导致成衣品牌目前的状态？）

3. 服装市场调研内容

（1）市场环境调研：政治法律、经济、社会文化、科学技术和地理气候环境。

（2）目标市场需求调研：社会购买力、市场商品需求结构、消费人口结构、消费者购买动机及购买行为。

（3）产品及销售实地调研：产品实体、包装、品牌风格、销售人员服务、产品价格、市场占有率、卖场销售点陈列及位置等。

（4）成衣产品广告效果调研：广告受众的界定、广告送达率、广告媒体、广告记忆、广告与销售业绩的关系。

（5）成衣产品竞争对手调研：竞争对手的数量与经营实力、市场占有率、竞争策略与手段、产品、技术发展。

（6）成衣市场销售调研：销售渠道、销售过程、促销调查等。

🖙**小案例**

某男装品牌市场调研布局图参考（图4-3）。

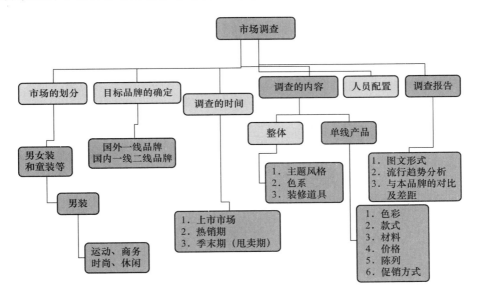

图4-3 某男装品牌市场调研布局图

4. 服装市场调研步骤与方法

（1）市场调研的步骤：确定市场调研目的；确定所需信息；确定调研方法；设计调查方案；调查实施；统计分析结果；准备研究报告。

（2）市场调研的方法：

①询问法：面谈调查；邮寄调查；电话调查；留置问卷调查。

②观察法：定点观察；定人追查等。

③网上调查：电子邮件发送问卷；利用自有网站展示问卷；借助他人网站展示问卷。

④实验法：各类展销会；试销会；交易会；订货会的形式实验研究。

⑤综合法：多种手法交叉运用。

5. 服装市场调研细分规划

（1）服装市场细分步骤：

①选定成衣设计市场范围；

②列出总体成衣市场所有的顾客及其需求；

③剔除相同的需求，将不同的需求作为细分标准；

④确定成衣细分变量和细分市场，描述细分市场轮廓（图4-4）；

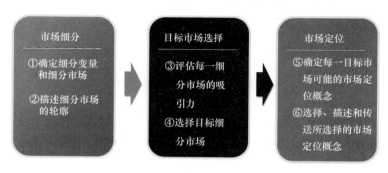

图4-4　服装市场细分流程

⑤进行服装市场分割，细分服装市场；

⑥审核每一细分市场顾客的不同需求及其购买行为的特征；

⑦选择目标服装市场及其基本营销策略。

（2）目标消费者描述：市场细分把服装消费者分类到不同的格子里（表4-3），分类标准是生活态度、工作性质、生活方式、购买行为等因素。

表4-3　目标消费者描述与市场细分

目标消费者描述				
	生活态度	工作性质	生活方式	购买行为
收入较低	不快乐	劳工	孤独	必需品
	怀疑	非技术	电视	价格导向
收入一般	不快乐	劳工	运动	价格导向
	不满	技工工匠	电视	折扣商品
社会主流	快乐	技工工匠	家庭	习惯
	归属	教学	园艺	品牌忠诚
收入较高	不快乐	销售	时髦运动	炫耀性消费
	有雄心的	白领阶段	时尚杂志	信用
成功者	快乐	管理者	旅行	奢华享受
	勤奋	专家	晚宴	身分地位（高级）
转变的	难掌控	学生	艺术工艺	冲动
	自由	健康领域	特殊兴趣杂志	独特商品
改革者	内在成长	专家	阅读	生态保育
	改造世界	企业家	文化活动	自制自种

（二）企业文化

一个没有企业文化的服装公司，一定做不长久、做不强大，因为它缺少长期的规划、缺少企业凝聚力、缺少共同的价值观。服装企业文化使命与愿景是一种承诺。做出承诺后就必须信守承诺。企业文化的基础就是其核心承诺，其他构成元素都以此思想为中心而建立。企业文化是达到某种结果、传递某种信息，或以某种方式行动的承诺。承诺能清楚阐述更高的号召力、清楚地定位、有魅力的个性及令人渴望的社会认同。

1. 企业文化概念

企业文化又称公司文化，一般指企业长期形成的共同理想、基本价值观、作风、生活习惯和行为规范的总称，是企业在经营管理过程中创造的具有本企业特色的精神财富的总和，对企业成员有感召力和凝聚力，能把众多人的兴趣、目的、需求以及由此产生的行为统一起来，是企业长期文化建设的反映。企业文化包含价值观、最高目标、行为准则、管理制度、道德风尚等内容，它以全体员工为工作对象，通过宣传、教育、培训和文化娱乐、交心联谊等方式，以最大限度地统一员工意志，规范员工行为，凝聚员工力量，为企业总目标服务。

2. 企业文化结构与使命

企业文化结构是指企业文化系统内各要素之间的时空顺序，主次地位与结合方式。企业文化结构就是企业文化的构成、形式、层次、内容、类型等的比例关系和位置关系，它表明各个要素如何连接，形成企业文化的整体模式，即企业物质文化、企业行为文化、企业制度文化、企业精神文化形态。企业使命是指企业在社会经济发展中所应担当的角色和责任，是指企业的根本性质和存在的理由，说明企业的经营领域、经营思想，为企业目标的确立与战略的制订提供依据。企业使命要说明企业在全社会经济领域中所经营的活动范围和层次，具体地表述企业在社会经济活动中的身份或角色，它包括的内容为企业的经营哲学、企业的宗旨和企业的形象。

3. 企业文化的核心理念

要想切实建立企业价值观体系，首先要从实际出发。从企业自身所处的地位、环境、行业发展前景以及其经营状况着手，通过大量枯燥但必需的调研和分析，结合企业本身对企业发展的考量，从企业发展众多的可能性中确认企业的愿景。依据企业发展必须遵循的价值观确立企业普遍认同体现企业自身个性特征的，可以促进并保持企业正常运作以及长期发展的价值体系，特别是企业战略目标和经营理念，必须是无论社会环境和时间怎么样变化，都是可以成立的。例如麦当劳公司的创始人克罗克在麦当劳创立的初期，就设定了麦当劳的经营四信条，即向顾客提供高品质的产品；快速准确友善的服务；清洁幽雅的环境；做到物有所值，也就是品质、服务、清洁、价值。麦当劳几十年恪守信条，并持之以恒地落实到每一项工作和员工行为上，到今天终于成就了在世界上100多个国家开设7万多家分店的世界第一大快餐特许经营企业。

4. 企业文化的愿景

企业愿景是指企业的长期愿望及未来状况，组织发展的蓝图，体现组织永恒的追求。有助于管理团队对长期目标、需要何种水准的品牌行销支持达成共识。消费者渴望、价值与品牌之间的结合，而不是宣言的名称。品牌宣言必须简单，让顾客了解，员工明白，常记在心。品牌宣言体现了企业家的立场和信仰，是企业最高管理者头脑中的一种概念，是对企业未来的设想，全盘思考品牌的长期目标，以支持企业策略。

👉 **小案例**

江苏唯路易实业有限公司企业文化（童装品牌——唯路易缔造者）

我们的使命：愿天下儿童身心健康快乐成长

使命的阐述：儿童身心健康，肯定能快乐成长。身指外在，心指内心。外在，为儿童提供外在时尚、个性品位的服装；内在，融入中华五千年的传统文化。身体健康是我们对儿童的深层次关注，服装企业不仅要给儿童健康、舒适的衣着享受，更要给儿童的心里感觉如母亲般的呵护。企业成衣销售的不仅仅是产品，还有企业文化的服务与真诚的关怀。

我们的愿景：打造全球一流的中国童装百年品牌

愿景的阐述：描述品牌的一句话"百年品牌无廉价。"企业制造服装产品一定要赋予它灵魂。在追求经济效益的同时必须注重社会效益，好比一个人的两条腿，缺一条就是残废，企业在创造经济效益的同时更要体现企业的百年品牌价值。

（三）品牌定位与风格

1. 品牌定位（图4-5）

品牌定位是企业占据消费者"心智空间"的一系列行为，是动态行为概念（图4-6）。品牌定位需要通过一系列接触消费者的行为来达成，通过服装企业所做的一切事和所说的一切话而建立，而不仅仅是专门的广告活动等传播手段，而其中最为关键的是品牌识别体系的建立和品牌文化体验的建立，即品牌接触点管理。消费者得以接触品牌的机会有很多层次，每一个层次的体验都会有所不同，要让这些不同变成一种核心利益的共同感受，就需要对品牌与消费者的所有接触点进行管理。真正的品牌来自于消费者在接触品牌的每一个细节时的亲身体验，是所有这些体验和感知的集合。品牌的定位实施必须落实到具体而细微的工作中，并且要在接触每个消费者的所有细节当中体现一致性，这些细节包括店堂的陈列布置、销售人员的形象和态度；说话的内容和方式；产品说明书的设计；产品功能和质量的使用经验，使用产品后所感受到的心理满足状态等。

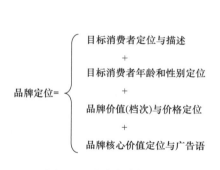

图4-5 品牌定位框架图

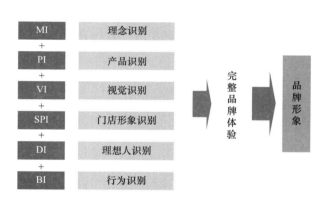

图4-6 品牌定位实施——接触点管理图示

　　了解服装品牌定位可以通过学习某服装品牌的目的（品牌的意义）、品牌是给谁的（最可能的获利区块）、品牌的时间（购买与消费发生的时机）、品牌对抗谁（直接或间接的竞争者，会在理智与情感上威胁品牌及市占率）。只有品牌定位准确，才能打进已经拥挤不堪的服装市场，创造新的机会。服装品牌定位是在成衣产品一致性的基础上，用简洁的方式，清晰表达品牌最强而有力的意念，其目的是开发出一种语言讲述服装品牌，并建立一个能充分表达这个品牌的焦点，在目标消费群的内心深处引起回响。

　　品牌核心价值是获得消费者认同并产生共鸣的品牌精神，是品牌资产的主体部分，它让消费者明确、清晰地识别并记住品牌的利益点与个性，是驱动消费者认同、喜欢乃至爱上一个品牌的主要力量。核心价值是服装企业的终极追求，是营销传播活动的原则和统帅。

2. 品牌风格

　　品牌风格是消费者对品牌形象整体感觉的浓缩，是品牌形象在消费者心中的核心反映，犹如人的个性。正如营销专家斯兹所说："品牌应像人一样具有个性形象，这个个性形象不仅是单独由产品的实质性内容所确定的，还应该包括其他一些内容……"对于服装品牌来说，这些内容就是卖场、使用者形象、包装等品牌风格的主要载体。由此，品牌风格定位的过程应从定位品牌形象开始，然后通过服装、卖场、使用者形象、包装等品牌风格的载体，塑造出品牌风格（图4-7）。

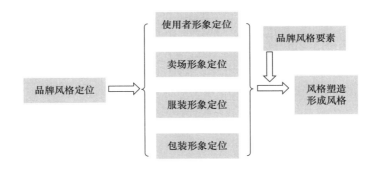

图4-7 品牌风格定位过程

3. 成衣服装品牌基本风格

　　（1）经典：实用、简洁、传统且保守，受流行影响较小。

　　（2）现代：具有都市洗练感和现代感；基本情感以洗练的知性志向为主，不失高雅品位，幽雅气质，具有女性特有的柔美线条并融入女性的智慧与性感；廓型为直线条，常采用无彩色或冷色系的色彩为主要风格特征。

　　（3）男性化：在女装中融入男装要素，主张男性化倾向，反衬出原本未曾发现的女性魅力，男式风格表现女性的廓型上，以直线条为主，体现干练、严谨、高雅等品位。

　　（4）前卫：运用波普艺术、幻觉艺术、未来派等前卫艺术，以街头艺术作为灵感，获得一种奇异的服装风格。

　　（5）活泼：风格特征轻松、活泼、舒适、青春，选用功能性面料，采用对比度高的色彩，用条形或块状的简单图案表现出强烈的动感。

（6）民族：从民族服装中汲取灵感的服装设计风格，包含民族文化、习俗等内涵，文化气息强烈，利用面料、图案、花纹的风格特点、表现服装的整体风格，在面料、色彩、图案中流露出民俗的气息韵味，在款式上具有鲜明的民俗特征。

（7）浪漫：甜美、柔纯，如梦中般的女孩形象，少女般甜美可爱形象，也有大胆、性感的成熟女性形象，追求纤细、华丽、透明、摇曳生姿的效果。

（8）优雅：纤细、柔滑、上品，体现成熟女性的端庄，披挂式款式表现女性优美的线条，利用面料的柔性和悬垂，自然塑造女性的高雅。其特征是常采用无彩色或冷色系的色彩，廓型为直线或曲线。

（四）成衣商品构成

服装成衣商品构成计划，是根据服装商品的销售目标而做的合理计划。总的销售目标确定后，企业企划部门就要计划具体的商品结构与板型的比例、四季需求总量。然后，根据销售周期与市场时间，对具体的销售量做分解、细化。这时要考虑淡旺季与黄金假日销售周期，以及可预计的增长率（包括进、销、存三方面）。在商品计划的实际过程中，商品的结构与比例会发生变化，这主要是体现在不能合理地把握单款、单色的需求量。上市后的畅销款应该被列入补单计划，以满足需求。商品构成计划的重要性在于调节市场的供需情况，达到合理平衡。商品的计划还要与终端店铺的数量、区域市场差异化、南北市场需求的特点、季节变化等相结合。同时，还应有每季的促销商品计划，例如，帽子、围巾、手套、饰品、手袋、包等促销商品，应依据季节性、销售周期、需求量等因素提前计划。

1. 商品构成的比例

商品整体中的主题商品、畅销商品、常销商品所占的比例，常规比例为常销商品占30%、主题商品占25%、畅销商品占45%（表4-4）。

表4-4　商品特行

成衣商品构成	从销售角度看				商品的展示特征	
	对销售额的期望	毛利	风险度	陈列出样	视觉促销策略指导下的展示方式	表现要点
主题商品	期望高不易预测	大	大	一般放在卖场的前面，形成一角，主要表现着装的新潮性	进行视觉上的情景展示，主题性强，灵活运用各种配件和道具	自由生活提示性的展示技术
畅销商品	期待销售的增长	中	中	放在卖场的中央构成一角，主要表现着装的场合	对卖场的理念进行视觉表现，重视季节性。	突出表现展示性
常销商品	能遇见稳定的销售额增长	小	小	单品聚集，具有丰富感，易看、易摸、易挑选	易看、易比较，通过样品的组合搭配展示样品的魅力	商品陈列

2. 商品款式分配明细

春、夏、秋、冬季，企划部门可根据上一季销售情况预测下一季成衣商品总体数量，再根据款式大类细分每一品类具体设计数目（表4-5）。

表4-5 某男装品牌春夏成衣商品细分表

	品类细分	春季数量	夏季数量
外套	西套	8	/
	夹克	10	/
	风衣	5	/
	马甲	2	/
	单西装	6	/
开衫	圆机针织开衫	6	/
	横机针织开衫	8	/
衬衫	正装长袖衬衫	12	/
	休闲长袖衬衫	8	/
	休闲短袖衬衫	/	18
T恤衫	长袖T恤衫	8	/
	短袖T恤衫	/	10
	印花短袖T恤衫	/	18
	短袖polo T恤衫	/	5
裤装	九分裤	/	3
	短裤	/	5
	休闲裤	8	/
	牛仔裤	10	/

同时，成衣商品大货生产时间必须根据下季上货波段明细表严格执行计划（表4-6）。

表4-6 某男装品牌春夏成衣商品上货波段明细表

类型	品类细分	4月1日	4月20日	5月10日	5月30日	6月19日	6月29日	7月19日
外套	西套	5	3					
	夹克	6	4					
	风衣	5						
	马甲		2					
	单西装	4	2					
开衫	圆机针织开衫	6						
	横机针织开衫	8						

类型	品类细分	4月1日	4月20日	5月10日	5月30日	6月19日	6月29日	7月19日
衬衫	正装长袖衬衫	5	3	2	2			
	休闲长袖衬衫	4	2	1	1			
	休闲短袖衬衫			8	4	2	2	2
T恤衫	长袖T恤衫	4	2	1	1			
	短袖T恤衫			5	3	1	1	
	印花短袖T恤衫			6	2	1	4	5
	短袖polo T恤衫			2			1	2
裤装	九分裤					1	1	1
	短裤						2	3
	休闲裤	4		2		1	1	
	牛仔裤	5	2	2	1			

（五）品牌运营策略

在媒介碎片化、分众化趋势越来越突出的时代，传统的服装营销模式遭遇了前所未有的挑战，新媒体的出现和成长促进了服装营销方式和商业思维的变革，也为我们带来了巨大的商业想象空间。服装品牌成衣运营策略，需客观详实地进行市场定位，调研中外服装市场，打造品牌专属的成衣市场规划和营销组合模式。

☞ 小贴士

1. 市场定位

进入哪个目标市场？

（1）潜在市场：第一个进入市场的成衣类别。

（2）新兴市场：所有品牌均未成立前。

2. 营销组合

营销组合独立发展，但是整体运作。

（1）4CS营销组合——顾客、成本、便利、沟通。

（2）4RS营销组合——关联、反应、关系、回报。

3. 营销策略

哈佛商学院的苏珊·傅尼尔（Susan Fournier）曾说："习惯上，战术性的行销决策（例如包装与广告类），多由个别的人或部门决定。然而全方位了解顾客与品牌有什么关系，可为公司行销活动提供方向，也能让顾客与品牌之间的联系更强。"成衣产品真正进入市场后，应以企业资源拟定服装营销策略，包括快速掠夺策略、慢速掠夺策略、快速渗透策略、慢速渗透策略。

（1）快速掠夺策略（高价快速）：这种策略的形式是采取高价格销售的同时，配合大量的宣传推销活动，把成衣新产品推入市场。其目的在于抢先占领服装市场。适合该策略的市场环境是服装成衣的品质特别高，功效又比较特殊，很少有其他品牌产品可以替代。面对潜在竞争对手，快速地建立良好的服装品牌形象。

（2）快速渗透策略：这种战略的特点是在采用高价格销售的同时，只用很少的促销活动。适合该策略的服装市场环境是商品的市场比较固定、明确。大部分潜在的消费者已经熟悉该品牌风格，愿意出高价购买。

（3）慢速掠夺策略（低价快速）：采用低价格销售的同时做出巨大的促销努力。其特点是可以使服装品牌迅速进入市场，有效地限制竞争对手的出现，为企业带来巨大的市场占有率。适合该策略的市场环境是服装产品有很大的市场容量，企业可望在大量销售的同时逐步降低成本。消费者对这个品牌产品不太了解，却对成衣价格十分敏感，潜在的竞争比较激烈。

（4）慢速渗透策略：在新产品进入服装市场时采取低价格，同时不做太大的促销努力。低价格有助于市场快速地接受服装产品；低促销又能使企业减少费用开支，降低成本，以弥补低价格造成的低利润或者使其亏损。适合该策略的市场环境是产品的市场容量大，消费者对此品牌成衣风格有所了解，同时对价格十分敏感，存在某种程度的潜在竞争。

三、学习拓展
参赛成衣服装设计的程序
1. 了解成衣设计大赛的种类
（1）创意性：如汉帛杯、迪尚中国时装设计奖。

（2）区域经济或行业行为性的大赛：如大连杯、中华杯、虎门杯、万事利杯、海宁中国经编设计大赛、全国服装设计师生作品大赛等。

（3）商业性或企业性大赛：真维斯杯、浩沙杯、名瑞杯、欧迪芬杯、乔丹杯、威丝曼杯等。

2. 参赛服装设计的要点
（1）扣紧主题进行设计构思。

（2）按参赛要求精心绘制效果图（图4-8）。

（3）注意设计作品的系列感与配饰的运用。

3. 设计的形式
（1）款式为先的设计：先进行设计，然后再为设计寻找最为满意的面料。

（2）面料为先的设计：根据面料进行设计。

（3）款式与面料并重的设计：一边进行构思一边跑面料市场。

图4-8　第15届"虎门杯"参赛效果图

（资料来源：穿针引线网 http://www.eeff.net/forum.php？mod=viewthread&tid=1174061）

☞ 小案例

第21届汉帛杯金奖王智娴作品解读

（资料来源：穿针引线网http://art.cfw.cn/ds/v61971-1.html）

1. 汉帛获奖概况

2013年3月25日，由中国服装设计师协会与汉帛国际集团共同主办的"汉帛奖"第21届中国国际青年设计师时装作品大赛落下帷幕。北京服装学院服装艺术与工程学院2009级学生王智娴的作品《无界》，从参赛的25个国家和地区的1660份作品中脱颖而出摘得金奖，这是北京服装学院第五次摘金"汉帛"。"汉帛奖"中国国际青年设计师时装作品大赛创办于1993年，20年间共有来自60多个国家和地区的近3万名青年设计师参赛，是极具国际影响力的专业赛事。

2. 灵感来源

《无界》这一系列服装的创作灵感来源于自然界的竹子，是在服装面料应用上的一种创新。通过竹子与绡的拼接组合，给人以耳目一新的感觉，同时也赋予作品更多的优雅和内涵。王智娴说："本次大赛以'边界'为设计主题，要求参赛者为时装发布会上的时尚编辑们设计服装，旨在让设计者打破国与国、人与人、物质与物质的边界，将创意想象延伸到一个无限的境遇。《无界》就是打破边界，设计是无边界的思维，我希望利用自然界或者说是非常规的东西来进行设计创作，创作出让人感到美的东西。"

3. 《无界》效果图

效果图如图4-9所示。

4. 制作过程

创作的理念已经成型，随之而来的是王智娴两个多月做出的一百多稿设计图。作品《无界》的服装效果图出炉了。然而，困难才刚刚开始。众所周知，竹子在服装上出现的形式仅

图4-9　《无界》参赛效果图

仅局限在配饰上，而用作主体材料却极为少见，这就意味着很大的困难在等着她去解决。由于竹子的本色在服装上所展现的颜色不是非常美观，所以王智娴将它设计成为一种类似于

具有珐琅珍宝光泽的视觉效果。为了制造出这种效果，在竹片的处理工程中，首先要从原竹上切割下竹片。这时的竹片有一定的弧度和毛刺，需要人工将它进行打磨和切割。竹片的定型过程最为艰难，尝试过很多办法，最后选择对竹片进行高温处理，再打磨、烤漆来完成竹片的定型。这一过程经过对上万片竹片高温成型最终获取了完成4套衣服上的3000多片竹片。王智娴在众多同学的帮助下，日夜工作，经过一周的"长征"之旅才完成。如图4-10~图4-12所示。

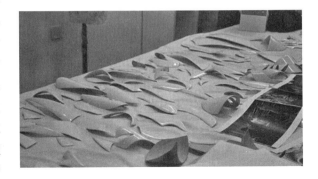

图4-10　面料创新

5. 成衣展示（图4-13）

附："汉帛奖"第21届中国国际青年设计师时装作品大赛征稿（部分内容）

大赛主题：边界——为时装发布会上的时尚编辑们设计服装。

主题诠释：我们不知从什么时候开始定义边界，事物与事物之间都有了边界，如同国与国、人与人、物质与物质，似乎用边界才能将事物得以区分。边界内是一

图4-11　制作过程

图4-12　　样衣制作

图4-13　　成衣展示图

种已知、默认的状态；边界外，是未知、是探索的状态。打破边界，将想象延伸到一个无限的境遇。

作品要求：符合大赛主题的创意时装系列作品（每系列3～4套）；参赛作品必须是本人未公开发表过的个人原创作品；具有鲜明的时代性和文化特征；风格独特、制作精细、服饰品配套齐全。

表现形式：

（1）时装设计稿，时装设计效果图（27cm×40cm）、款式图、主题说明和面料实物小样（5cm×5cm）。

（2）实物作品，初评入选设计稿时装系列。

相关小知识

1. 成衣设计的要素

（1）创意性要素。

（2）实用性要素。

（3）协调性要素。

（4）市场化要素。

（5）利润性要素。

2. 成衣设计的要求

（1）成衣设计需要设计师把握市场规律并仔细观察消费者和市场。

（2）成衣设计要求设计师了解流行趋势和本地区服装的需求状况。

（3）设计要符合批量生产的原则。

（4）成衣设计是规模化、大众化的生产。

（5）有标准化的号型尺码。

（6）成衣设计要求设计者了解生产技术和工艺流程。

四、检查与评价

1. 思考题

（1）根据自己的理解，谈谈如何把握成衣设计的要素与要求？

（2）企业文化或愿景如何影响品牌的成衣设计理念？

2. 实操题

调研市场，选取某一知名成衣品牌（男、女、童装品牌不限），每位学生根据品牌定位实施——接触点管理原则列出该品牌的风格定位，以PPT形式个人单独完成。

3. 评价表

本任务学习评价表见表4-7。

表4-7　学习任务评价表

序号	具体指标	分值	自评	小组互评	教师评价	小计
1	消费人群定位的理解	2				
2	品牌风格定位的实操性	2				
3	成衣设计的要素与要求把握	2				
4	成衣商品结构的规划能力	2				
5	独立完成任务	2				
	合计	10				

学习任务二　成衣设计开发施展过程

一、任务书

独立设计学生制服系列作品，一系列4套，选做其中1款，男女、季节、面料不限；款式风格鲜明，色彩搭配合理，时尚感强，作品成衣完成度高，整体服饰配套合理。

设计具体要求：

彩色设计效果图：一系列5套，表现材质、形式不限，要求人物动态优美，画面整洁，比例匀称，款式有创意，设计说明500字。

款式图：画出每一个款式的正、反面款式图；结构表达要正确，比例准确；附面料小样（不小于8cm×8cm）。

结构图：选其中一款按1:5比例制图，标注规格尺寸，符合制图标准（若采用立体裁剪，则把主要立裁制作步骤拍成照片），并附规格尺寸表。

生产工艺单：选其中一款，写出面、辅料及缝制工艺要求并配局部细化图解说明。

成本核算表：选其中一款，写出其成本核算，包括面、辅料和加工成本等。

成衣照片：反映设计制作过程和最终成衣效果的照片若干。

（一）能力目标

（1）会根据市场开发需求或企划主题进行成衣设计开发施展。

（2）能制订成衣设计施展实践环节的具体完善方案或构想。

（3）提高本组成员团队协作的能力。

（二）知识目标

（1）知晓学习任务工作中心点。

（2）熟悉成衣设计开发施展的相关要素。

二、任务实施

【特别提示】成衣设计开发施展过程是根据企业品牌的成衣产品定位开始的，设计部开展市场调研，广泛收集国内、外市场的最新动态，参考用户（顾客）的要求和期望，形成新一季产品开发建议书，设计构思主题方向是配合公司下一年的产品销售计划，提供产品设计开发的流行趋势与主推方向，并根据销售数据分析，完成产品一系列的研发工作，并交于市场部或销售部具体实施可行性评估。企划通过后，设计部快速做出产品设计和工艺结构设计构思、初步作出整体成衣设计方案，并提出具体的实施细则。企业重视新产品的开发，为确保产品开发的高质量，对开发的全过程进行设计初样、工艺配套、样衣试制、修改完善、生产成本预算等各阶段的划分，并在适当时机进行必要的评审、验证和确认活动。

成衣设计开发施展过程包括：设计构思；绘制成衣设计图；制作配套工艺单；样衣试制与修改；成衣成本预算（图4-14）。

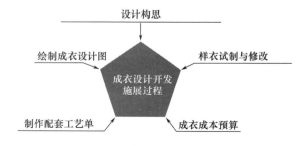

图4-14　成衣设计开发施展过程思维导图

（一）设计构思

服装设计构思指设计人员在设计服装过程中所进行的一系列思维活动，包括对服装主题、品牌风格定位、成衣产品结构、流行趋势、服装款式、矢量图片、印花绣花、色彩系列、面料辅料、服装制板、裁剪工艺、服饰搭配等多种表现形式的设想。一般来说，设计构思是意象物态化之前的心理活动，是设计师"眼中自然"转化为"心中自然"的过程，是心中意象逐渐明朗化的过程。设计构思虽然在表象意义上讲很抽象，但是服装最终建立在以"人"的穿着为基础上的物质性的有形设计文化，而不是单纯灵魂追求的精神创造。进行服装设计构思时必须以人为本，不能为设计而设计，不能为创意而创意，从而把服装设计推到配角位置，只有对社会中的"人"进行充分的分析，使服装设计有针对性、定位性、整体性以及创造性。在展开设计构思的工作中，可以从以下三个方面综合考虑，确保成衣产品的实用性与审美性。

1. **设计构思方面一**

包括对产品风格、意境图板（图4-15）（一般由国际与国内权威研究机构所发布）、主题故事、流行趋势的设想与架构。

图4-15 服装设计构思意境图板
（资料来源：POP服饰流行前线网站）

2. **设计构思方面二**

包括对服装款式、矢量图片、印花绣花、色彩系列、面料辅料、服装制板、裁剪工艺的设想与架构。

3. **设计构思方面三**

包括对产品结构、服饰搭配、卖场陈列、市场环境、政治经济等方面的设想与架构。

（二）绘制成衣设计图

成衣设计图主要用于表达服装艺术构思和工艺构思的效果与要求，强调服装设计的新意，注重服装的着装具体形态以及细节描写，便于在服装制作中准确把握，以保证成衣在艺术和工艺上都能完美地体现设计意图。成衣设计图的内容包括成衣着装效果图、产品款式平面图以及相关的文字说明三个方面。

1. **成衣着装效果图**

成衣效果图一般采用写实的方法准确地表现人体着装效果。效果图的模特采用的姿态以最利于体现设计构思和穿着效果的角度和动态为标准，设计的新意要点和成衣风格特点要在图中进行强调（图4-16）。

图4-16 童装成衣效果图
（资料来源：POP服饰流行前线网站）

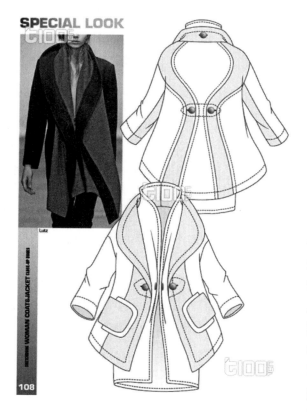

图4-17 女装成衣款式平面图（单色）
（资料来源：POP服饰流行前线网站）

2. 产品款式平面图

为了便于成衣生产制作的需要，成衣设计构思最主要是采用产品款式平面图来表示，它的优点是把效果图中的设计元素全部精准地用正、背、侧面款式图体现出来。成衣产品款式平面图能具体表达款式造型设计，同时能明确提示整体及各个关键部位结构线、装饰线裁剪与工艺制作要点。款式平面图能画出服装的平面形态，包括各部位详细比例，服装内结构设计或特别的装饰，一些服饰品的设计也可以通过平面图进行表现。平面结构图应准确工整，各部位比例形态要符合服装的尺寸规格，一般以单色线绘制，线条流畅整洁，以利于服装结构的表达（图4-17）。也可采用计算机辅助设计，绘制彩色款式图，包括服装面料图案及材料填色，生动形象地模拟展示成衣后的效果（图4-18）。现代众多品牌设计图纸均采用此类方式表达。

3. 产品纸样结构图

产品纸样结构图习惯上又称为服装裁剪图，它必须符合人体体型特征和活动规律为依据，把立体服装形态进行结构解剖后平面展开而成的。纸样结构图是设计构思和工艺制作之间的书面语言，是服装设计效果图或款式平面图转化成为成衣生产用的毛样图，即为设计效果图或款式图→确定体型及数据→结构分解草图→确定主要部位制图规格数值→结构图净样→结构图毛样的过程。从设计效果图或款式图向纸样结构图的转化是服装空间形态得以实现的关键的一环，其成败直接影响着整个设计的成败。产品纸样结构图一般分为平面结构图和立体结构图。平面结构图是指利用公式、比例、尺寸等制图形式的结构图；立体结构图则是选用衣料或胚布直接在人体或者人体模型上，利用大头针和剪刀一边造型一边裁剪的方法。其过程

图4-18 童装成衣款式平面图（彩色）
（资料来源：POP服饰流行前线网站）

是先根据设计意图用布料在人体或者人体模型上塑造出理想的成衣造型（图4-19），再在各衣片连接处做好记号，然后拆下来，就可以得到所需的衣片展开图，再把衣片展开图拷贝到打板纸上。

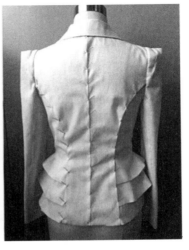

图4-19 女装成衣立体造型示意图（前与后）
（资料来源：施捷醒目知色服装设计工作室）

4. 文字说明

在成衣效果图和款式平面图完成后还应附上必要的文字说明，例如设计意图主题、工艺制作要点、面辅料及配件的选用要求以及装饰方面的具体问题等，方便技术人员按要求制作下单。文字与图示相结合才能全面而准确地表达出设计构思的效果。

☞小案例

成衣款式图的绘制

通过研究历届全国职业学校技能大赛服装类项目任务书，不难发现融入现代企业实际操作技能训练的教学理念和手段已成为中职服装设计专业教育教学发展的必然。根据相关的企业成衣设计原理要求，强化包括款式造型基础技能、立体成衣造型专业设计技能及设计相关理论知识在内的技能训练。以成衣女装"款式图"技能训练为例，学生设计成衣女装图稿时，强调模拟企业真实生产设计图纸要求，需考虑花色与形状、辅料与细节配置、面料成衣洗水效果、拓展造型与风格协调性等一系列要素（图4-20）。

图4-20 "款式图"技能训练中设计细节运用要素
（资料来源：施捷醒目知色服装设计工作室）

☞小案例

参赛效果图绘制

首届"中国·织里"全国童装设计大赛征稿（部分内容）

大赛主题：童梦

作品要求：

（1）参赛作品需符合大赛主题，每个系列5套（男女童装不限）。

（2）作品设计年龄段为中童6~8岁。

（3）具有鲜明的时代性和文化特征。

（4）设计完整、制作精细、饰品搭配齐全。

（5）参赛作品应为本人原创作品，不得侵犯他人知识产权。

评比内容：

（1）设计作品提供服装效果图（正面、背面）和平面结构图各一张，平面结构图另以一张纸绘制，并与效果图装订在一起，设计稿规格均为27cm×40cm，装裱后规格29cm×42cm；手绘或电脑绘制均可，效果图、平面结构图超大或缩小即视为无效，效果图右下方粘贴作品的5cm×5cm面料小样。

（2）不符合规格者，组委会保留取消其参赛资格的权利，请勿用轻型版等厚型纸。

（3）参赛设计稿一律不退，请自留底稿，设计稿版权归主办所有。

（4）决赛实物要求：按入围作品设计稿制作（每个系列5套）实物作品，并选配相应的饰品。

参赛作品设计稿见图4-21~图4-24（资料来源：施捷醒目知色服装设计工作室）。

图4-21 学生参赛设计稿——款式图

图4-22　学生参赛设计稿———效果图

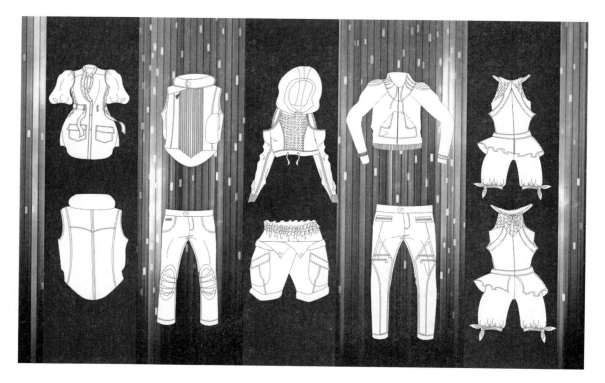

图4-23　学生参赛设计稿二——款式图

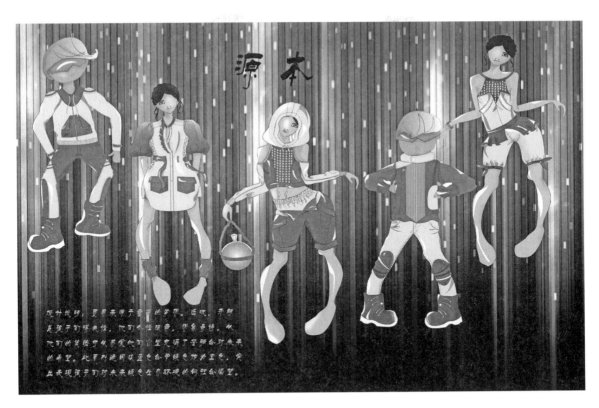

图4-24　学生参赛设计稿二——效果图

（三）制作配套工艺单

1. **效果图或款式图**

（1）服装效果图或款式图（正、反面）。

（2）注意细节，要标明品牌名称、系列主题、款号、尺码、长度单位、产品安全类别等，工艺单要根据具体产品而定，工艺单案例举例见表4-8。

2. **面料信息**

（1）面料型号、型号简称、单位、幅宽，根据设计师编制的"商品材料配量估价表"，详细信息由服装企业采购部注明。

（2）面料成分：依据采购部提供的资料（检测报告、签字后的内联单），标明库存面料。

（3）面料用量：依据"商品材料配量估价表"中工艺师（排料）提供的单耗量注明用料量。

（4）备注栏：要填写面料的用途（各个部位填写要详尽，见表4-9）。

3. **辅料信息**

（1）辅料型号、型号简称、单位、幅宽，根据设计师编制的"商品材料配量估价表"，详细信息由采购部注明。

（2）辅料应按样衣审核"商品材料配量估价表"的用量。

（3）备注栏填写辅料使用部位（填写要详尽）。

表4-8　工艺单案例　　　　　　　　　　　　　　　　　　　　　　单位：cm

唯路易Viv&Lul			下装			2015 S/S	
款号	主题—系列		品名		规格	平面设计	服装设计
V214121	男童第二波段		西装中裤		110-170	ZDD	YUAN

尺码表（CM）								特艺：绣花

尺码 尺寸 部位	110 50	120 53	130 56	140 60	150 63	160 66	170 69	款式图： 正面图：
A 裤长	40	43	46	49	52	55	58	
B 腰围/2	21.5	23.5	25.5	27.5	29.5	31.5	33.5	
C 臀围/2	36	38	40	42	44	46	48	
D 前裆长	21	22	23	24	25	26	27	
E 后裆长								
F 前袋距测缝	5	5	5.5	6	6.5	7	7.5	
G 前袋距腰	11	11.5	12	12.5	13	13.5.	14	
H 腰宽	3.5	3.5	3.5	3.5	3.5	3.5	3.5	
I 后袋长/宽	12.5/10.5	13/11	13.5/11.5	14/12	14.5/12.5	15/13	13.5/3.5	
J 门襟	12/3.5	12/3.5	12.5/3.5	12.5/3.5	13/3.5	13/3.5	13.5/3.5	背面图：
K 脚口/2	15	16	17	18	19	20	21	
L 后袋盖								
M 后育克中高	5	5	5.5	5.5	6	6.5	7	
N 后育克侧高	3.5	3.5	4	4	4.5	5	5.5	
O 后袋子距侧缝	2.3							
P 后袋口距腰	2							
Q								

（资料来源：上海赛晖服饰有限公司设计部）

表4-9 面辅料用途

	面料表				辅料表						
名称	棉麻	全棉府绸	全棉印花	vl平细布	vl开模树脂扣	拉链	2.5cm松紧	2.5cm调节松紧	主标	1.3cm调节扣	通用辅料
部位	大身	腰头内	口袋嵌条，门襟，口袋布包边	口袋布	门襟	140#~160#门襟	110#~130#腰口	140#~160#腰口	后要居中	140#~160#腰口2枚	主标
配色一	灰色	漂白	宝蓝色	漂白	1.5cm黑色1颗+1备用	3#尼龙闭尾拉链，齿黑色580	本白	本白	米色	透明	尺码标
											洗标
											合格证
配色二											主吊牌
											吊粒
											QC贴纸
配色三											尺码贴纸
											胶袋

核准： 复核： 设计： 制板： 工艺员：

（资料来源：上海赛晖服饰有限公司设计部）

（4）细节描述：①缝线钉制类扣件用量，如需还可加备扣一粒（注意，有的备扣可钉在洗标反面，有的则需要备扣袋）。

②气眼底部、四合扣子扣底部需加相应规格的垫片。旋转工字扣底部有的情况下也需加垫垫片，具体要根据面料的性能及厚薄来确定，同时影响其牢度的还有扣件本身的质量、扣脚与面料接触的面积大小。要注意针织面料慎用气眼等破坏面料组织的扣件。

③气眼垫片侧面呈梯形，梯形宽面贴于布面，窄面贴于气眼。常用于气眼底部，四合扣子扣底部，也有用于面扣，这要根据面料的厚薄及性能而定。

④定绳器与橡皮筋、绳、带规格是否匹配，确认其在大货生产中不会出现操作困难，并且满足质量要求。

⑤带、绳类辅料需加3%损耗量。另在缝份外需多加1cm的量作为制作中必要的损耗量。绳、带的毛边需进行处理的需增加损耗量。

⑥拉链长度的确定要根据实际情况，尤其要注意水洗处理类、棉服类产品拉链长度的确定。要着重核实样衣的成衣尺寸是否与工艺单规定的尺寸相符，然后核准拉链的长度，在实际操作中会出现误差，因为打样面料与大货面料的缩率不同。所以在封样时，尽量不要用辅料代替。帽拉链的长度：领围12~14cm（领贴条位置距前中距离5~6cm，拉链位置距领贴边1cm），同时应考虑到帽子的尺寸宽度。在公司的实际操作中，尼龙拉链各码可统一定最大码的尺寸，而树脂、金属拉链必须按尺寸要求定出每码的长度，二码并一档，每档1cm跳档。

⑦胶袋的规格，要根据实际情况确定，一般规格30cm×45cm用于T恤、衬衣类产品；35cm×48cm用于裤子、裙类产品；35cm×68cm用于女装单、夹衣类产品；40cm×65cm用于男装单、夹衣类产品；46cm×80cm用于棉服、羽绒服类产品。

⑧有印花的服装，需加免烫吊牌。

⑨充绒袋：羽绒服专用。

⑩备扣袋：牛角扣等特殊扣件，或洗标上无法缝钉扣件需要备扣袋。

4. 尺寸信息

（1）要注明测量方法。

（2）公差的确定要符合款式的要求，不可千篇一律。

（3）跳档尺寸要符合规定。

（4）尺寸信息要详尽。

5. 配色信息

根据成衣设计的要求，成衣产品可以是单色配色，也可以两组或两组以上的配色。需注意辅料及印绣花色也应相应变化。

6. 配码信息

根据国家相关规定的要求及企业品牌成衣要求配码。

7. 缝制要求

根据成衣款式缝制细节要求具体说明如图4-25所示。

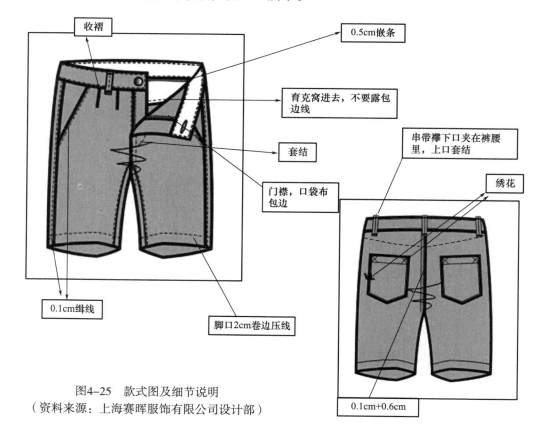

图4-25　款式图及细节说明

（资料来源：上海赛晖服饰有限公司设计部）

8. **主标、洗标、侧标**

（1）主标。主标也为商标，上面注有品牌名、号型等简单信息，不同的服装，其主标的缝制位置及要求也不一样。

①T恤类：商标钉在领后中，领缝向上一针处，号型码钉在主标下口中心位置。

②衬衣类：商标单层钉在后领中，领座下居中，号型码钉在主标下口中心位置。

③风衣、棉服类：商标钉在领缝向下2cm处，号型码钉在主标下口中心位置。商标钉在领缝向下2cm处，号型码钉在主标下口中心位置。

④裤、裙类：商标单层钉在腰头里后中，上下居中，号型码钉在主标下口中心位置。

⑤特殊工艺产品可根据需要设置，放置位置以不影响服装的穿着和产品的使用为宜。

（2）洗标。洗标上面标有清洗要求及注意事项，不同服装其缝制位置及要求也不一样。

①T恤、衬衣、单风衣类：洗标夹缝在左侧缝，女装距下摆边12cm，男装距下摆边15cm。

②风衣（有里料）、棉服类：洗标夹缝在里料左侧缝，女装距下摆边12cm，男装距下摆边15cm。

③中长衣、长外衣：洗标夹缝在左侧缝（衣里），女装距腋下点40cm，男装距腋下点45cm。

④裙、裤类：洗标夹缝在左侧缝，女装距腰缝（不含腰头）向下10cm，男装距腰缝（不含腰头）向下12cm。

⑤其他：顺着缝份倒向，洗标有款号一面在正面。

（3）侧标。侧标上一般标有面、辅料的成分。

①缝制时要注意其方向性。

②位置按款式具体确定。

9. **整烫要求**

整烫温度根据每款成衣产品的面、辅料及印绣花特点要求设定，整烫方法根据不同的面料和款式选择熨烫方法，注意毛绒织物熨烫时不可压倒毛绒。

10. **包装方式**

（1）标识牌放置。

①上装：商标吊牌处于明显位置。主吊牌（条形码）、合格证、免烫吊牌依次用尼龙线钉在尺码标背面。

②下装：可按上装钉挂，也可挂于裤襻上。

（2）各类产品的整叠方式。

①T恤、衬衣类：两袖反折，再上下对叠，前片摆在正面；内衬防潮纸。

②裤类：左右对折，再1/3折叠，门襟一面摆在正面；内衬防潮纸。

③裙类：上下1/2对叠，门襟一面摆在正面；内衬防潮纸。

④单衣、夹衣、棉服、羽绒服类：两袖向后折，上下向后对叠，领摆在正面；内衬防潮纸。

⑤包装要求：单件单码包装。

（四）样衣试制与修改

服装样衣试制与修改过程实际是把设计师原创的设计构思从平面到立体的塑造过程，目的是设计部、技术部、生产部共同研究制订成衣产品最优化的生产工艺与流程，使制作的样衣符合设计要求。为确保设计和制作开发符合设计的要求，规定在样衣开发、设计全过程的适当时机进行设计和开发的评审。设计试制阶段，技术部、生产部配合设计部进行样品的试制，对其样品实施检查验证，是否符合预定的要求，以供改进设计之用，设计部修正设计，提出必要的修改完善要求，并形成全套的技术文件与资料。检查验证主要从五个方面进行：所选材料（面料及辅料）是否能满足产品所需；产品造型及结构是否符合设计；服装各部位结构线、轮廓线、装饰线及零部件的形态和位置是否与设计相符；分析印绣花位置、大小及工艺是否匹配；分析制作手法、工艺流程、操作动作及时间的分配并提出改进方案。

不同企业对样衣试制有不同的要求。例如日本多数品牌，会有几板样衣制作及修改过程。第一板——缝制样，只看板型和工艺，印绣花及色彩部分用单独小样代替，设计师审阅并修改；第二板——展示样，样衣全部展示，设计师修改展示样的意见，接受订货会客户或批发商的审阅，提出符合市场销售的建议；第三板——产前样，根据所有客户提出的意见汇总，并经大货成本核算后的修改样衣。

（五）成衣成本预算

设计人员必须要对时下的面辅料成本、纱线成本、生产成本、特殊工艺加工成本（如猫须洗、吊染、对丝等）、运营与宣传成本有大致的了解，这样在设计成衣产品时，才能符合品牌风格及市场需求，否则成衣产品即使吸引眼球、风格独特、时尚流行、板型到位，却因本身性价比不能受到消费者青睐，影响整个品牌产品的销售。

三、检查与评价

1. 思考题

（1）成衣设计开发中设计构思主要包含哪些，试举例说明？

（2）选取某季服装流行趋势意境图，分组探讨从图中捕捉到的信息点。

2. 实操题

绘制成衣女装上装一款（季节、年龄、风格都不限），并配备相关工艺单。

3. 评价表

本任务学习指标评价表见表4-10。

表4-10 学习任务评价表

序号	具体指标	分值	自评	小组互评	教师评价	小计
1	设计构思的理解	2				
2	款式图的绘制要领	2				
3	配套工艺单的制作	2				
4	样衣的试制与修改能力	2				

续表

序号	具体指标	分值	自评	小组互评	教师评价	小计
5	独立自主完成任务	2				
	合计	10				

学习任务三 成衣设计开发后期反馈

一、任务书

Maria Grazia Chiuri和Pierpaolo Piccioli为Valentino打造的2015秋冬巴黎Valentino《华伦天奴》女装秋游系列，道出和平、爱与和谐的信息。参考20世纪70年代风格，并与Celia Birtwell和意大利流行艺术家（Giosetta Fioroni）携手，共同完成一系列高级成衣设计（图4-26~图4-29）。连衣裙搭配手工刺绣凸显了对图案和纹理的重视，将波西米亚美感与现代魅力融为一体。

图4-26 Valentino2015秋冬女高级成衣系列一
资料来源：蝶讯网

图4-27 Valentino2015秋冬女高级成衣小系列二
资料来源：蝶讯网

图4-28　Valentino2015秋冬女高级成衣系列三
资料来源：蝶讯网

图4-29　Valentino2015秋冬女高级成衣系列四
资料来源：蝶讯网

学生结合平时自己对成衣设计要素的理解，仔细观察成衣搭配图，任选其中两组，模拟设计师助理写出每个系列主推元素的设计说明，并根据自己的读图理解，介绍每款成衣选用面料、颜色、造型等风格特点（体现与季节产品需求、时间相匹配的关系），为该品牌订货人员进行必要的文字参考指导，以提高成衣产品的商品附加值。

🖝 小贴士

读图分析的注意点参考：

（1）了解Valentino品牌的风格定位。

（2）了解设计师的设计本质与需求体验。

（3）了解货品系列组合搭配元素。

（4）不同色彩、造型的成衣搭配方法。

（5）了解成衣主题企划客户需求，观察设计的流行元素。

（6）组讨论成衣的设计本质。

（7）讨论单件商品陈列的搭配原理。

（8）考虑大货成衣生产用面料、辅料及其他物料资料（如包装材料等）。

（9）思考成衣洗水、染色、绣花、印花等前后对比标准（包括颜色、规格、手感以及最终效果等样板）。

（10）试写款式资料、生产样板以及其他大货生产用资料（包括工艺方法、规格要求、熨烫、折叠、包装、运输等资料）。

（一）能力目标

（1）根据成衣产品销售反馈意见梳理下一季设计整改总体方向或设想。

（2）学会配合主设计师写主题系列设计说明。

（3）能完成一般成衣商品大货生产的针对性训练。

（二）知识目标

（1）知晓学习任务工作中心点。

（2）熟悉成衣设计订货会一系列的相关要素。

二、知识链接

成衣设计开发后期反馈包括：成衣商品订货会；成衣商品大货生产；线上与线下产品销售反馈（图4-30）。

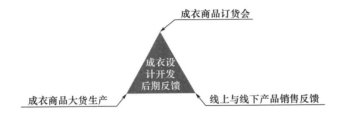

图4-30　成衣设计开发后期反馈思维导图

【特别提示】成衣设计部在做完前期企划准备和整盘货品开发设计工作后就要进行以下工作。

（一）成衣商品订货会

成衣商品订货会对于服装设计部来讲是设计工作考量中最直接的核心指标，订货会中订单量直接反映出设计师的设计能力及对市场的把握水准。对于企业来说也是营销工作中最重要的环节之一，订货会的订货量会影响一整季的销售额，做好订货会需把握好订货会产品推广、落单、利润获取等实质问题。

1. **设计产品的波段设置和设计卖点介绍**

在订货会上设计师需介绍该季销售成衣产品每一波段里的主打产品及主推系列搭配（图4-31），介绍每款成衣选用面料的颜色特点和成分特点（体现与季节产品需求、时间相匹配的关系），指导订货人员进行必要的组合陈列、创意搭配，以提高成衣产品的商品附加值。

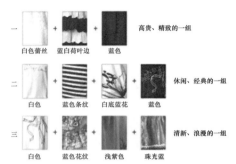

图4-31　主推款系列搭配及设计卖点介绍
（资料来源：上海赛晖服饰有限公司品牌运营部）

2．成衣产品的展示方式选择

服装订货会的根本目的在于让客户订好货、订合理的货，所以成衣产品的宣传和介绍是订货会最重要的环节之一，而动态或平面展示则可以把设计师的设计理念和时尚创意完整地呈现出来。

（1）动态秀是本季产品设计理念介绍。客户（代理商、加盟商、直营店）来参加服装订货会的心态一般都是满怀期待地想看到这一季新产品的设计水平，而动态秀可以很好地起到展示效果。除了使用模特的秀场来展现本季的产品和产品设计理念（图4-32），还可以通

图4-32　模特动态走秀演绎成衣新品
（资料来源：上海赛晖服饰有限公司品牌运营部）

过模特走秀和设计总监介绍相结合的方式来进行展示，让秀场把服装订货会和客户的热情推向高潮。

（2）静态展示是产品推介。成衣订货会产品的整体陈列效果是让客户对本季产品产生前期印象最重要的一个环节。常规服装订货会的陈列就是放在普通的陈列支架上，按照类别和款式挂出来，这样的陈列方式方便服装订货时找货和各类别之间货品的对比。成熟订货会的静态展示最好安排在面积够大的公司展厅，展厅运用店铺的货架或者专门为服装订货会设计的迎合品牌风格的货架，再加上模特出样、灯光设计和海报的指引以及突出整体效果的商品陈列（图4-33），这样的产品推介效果会更突出。

图4-33 订货会现场陈列图
（资料来源：上海赛晖服饰有限公司品牌运营部）

3. **订货会期间的客户服务与落单工作安排**

成衣产品订货会商务洽谈主要是针对客户订单、服装订货。洽谈过程要涵盖客户订单在审核方法和控制标准要求方法、设计师引导后期产品上市服务细节（服务于客户在终端货品放置引导订货的操作方法）、客户资料与客户反馈设计要点记录、订货会意向客户的谈判、销售一线人员技巧和沟通方法的基本功培训、为客户做店铺终端操作专业培训、为客户下达终端销售目标及季节产品上市的新要求等。

新客户参加成衣产品订货时会经常出现以下几点常见的问题：大类比例把握不好；只凭

眼光看款，让订货会变成了"看货会"；色彩把握不好，使今后的整体店铺陈列效果不好；总量把握不好（怕库存或盲目下量）。这些问题会给本季货品的销售带来很大的影响，甚至会形成不必要的库存和断货情况。针对这些问题，营销部人员专业的指导和合理的引导是必不可少的，营销部人员首先应该对货品的订、销、存、补的原理和相互联系以及利弊关系非常专业告诉新客户；其次是指引新客户对本季货品在前期就进行了解；再者就是让新客户了解每季的大类、尺码、颜色等合理的比例配货统计分析，并做参考。在给客户做订货指引的时候要注意两点，一是要不断地、及时地去指引，而不是等到货已经订完交单时再提出不合理的地方，问题要解决在签订货单之前；第二是一般不要给予款式上的建议，因为款式的销售只是个人喜好问题，但从整盘货上来讲首先是整体的搭配问题，再者，地域性消费差异、个人眼光的不同都会对此造成影响，一旦建议的款式销售情况不好，可能会受到客户指责甚至失去信任。

成衣产品订货会结果分析对于设计师后期整改细节来说是个比较明确的把握方向，同时，订货会的产品数量及设计修改时间会直接影响到生产周期，从而影响产品质量与货期，这点务必要全盘考虑。

（二）成衣商品大货生产

成衣商品大货的生产流程：接到生产大货通知的订单→备生产资料（定面料、辅料）制作大货产前样→开裁→绣、印花→生产进度、质量跟进→洗头缸洗大货→后整查货→包装出货→回收剩余面、辅料。在此期间，有许多因素会影响大货生产环节的进度，还需设计人员再次确认或更改设计方案或手法。

1. 面料检测

设计师所选市场面料如不符合质量检测要求（如甲醛指标、日晒牢度、染色牢度等），需要重新定制面料。因为进驻的商场需要提供成衣产品权威检测报告，为保证检测能一次性过关，跟单员必须书面写清楚给洗水厂。检测样片回厂后跟单首先要再用洗衣粉洗一遍，过几遍清水晾干后再寄给客户或检测机构。质检报告出来后第一时间根据检测出来的成分安排打洗水唛。

2. 布片试缩水

产前样板面料与大货面料不是同一批次，大货面料到厂后需重新做试缩水试验，因为不同缸或不同批次面料的缩水率不同，尤其是弹力布，有可能每一卷面料的缩水率都不同。如果产前样板面料与大货面料缩水率相差太大，还要递交设计师确认是否影响成衣效果的穿着及美观性。试缩水布片要求四周拷边，布边尺寸为50cm×50cm，边缘空位必须留足3cm，试缩水布片必须以原样为参照物去洗水，洗水方法必须和原样吻合，且必须在面料到厂后的当天安排。

3. 印、绣工艺

成衣设计中的印、绣工艺有许多细节影响大货生产效能，如工艺设计是否合理、是否便于大货生产流程、成衣洗水或局部染色后有无影响等，生产资料理单员会提交设计部再次确认，并要对印花、绣花的工艺质量以及货期进行跟进与监控，进行成本合理控制。

4. 洗水和染色

洗水和染色环节中洗染效果最容易出现不同缸不同色情况，如出现偏差也要递交设计师确认方可进行下一步生产操作。洗头缸时跟单员要确认洗水颜色和尺寸及对头缸批复，如有问题立即上报公司并研究解决方案。洗水回厂后要核对发货清单和收货清单以确定数量是否正确，如有差异马上通知洗水厂要求核查欠缺的数量，如确定少数量则将情况在收货单上写清楚以便财务对账。

5. 钉扣

一般情况下特别是薄料如牛仔裤钉工字扣或后袋钉扣，羽绒服钉四合扣等，在装钉的时候要加胶垫（钉扣前要在该批货品中取一布片试钉，用手指拔一下确认是否容易拔烂成衣产品，从而确定是否需要加胶垫）。

（三）线上与线下成衣产品销售反馈

每季成衣产品投放市场后，会因品牌销售渠道和运营模式的差异性，线上与线下市场成衣产品销售的反馈有明显不同。设计师必须灵敏地捕捉到销售信息反馈，合理分析，针对线上与线下成衣产品的销售特点，查找销售中设计细节的优缺点，为下一季企划工作做好最完善的缜密准备。

1. 线上产品销售反馈

不难发现时下网络成衣设计特点在市场定位、差异化、个性特征方面，存在被细分的市场需求。针对未来线上成衣设计发展趋势与规律，设计师应根据消费群体在生理和心理特点考虑个性化、服装设计要素、工业化的加工条件及市场条件，同时还要对成衣构成的抽象要素、款式、配色、材料、配件装饰物等进行运筹、计划、安排，以满足时尚、实用、方便的需求。实体店的成衣消费可凭实际感受，可亲自摸到面料的手感，看到衣服的颜色，试穿衣服的大小。而线上消费必须充分考虑网络销售模式的特点。网上销售主要凭借精美图片的呈现、文字描述以及整体店铺陈列装饰给购买者带来消费体验。这就要求设计师们要用大量的时间去研究符合消费者需求的各类设计问题，为每个环节阶段的设计作业单做准备。另外，要善于利用生理与心理规律来编制设计要素，在每一张设计作业单上放入较多的相关因素（考虑上下搭配套餐、AB类多种套餐等），尤其是销售卖点需要设计师在最初规划阶段就要全盘考虑，包括对引流款（例如爆品打造）、活动款（报聚划算等活动）、销售款（商家利润款）、形象款（品牌风格款）等用途的详细介绍。基于这样出发的"设计点"，成衣产品表现出来的策划文案、拍摄方案、最后的表现效果以及销售利润才可以统一。线上成衣销售体现出时下不同消费人群的思维特征、生活习惯的即时观，未来设计要着眼于找准风格的最佳切入点，通过建立客服与消费者的和谐的信任关系，奠定品牌扎实的设计风格。成熟的店铺产品、清晰的风格定位、完善的仓储设备，做某一类成衣销售往往容易成功。尤其是没有知名度的品牌，成衣品类不需大而全的概念，而以某一品类最擅长来强势出击自己的拳头产品，以此获得大众的认可。引流款的设计是成功的关键与法宝，要在造型、色彩、材质、板型、物流、包装等方面下足工夫；同时产品还要易生产，颜色多，客户选择性大。有此需求的出众的品牌会在电商不同的领域成长起来，如在某一个区域，或在某一个人群中，在某个产品特点上，在某个心理需求方面，做到相对领先的位置。如果做不出特点和某个细分领域相对领先的位置，终将面临被淘汰的风险。

图4-34 引流款同款多色的女童
打底裤设计
（资料来源：淘宝网）

小案例

线上优秀成衣设计范例1

例如，月销售近8000条的秋冬女童加厚加绒打底裤（天猫某品牌旗舰店）。销售好的原因除采用目前最新型的海貂绒加厚加绒保暖面料外，最主要是采用了同款12种配色打造，同款多色，给消费者多种选择（图4-34）。尤其是基础品类和引流款的设计更要注重利用这一点。总有一款颜色适合消费者心理，以此打出 "心理牌"战略。

线上优秀成衣设计范例2

在线上童装产品开发与销售系列环节中，强调产品货源必须与市场的销售状况保持协调与平衡，从而增加电子商务销售的竞争力。理想的线上产品生命周期一般具有以下特征（图4-35）：①产品设计开发期短——面、辅料流行性提前企划；②新产品研制开发费用较低——材质数量的预设规划；③导入期和成长期短——材质设计的功能性推广。例如，天猫商城中的dring童鞋旗舰店，连续两年在卖儿童雪地靴，且全网雪地靴销售第一，其卖点之一是荷叶仿生学设计的防水面料（图4-36）；④延长获利时的成熟期和高峰期——材质设计的系列整合；⑤衰退期时的自然过渡——新材质产品开始主推，如童装中空调服、不倒绒、功能性纤维服等。这一系列过程意味着材质设计需要强有力的规划性，使得线上产品设计→生产→市场的时空观念不再成为电子商务中的障碍，材质设计的全过程都将在开放变化的时代大环境中受高科技和流行性的影响而完成，并实现"真正的个性化"。

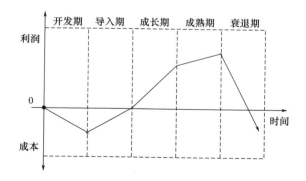

图4-35 线上产品生命周期形态特征

图4-36 运用荷叶仿生学设计的防水面料
（资料来源：淘宝网）

线上优秀成衣设计范例3

　　童装的装饰设计应适合各生长期儿童心理特点和智力发展的情况。童装的装饰包括图案装饰、辅料装饰以及工艺上的嵌线、滚边、镶色等。线上大量原创品牌纷纷在童装装饰设计中运用各种流行元素，使得童装细节更加丰富，更加多元化。一般市场中童装的装饰设计都是取悦成人的天真造型，但如今网上童装走中高档路线的装饰设计则要符合现代年轻父母的心理。在装饰设计中，首先要把握既配合时下档次潮流，又不失童真情趣理念才算恰到好处。其次，设计中要注意提炼装饰卖点，主题新概念。装饰设计细节元素要围绕品牌年度营销策划主题去做，或从季度主题系列设计提取元素。MISS DE MODE（摩登小姐）是绿盒子旗下的第一女童品牌，历来以装饰精致，细节高贵典雅著称。从面料到设计，设计师诠释一个个童话般的主题故事，真正从小女孩的角度表达优雅、甜美、时尚等个性气质。MISS DE MODE2014春夏装饰图案主推出旅行记系列（图4-37）、星空系列、天鹅与公主等，巧妙而又具有新意地选择装饰部位，从而使整个系列的服装和谐而又富于变化，并放大线上营销主推的卖点和销售热点。又如，天猫上爸爸抱抱旗舰店推出的彩色条纹装饰的童装连衣裙（图4-38），装饰特点以童趣的条纹色彩引领女童时尚。让线上消费者感受欢乐、发现、体验的乐趣；同时还推出同手法设计的装饰发箍，使童装融入国际流行做法，体现孩子配套搭配的表现力。整款童装装饰从上档次讲品牌，到追求安全、适宜个性，细节更趋理性化，综合排名销售业绩居同类产品全网第一的好名次。

图4-37　旅行记系列装饰图案
（资料来源：淘宝网）

2. 线下产品销售反馈

　　对于服装行业而言，线下销售是最为传统的销售模式，可以通过大型商场、专卖店、超

图4-38　彩色条纹装饰的女童爆款
（资料来源：淘宝网）

市、批发市场等形式多维展开，充分借助完善规范的供应链和生产销售流程，以传统商业模式推动成衣业务发展。真正的线下销售更加注重优质服务、情感体验、精致品质三个环节，竭尽所能为消费者创造价值，让消费者购买服装时感到物超所值，使客户感觉到个性化的关怀和体贴，做好服务使客户满意，形成品牌的口碑良性传播。消费者能体验成衣产品的品牌理念和服装文化，了解企业最新推出的产品。还可以互相交流最新的流行趋势，针对服装的设计、做工等提出自己的意见，这些信息会及时反馈到产品生产与设计环节中。当消费者再去购买此类成衣产品时，当看到根据自己的意见设计的服装时，会获得更大的认同感和满足感。同时，有经验的销售人员会第一时间记录客户数据分析表，系统通过对客户行为数据的分析，就会判断出这个客户的消费层次、偏好、频率等，通过这些数据的整理，可以向客户推介适合其爱好的产品，也可以第一时间向企业反馈设计中的问题和热卖的产品规律，进而进一步带动成衣产品的销售。根据线下第一手销售信息反馈数据，设计者进行整理改进。以客户需求为中心，注重客户信息是这个时代商业竞争的必然，可以在下一季新品企划前，采用调研最新流行趋势、做测试、收集客户反馈信息等方式了解市场需求，并依靠数据分析来改善设计细节与质量。

三、学习拓展

☞ 小案例

唯路易童装2015秋冬季产品订货会工作计划

1. **会议主题**

"唯爱·唯衣·唯路易"之2015秋冬季产品发布会、品牌推进会

2. **口号**

唯爱·唯衣·唯路易

3. **标语**

大门条幅：热烈祝贺唯路易2015秋冬季产品发布会隆重召开

热烈欢迎全国客商参加2015秋冬产品订货会.

会议条幅：唯爱·唯衣·唯路易2015秋冬产品订货会

4. **会议时间**

2015年3月17日至20日

5. 会议地点

上海公司总部

6. 宣传物料

展厅氛围营造类：条幅、花盆、X展架、画框等。

宣传类：秋冬产品画册。

视觉展示类：产品主推展示、秋冬季主推产品展示。

会务类：资料袋、订单、便用笺、笔、客户识别卡、课程资料等。

7. 会场整体风格表现

营造秋冬季的氛围，视觉表现形式——主题陈列

8. 宣传物品布置位置及标语规划

宣传物品布置及标语规划情况见表4-11。

表4-11　宣传物品布置规划表

活动地点	项目	位置	数量	内容
公司展厅	条幅	大门口	1	热烈欢迎全国客商参加2015冬订货会
	X架	展厅大门口	2	愿天下儿童健康快乐成长、打造中国时尚童装品牌
			2	主推产品图片展示
	画框	展厅内	6	产品图片展示、主推面料的展示
公司会议室	X架	会议室门口	2	欢迎回家、培训的目的
	条幅	会议室	1	热烈祝贺唯路易15秋冬订货会隆重召开
	禁烟禁拍牌	展厅显著位置	2	禁示吸烟、禁示拍摄
住宿酒店	条幅或X架	客户住宿酒店	1	热烈祝贺唯路易2015冬新品发布会隆重召开

9. 会议策划执行分工

总控组：负责会议计划、组织、指挥、协调、控制。

设计部：负责商品企划研发，订货样品组织、整合，样板厅商品陈列搭配，订货样衣陈列展示推介。

企划部：负责会议整体策划，宣传物品设计制作，现场氛围营造布置。

销售部：负责区域招商、单店招商，新老客户邀请组织到位，做好商务谈判及接待工作。

客服部：负责提供订货计划，订单所需材料，订单收集统计下单生产，跟踪引导客户订货等。

商品部：负责准备好价格清单，订货单，样品的吊牌。

后勤保障：负责会议期间后勤所需和保障，包括食宿及车辆安排；客人接送；条幅、彩旗悬挂布置及会务所需物品配备、资料派发；拍照。

10. 订货会前期各部门工作筹备

订货会前期各部工作筹备具体细节见表4-12。

表4-12　订货会前期各部门工作安排

企划部				
项目	项目负责人	配合成员	到位时间	注意事项
订货会整体策划案拟定			3.8	
2015冬主推产品、冬季主推产品图片展			3.16	
客户识别卡、产品分类指示牌、禁烟禁拍牌等物品设计制作			3.16	
主推产品展示　秋季、冬季主推款平拍			3.8	设计部要拍摄的服装必须在3.10之前整合搭配到位
主推产品展示　图片处理做成喷绘及X展架			3.16	
主推产品展示　根据会场需要确定尺寸进行喷绘制作			3.16	
陈列搭配方案制订并打印出来			3.15	
展厅的陈列配饰品购置及礼品、配饰品组织到位并陈列			3.16	
销售部				
项目	项目负责人	配合成员	到位时间	注意事项
订货会期间所管人员的工作分工及时间进度安排并监督执行方案			3.15	本计划各部门自行拟订方案并执行
演讲内容（总结及订货要求）			3.15	
订货产品的价格制订			3.12	销售部、商品部同类价格提供
订货样衣评估筛选组织整合			3.12	
2015冬季订货目标达成分析			3.15	
邀请客户名单确认及往返的准确时间并提交行政部			3.10	客户报到时客服部、直营部应安排人员到酒店接待
订货期间的加盟合同书准备			3.15	
订货期间做好商务洽谈及接待工作			3.17～3.20	
订货样衣第二次评审，下单款式				
客服部				
项目	项目负责人	配合成员	到位时间	注意事项
2015冬产品订货规则制订			3.10	
提供订货计划分析数据			3.10	
筹备订货订单材料			3.10	
订货订单统计			3.18～3.20	当天订单当天统计
订货订单下单生产			3.25	订货会结束5天之内交接商品部下单生产

续表

项目	项目负责人	配合成员	到位时间	注意事项
引导客户科学订货，并做好订单按时催收及审核工作后签订订货合同			3.18～3.20	当天订单当天催收
与代理商沟通2015冬销售目标分解事宜并落实到位			3.18～3.20	
设计部				
项目	项目负责人	配合成员	到位时间	注意事项
准备订货样衣			3.11	
产品设计理念、商品知识培训			3.18	
主推产品组织整合，并准备陈列用品			3.11之前	
商品组织陈列			3.16到位	
向订货者介绍产品			3.18～3.20	
商品部				
项目	项目负责人	配合成员	到位时间	注意事项
组织协调销售部订价、样品初选			3.12	
制作价格吊牌			3.15	
订货手册的制订			3.15	
下单大货数量明细指示			3.23	
订货会后二次评审组织整合			3.22	
工艺单制作			提供下单货品起5天之内	
行政部				
项目	项目负责人	配合成员	到位时间	注意事项
住宿酒店安排			3.17～3.20	
接送车辆安排			3.17～3.20	
订货会流程的书面文件打印			3.17	
日常工作餐的安排			3.17～3.20	
会议现场及订货现场布置，如音响、话筒、投影仪、鲜花、条幅等都要筹备到位			3.17	
订货会现场饮水安排			3.17～3.20	
彩旗、条幅、X架制作及悬挂布置			3.17	
订货厅客户休息的桌椅筹备			3.17	

（资料来源：上海赛晖服饰有限公司品牌运营部）

11. 注意事项

订货期间要求工作人员统一着装，所有参会人员必需严格遵守时间与纪律。本次活动采用项目负责制，各负责人必须对负责项目负全责，各负责人必须按以上时间进度策划组织落实以上各项目工作。发现项目落实不到位或出现项目执行不力，将对负责人进行处罚。

四、检查与评价

1. 思考题

（1）简述成衣产品订货会的主要工作核心点？

（2）解读成衣商品大货生产的一般要点？

2. 实操题

参观当地服装企业（不少于两家企业），调研企业主要工作岗位职责和任务，以小组为单位，设计思考开发本组服装项目团队创业计划书，要求：内容完整，条理清晰，重点突出，与现实联系紧密，可操作性强，数据科学、准确，分组合作，学生合理分工，完成开发施展流程的体验实践；能根据创业项目特点分析消费者的特点、产品的特性、市场环境因素等，制订合适的价格，选择合适的渠道，制订适合本企业模拟开发成衣产品的营销推广策略。

3. 评价表

本任务学习具体指标评价表见表4-13。

表4-13　学习任务评价

序号	具体指标	分值	自评	小组互评	教师评价	小计
1	订货会流程的理解	2				
2	产品设计说明的编写要领	2				
3	服装大货生产主要流程解读	2				
4	微型模拟项目企划书的开发	2				
5	团队完成任务的积极性	2				
合计		10				

单元五　服装成衣设计基础

单元描述：本单元讲述了影响成衣设计的主要因素、成衣设计的基本元素以及形式美法则在成衣设计中的运用及成衣设计的基本风格。

能力目标：能够分析影响成衣设计的基本因素；能够初步掌握点、线、面等基本造型要素在成衣设计中的变化规律；能够初步分析形式美法则在成衣设计中的变化规律；能够将常见的服装款式进行风格定位，并简单分析其产生的背景。

知识目标：

1. 了解成衣设计的影响因素。

2. 了解面料二次设计的基本方法。

3. 了解点、线、面的基本概念。

4. 掌握形式美法则在成衣设计中的变化规律。

5. 掌握常见的成衣风格。

学习任务一　成衣设计的影响因素

一、任务书

请根据成衣设计的基本影响因素，选择不同时期的成衣进行分析，并阐述原因。

（一）能力目标

了解成衣设计的影响因素，并能够针对具体款式进行初步分析。

（二）知识目标

（1）了解社会意识、流行风格、面料材质及工艺技术对成衣设计的影响。

（2）了解面料二次设计的基本方法。

二、知识链接

影响成衣设计的因素主要有社会意识、流行风格、面料材质及工艺技术（图5-1）。

（一）社会意识对成衣设计的影响

在漫长的历史长河中，政治经济、文化艺术等对成衣设计的潜在影响是巨大的。在东西方不同社会意识形态的背景之下，产生了不同的成衣设计的主导思想。我国的传统文化主导"天人合一"，倡导服饰与社会的和谐统一，服饰是社会文化的一部分，因此服饰承载着等级、宗教、道德、礼仪、文化等符号色彩。

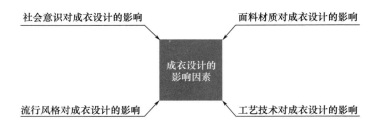

图5-1　成衣设计的影响因素思维导图

在西方的服饰文化观中，提倡对个性和自我的大胆表达，倡导自我价值的外在肯定。因此在西方的服饰源流中，可以发现对成衣板型与人体尺寸吻合度之间的精确推敲，为的是实现成衣的高度合体，体现的是三维的立体成衣效果，强调一种塑型之美。但是中国的传统服饰与此恰恰相反，强调的是人与服饰之间的自然和谐之美，并不特别强调合体性，因此服装板型中呈现出更多的是二维的平面效果。

（二）流行风格对成衣设计的影响

成衣业的发展是伴随着各类流行风格的出现而发展的，不同风格体现出不同的色彩搭配、裁剪方式乃至于装饰图案，这些多样风格形式给成衣设计带来潜在的巨大影响。在时尚潮流瞬息万变的今天，"简约风格""嘻哈风格""解构主义风格"等不同的风格都能够寻找到自己适合的消费群体。

（三）面料材质对成衣设计的影响

成衣设计是技术与艺术相结合的学科，成衣设计的三大要素包括面料设计、款式设计和色彩设计。在影响成衣设计的重要因素中，面料决定了服装的质感和基本风格，也是承载成衣设计思想的载体。当代的服装设计已经不仅仅满足于传统的服装面料的应用，更多是从新的角度来构想和塑造面料，将面料加上一些创意性的元素，并利用先进的制作工艺开发和改变现有面料的外观、手感和内在品质，这种创意称为面料的再造设计或是面料的二次设计。面料的再造设计可以很好地提升成衣的质感，使之能够更好地表达设计主题。

面料的二次设计可以通过抽纱、镂空、折叠、层叠、剪破、缠绕、烧烙、编织、镂空、钉珠、镶嵌、印染、喷绘、刺绣、丝网印刷等手法来实现。具体采用什么手法，可以综合考虑成衣设计本身的风格特点来进行，尽可能地凸显出软与硬、厚与薄、细腻与粗犷、滑爽与挺括、虚与实、明与暗等对比效果，体现出多元化的风格特征。例如，国际知名的设计师约翰·加里亚诺、维维安·韦斯特伍德、三宅一生等都喜欢用这种手法来进行成衣设计（图5-2）。

（四）工艺技术对成衣设计的影响

成衣的制作工艺对成品的影响是潜在而巨大的。一件成衣从最初的设计构想，到最后的制作阶段，需要通过裁剪、缝纫及熨烫等工序，将平面的衣片转化为立体的成衣，实现设计师的最初构想。所以工艺之美，是体现设计之美、结构之美、材质之美的重要载体。

服装的工艺技术包括服装的制板技术和服装的缝制工艺。样板造型直接影响成衣最后的外观形态，所以服装制板时不仅需要对样板进行具体数值的计算和分析，还需要根据成衣的整体风格对板型进行造型和细节的处理。因此，样板技术需要具备由平面的数据向三维空间转化的思维能力。服装制板时可以应用平面与立体的两种裁剪方式，根据不同风格的成衣来进

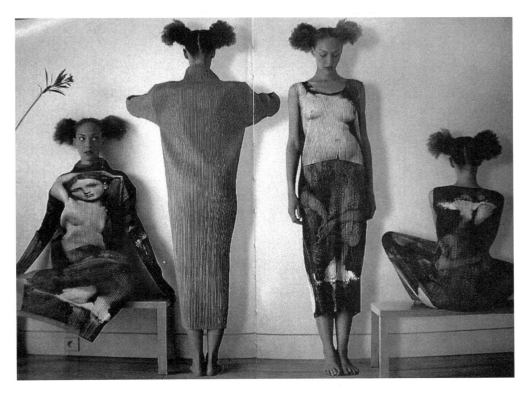

图5-2　三宅一生设计作品

行分别处理。

服装的工艺技术包括：对面料的悬垂性、疏密度、缩率的研究；对各种缝制方法的构成及外观效果研究；对各种工艺细节、缝制技巧的处理，以及对归、推、拔熨烫技术的运用。例如在缝合、归拔熨烫时，就要解决各种缝型的组合方式，缝份的吃势、收势的处理，以及归拔、里外匀等。

随着时代的发展，不断有新型的工艺设备及缝制方法运用到成衣的制作中来，因此，适应新潮流，为时尚款式选择合适的制作工艺是实现成衣设计效果的必要条件。

三、学习拓展

面料的二次设计及其风格塑造（图5-3）

1. 带状卷曲风格

这是一种将面料叠加堆砌的风格，适合于双层、多层次的面料堆砌而成，构成透叠、卷曲的视觉效果。塑造方法包括叠加法、镶嵌法和绗缝法。

（1）叠加法：把不同材质的面料相叠加，表现出面料的层次感。

（2）镶嵌法：把填充面料镶嵌进面料之中。

（3）绗缝法：将线与面结合，塑造出规则或是不规则的几何形态。

2. 发散风格

这是一种表现发射、轮回、平行、聚散的外观造型的风格。塑造方法包括编织法和镂空法。

图5-3　Alexander McQueen设计作品

（1）编织法，将面料裁成细条后重新编织、缠绕，使之具有粗细、结构的变化，塑造成新的肌理样式。

（2）镂空法，利用剪、刻、挖等方法雕琢出新的图案的样式。

3. 自然风格

这是一种松散的、较轻盈飘逸、较有质拙感的风格，适合透明、天然织物。塑造方法包括抽褶法、破洞法、洗水法及剪贴法。

（1）抽褶法，可以按肌理条纹进行抽褶，作成的褶皱形成半浮雕感。适合的面料有泡泡纱、绉布等。

（2）破洞法，把面料进行破损处理，进行撕裂、抽纱等处理，特别是几层面料叠合后，使之具有深陷和凸起的厚重感。

（3）洗水法，将面料进行褪色、水洗、磨毛等处理。

（4）剪贴法，用不同的面料进行剪贴、拼接，形成质朴自然的效果。

4. 割裂风格

这是一种使面料形成片状、粒状、纹状、轮状等质感。塑造方法包括层叠法、叠加法、打揽法及对比、破坏的方法。

（1）层叠法，将面料多层次的缝合在底布上，形成繁复的效果。类似于花瓣状。

（2）叠加法，使不同肌理的面料进行层叠，通过材质的对比形成层次感。

（3）打揽法，运用打揽手法，把面料按晶纹抽褶排列。

（4）对比、破坏的方法，可以将两种不同质感的面料混合运用，例如细密光滑的缎纹织物与粗糙、硬质的牛仔面料的混合使用，形成别致的风格。

5. 毛羽风格

适合复合组织织物，疏松结构的手工编织、横机编织及各种针织物等，形成梦幻般的柔软感。塑造方法有肌理对比法，用细密光滑的丝质面料与粗糙的毛羽或皮草进行对比，显示出材质之美。还可以用流苏来进行细节处理。

6. 复古风格

由印染形成的石纹、水纹及蜡染形成的冰纹等，使面料图案形成斑驳的裂纹感。塑造方法包括抽褶法、洗水法、种植法及压印法。

（1）抽褶法，可以按肌理条纹进行抽褶，做成褶皱的样式进行染色，形成半浮雕感。

（2）洗水法，将面料进行褪色、水洗、磨毛等处理。

（3）种植法，按组织的结构排列，将面料打散后再"种"在底布上。

（4）压印法，在薄型面料上轧出不同宽窄的条纹，使之具有半立体的效果。

7. 轻薄透明风格

除了丝织物、缎纹织物具有的自然光泽感外，可以运用反光（抛光）、闪光涂层等，塑造金属光感或运用塑料膜，营造亚光透光、透明的质感。

面料除了以上风格的表现之外，面料的二次设计还可以运用染色、印花、绣花、钉珠或者是一些反常规思维设计的方法，例如进行抽纱、剪切、将缝份反吐等工艺手法，使面料具有半立体的浮雕感。无论是从视觉上还是从触觉上感受，都具有丰满厚实的材质美感。

四、检查与评价

请同学们分组搜集不同款式的成衣，根据影响成衣设计的因素，完成评价表（表5-1），并分组进行阐述，说明理由。

表5-1　评价表

序号	具体指标	分值	自评	小组互评	教师评价	小计
1	成衣的社会意识分析	2				
2	成衣的流行风格分析	2				
3	成衣的面料处理分析	2				
4	成衣的工艺技术分析	2				
5	综合表达与陈述	2				
	合计	10				

学习任务二　成衣设计的基本要素

一、任务书

观察图5-4所示的成衣，分析形式美法则在成衣设计中是如何体现的。

（一）能力目标

能够初步掌握点、线、面等基本造型要素在成衣设计中的变化规律。

（二）知识目标

（1）了解点、线、面的基本概念。

图5-4　Valentino成衣设计
（资料来源：http://www.vogue.com.cn/）

（2）了解并初步掌握点、线、面等基本造型要素在成衣设计中的变化规律。
（3）了解错视的成因及在服装中的运用。

二、知识链接

成衣设计的基本要素点、线、面（图5-5）。

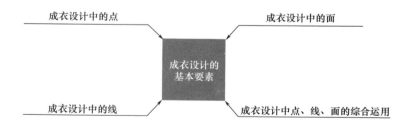

图5-5　成衣设计的基本要素思维导图

服装设计最基本的要素就是点、线、面，通过这些元素的综合运用可以变化出千变万化的视觉效果。无论设计的最终效果多么复杂，都可以归纳为点、线、面、体的综合运用。通过不同的数量、形状、大小、位置、方向的排列，构成了丰富多彩的组合效果，从而给人以美的视觉享受。

（一）成衣设计中的点

点是造型设计中最小的单位，点也是成衣设计中最小的造型要素。数学中的点只表示位置，但在造型设计中，点不但可以有面积大小的变化，还可以有色彩、大小、质感等不同的形式。从外形上看，并不是只有圆形才能构成点，方形、三角形、菱形、梯形等都可以构成视觉上的点。点可以通过聚与散、多与少、大与小等构成丰富多彩的视觉效果。

从成衣造型设计的角度，点的运用主要表现为服装中面积较小的零部件（如纽扣、口袋、肩襻、首饰等装饰品）及细小的图案等（图5-6）。

图5-6　成衣设计中的点

（二）成衣设计中的线

点的移动轨迹构成线，线存在于面和面的交界处。线是成衣造型设计中最为生动的组成部分。线按形态可以分成直线和曲线两种类型。直线可以分成水平线、垂直线和斜线三种类型；曲线可分成几何曲线和自由曲线两种类型。不同的线条可以产生不同的视觉效果（图5-7）。

图5-7　成衣设计中的线

水平线具有横向的延展感，具有稳定、宽阔、平静感。垂直线具有纵向的伸长感，具有挺拔、权威、坚强、严肃的感觉。水平线和垂直线的综合运用在成衣中可以产生丰富多变的效果。斜线能产生活泼的动感及不安定的效果，曲线能够产生丰富的韵律感和节奏感。

从成衣结构设计的角度来说，服装中的线可以分成结构线和装饰线两种。结构线是体现成衣内在结构的线条，在成衣中具有不可或缺的实用功能，用以表现服装的款式、结构、功能为主要目的，不可以随意移动和改变，包括成衣各裁片的连接线、缝合线以及各种省道、分割线等。它是根据人体的结构和变化，体现各部位关键分割与组合的连接线。

装饰线并无实际的功能性，对成衣的内在结构影响较小，在成衣设计中往往起着装饰性的作用。服装中的装饰线可以采用不同材料、色泽及图案进行工艺处理，用以表达设计主题，例如，各种车缝缉线、装饰线、拼接线等，常用的装饰手法有镶、嵌、盘、滚、荡等。

（三）成衣设计中的面

线的移动和延展形成面。服装上的面可以表现为服装的裁片，也可以表现为面积较大的

图5-8　成衣设计中的面
（Issey Miyake作品）

印花装饰、刺绣图案等。从造型的角度来说，面可以分成几何形的面和偶然形的面（图5-8）。

几何形的面包括圆形、方形、三角形等，这些形式的面在服装造型设计中运用极为广泛。例如，以直线与方形的面组合成的男装西服、中山装、夹克衫、职业装等，从外轮廓、衣身结构到口袋造型，多给人以严谨、庄重之感，能较好地体现出穿着者的气质及修养。曲线与圆形的面多用于女装中，例如，裙摆、圆领、圆角衣摆、圆形的衣袋设计等，能够体现出柔和、优雅的女性气质。

偶然形的面较为洒脱和随意性，富有一定的艺术美感，深受人们的喜爱。例如，不规则的裙摆设计，正是一种偶然形的结构形式，在成衣设计中具有较强的设计美感。

（四）成衣设计中点、线、面的综合运用

成衣设计中的点、线、面可以相互转换，多个点可以连成线，线的推移可以形成面。例如，成衣中的纽扣设计，单个的纽扣是点的效果；多个点排列就形成了线的效果；较大的纽扣也可以看作是面。单根线是线的感觉，多根线在一起就可以形成面的效果（图5-9）。

在成衣的造型设计中，关键是运用点、线、面的造型特点和设计规律，根据其面积、形状、大小、色彩、质地及风格特点，并结合成衣设计的整体风格及工艺细节，进行造型设计。在成衣设计中，点、线、面并没有明显的界限区分，可以相互转换，相辅相成，从而形成较好的视觉效果。

三、学习拓展

错视

视觉错觉也叫错视或视错，是一种特殊的知觉经验，真实的外界刺激信息引起了不正确的知觉或印象。产生错视的机制有很多，除了与人类视网膜构造、视觉反应等生理因素有关外，还与观察者的主观心理有直接的关系。

垂直线：具有上下方向延展的效果，人们观察垂直线时视线会上下移动，从而有纵向的

图5-9　点、线、面在成衣设计中的综合运用

动感和上下拉长的心理感受。在同一个平面中，当有一条竖线时，人们的视线就会沿着这条竖线上下移动而产生狭长的感觉。但如果有两条或两条以上的垂直线横向叠加时，人们的视线就会左右移动而产生宽的感觉。而且线条之间的间隔、宽窄的差异，给人的心理感受也不同。间隔距离大就显得宽，反之则窄。单根的粗线条则显得权威、粗壮；单根的窄线条则显得纤细、瘦长。因此，细而密的横线条会产生瘦而长的感觉。

　　水平线：具有向左右伸展的特点，给人以平和、宽阔的感觉。人们观察水平线时目光会左右移动，因此水平线具有横向的水平延伸感。成衣中的单根水平线，会引导观察者的视线在水平方向移动，因此会有加宽、显胖的感觉；当两条或两条以上水平线条纵向叠加时，人的视线就会作上下移动，则显得高度上会有增加。因此，细而密竖线反而产生宽而胖的感觉。

四、检查与评价

　　根据当季流行趋势，请每组同学选择若干款式，分析设计师主要运用了哪些基本的设计要素，并完成下列评价表（表5-2）。

表5-2　评价表

序号	具体指标	分值	自评	小组互评	教师评价	小计
1	成衣中的"点"的运用分析	2				
2	成衣中的"线"的运用分析	2				
3	成衣中的"面"的运用分析	2				
4	成衣中点、线、面的综合运用分析	2				
5	表达与陈述	2				
合计		10				

学习任务三　形式美法则在成衣设计中的运用

一、任务书

观察图5-10中的成衣，分析形式美法则是如何在其中变化运用的。

图5-10　形式美法则在成衣中的运用
（资料来源：蝶讯网）

（一）能力目标

能够初步分析形式美法则在成衣设计中的变化规律。

（二）知识目标

（1）掌握形式美法则在成衣设计中的变化规律。

（2）了解格式塔理论相关内容。

二、知识链接

形式美法则在成衣中的运用包括比例与分割、对称与均衡、变化与统一、对比与调和、节奏与韵律（图5-11）。

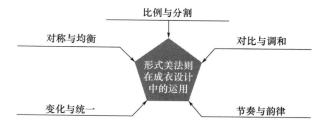

图5-11　形式美法则在成衣设计中的运用思维导图

（一）比例与分割

比例是指艺术造型内部不同线段或面积之间大小、长短之间的数量配比关系。恰当的比例给人以美的感受，我们称之为"比例适度"，反之，如果内部之间的数量配比超过了人们心理预期的承受范围，则感觉为"比例失调"。

比例应用包括无规律比例和有规律比例。有规律比例中包括渐变和黄金分割比。黄金分割比是源自于古希腊的世界公认的比例。其比值为1.618，即数量之间为3∶5或5∶8的比例。在成衣设计中比例的体现无所不在，如长度配比中有上衣与下装的比例关系；围度配比中有肩宽与胸围、腰围、臀围的比例关系；另外还有服饰配件（帽子、首饰、围巾、包带）与成衣主体的大小配比关系、成衣的内外空间的形体比例关系等。

总之，在成衣设计中，各种长度、围度之间都存在着一定的比例关系，只有以人体的体型为依据，遵循形式美的法则，这样才能够取得良好的设计效果。

（二）对称与均衡

对称是指以对称轴为中心，两侧的形、色、质呈现出同形同量的状态。对称呈现出秩序感、稳定感强的特点，但是处理不当也会显得单调、呆板。对称有绝对对称和相对对称两种。绝对对称是指两侧的形、色、质呈现出完全一致的状态，例如人体左右两侧的身体和躯干是对称的，大部分的成衣门襟形式是对称的，体现出一种秩序感和稳定感。相对对称是指两侧的形、色、质呈现出一些细微的变化，略显活泼，呈现出静中有动的视觉效果。

均衡是指形态的两边不受中心线的约束，虽然形态不同，但是分量相同的一种状态。它给人以稳定的心理感受。如秤就是体现出一种均衡的状态，通过调整秤砣的重量及位置，使整个秤呈现出水平的状态。把握好均衡的关键是在变化中要控制好形体的重心和两侧的分量感，使之保持稳定和平衡感。在成衣设计中，均衡感可以体现为不对称的门襟（偏门襟）；结构线及装饰线的位置变化；裙下摆的非对称造型；不对称的装饰性图案等。较之对称而言，均衡显得活泼、生动。处理均衡关系时要注意各组成部分之间的呼应和稳定感，避免出现凌乱或不协调。

（三）变化与统一

变化指各个不同的组成要素在一起构成的对比和差异感。它体现的是事物之间的差异性，可以是形的变化，例如，形态之间的大小、长短、方向、位置变化；也可以是色彩的变化，例如，色相、明度、纯度、色彩的深浅、浓淡、虚实等变化；或者是面料的变化，例如，面料的光泽感、质感的变化等。形态之间富有变化感，会显得生动活泼，但是如果变化感过大，缺乏统一和协调，则会显得杂乱无章。

统一是指图案中各组成部分的内在的同一性和一致性，是各个因素中的共性的因素在起主导作用。有了统一的因素，成衣的设计才会有整体感、秩序感。但处理不当，便会显得单调乏味。

变化与统一既相互对立，又相互依存。一件成衣往往是变化与统一两方面因素综合变化的结果，但也会有所倾向。一般变化感强的服装具有活泼的动感；统一感为主的服装显得协调、富有稳重感。

（四）对比与调和

对比指两个或两个以上的因素之间所具有的数量、形状、色彩、大小、质感之间的差异性对比，属于较为个性的因素。调和是指两个或两个以上的因素之间所具有的共性的因素。例如，服饰中可以通过色彩对比形成艳丽与灰暗、明或暗、深与浅等多重对比效果；也可以通过面料的质感形成厚重或轻薄、粗糙或细腻、滑爽或硬挺等丰富的效果；亦可通过面料的二次设计，形成透叠、镂空、抽纱、破损等虚实相应的对比效果。在对比的同时也要注意调和，在服饰设计中可以利用工艺细节的装饰（如滚边、纽扣、珠片、毛羽等），服饰配件、零部件等，使总体的服饰呈现出协调稳定的状态。所以在一件优秀的成衣设计作品中，往往是对比与调和、共性与个性的良性结合，达到统一和谐的效果。

（五）节奏与韵律

节奏和韵律本是音乐中的术语，节奏是指音乐中节拍的轻重缓急所产生的变化和重复。节奏这个具有时间感的用语在成衣设计上是指同一要素在连续重复时所产生的律动感。在成衣设计中主要是指造型、色彩、图案、面料质感的规律性排列组合。

韵律在音乐中指声韵和节奏。在成衣设计中韵律可以体现在色彩、图案的构图组织及纹样的渐变上，还可以表现为装饰细节的粗细、浓淡、深浅、繁简等的渐变关系。节奏和韵律都体现了成衣设计中的秩序之美。

三、学习拓展

格式塔理论

格式塔理论在服装视觉中也起到了极大的作用。"格式塔"为德文"Gestalt"一词的音译，与"形式"或"形状"同义，亦可意译为"完形"。格式塔理论是一种反对把知觉过程视为被动记录刺激信号过程的理论。格式塔理论强调人的知觉偏爱直线、圆形以及其他简洁结构，对混乱的外部事物会用一种喜爱和厌恶的心理进行分类和排列组合。著名的格式塔心理学家阿恩海姆就此提出了有着重要意义的视知觉组织四原则：

（一）相似性原则

彼此相似的事物能超越障碍形成相对独立的视觉结构。在服装设计上，相似的色彩、面料、造型都可以组成一个相对独立的视觉整体。

（二）邻近性原则

彼此邻近的事物可以组成一个相对独立的视觉整体，例如，脸部周围（包括发型、脸部和领子）可以组织成一个较为完整的视觉形象。

（三）封闭性原则

知觉印象随事物的结构而呈现出完整的形式。这一原则表现出除了服装本身可以体现出完整的外观形式外，其穿着的背景、气候环境、时间也无不影响人的知觉印象。

（四）连续性原则

知觉始终延续着形体的完整性。这一原则十分明确地要求服装设计和搭配要兼顾整体的协调性，注意服装和服饰品及背景的统一。

当然，这四种原则在服装上的应用，并不像上述的那么容易和轻松，有时会相互矛盾和排斥，所以服装不应该被看作是一个各个局部的组合体，而是局部之和大于整体，是一个与环境、文化和社会背景都相关的整体。

四、检查与评价

根据当季流行趋势，请同学们选择相应的成衣款式，分析形式美法则是如何贯穿其中进行运用的，并完成表5-3的评价内容。

表5-3　评价表

序号	具体指标	分值	自评	小组互评	教师评价	小计
1	比例与分割的运用	2				
2	对称与均衡的运用	2				
3	变化与统一的运用	2				
4	对比与调和的运用	2				
5	节奏与韵律的运用	2				
	合计	10				

学习任务四　成衣风格系统化分析

一、任务书

请将图5-12中的款式进行风格定位，并简单阐述其风格特点。

图5-12　不同风格成衣

（一）能力目标

能够将常见的成衣款式进行风格定位，并简单分析其产生的背景。

（二）知识目标

（1）了解成衣风格的概念。

（2）掌握常见的成衣风格及相关特征。

（3）了解成衣风格产生的时代背景。

成衣风格系统化分析包括：中性风格、前卫风格、休闲风格、运动风格、经典风格、优雅风格、轻快风格、民族风格分析，如图5-13所示。

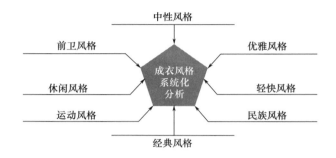

图5-13　成衣风格系统化分析思维导图

二、知识链接

成衣风格指某种服装在内容和形式上所显示出来的独有的价值取向、内在品格和艺术特色，或是某个品牌所秉承和延续的一种有别于其他品牌的独特的设计语言。这与其特定的时代精神、民族传统或地域特色、风俗习惯、宗教信仰等息息相关。加布里尔·夏奈尔（Gabrielle Chanel）说过：时尚变幻莫测，而风格永存。风格是服装中所呈现的最具有代表性的特点，表现为服装所独有的形式美感，它能在一瞬间给人以强烈的视觉冲击力和精神上的共鸣，这种强烈的感染力就是服装设计的灵魂所在。

正如迪奥所阐述的："没有人能改变时尚，一个大的时装变革来自它自身，因为妇女要更加女性化，而新风貌之所以被接受是因为战后一个全球性的审美观和宇宙观的变化。"服装的风格真实地反映出客观世界的时代特色、民族传统和整个社会的精神风貌，同时也能够反映出服装材料、服装制作工艺技术的最新特点。所以说服装风格是时代的产物，它可以准确地反映出这个时代的精神与文化。

常见的女装风格包括经典、嘻皮、淑女、民族、欧美、中性、田园、朋克、街头、简约、波西米亚、巴洛克、洛可可、哥特、浪漫主义以及新古典主义等风格形式。下文列举常见的八类女装风格进行讲解。

（一）中性风格

中性风格是弱化女性特征，部分借鉴男装设计元素，有一定时尚度，造型简洁，外观硬朗而较有品位的服装风格。

（二）前卫风格

前卫风格是运用具有超前流行性的设计元素，造型特征以怪异、富于幻想，常常运用具有超前流行的设计元素，追求标新立异、反叛刺激的形象。不对称结构与装饰较多，有异于常规服装的结构与装饰变化，常用夸张、卡通或是趣味的方法处理服装造型、色彩和面料。前卫风格表现出对传统观念的叛逆和创新的精神（图5-14）。

（三）休闲风格

休闲风格指体现轻松自由和回归自然的风格样式，以穿着与视觉上的轻松、随意、舒适为主，年龄层跨度较大，适应多个阶层日常穿着的服装风格。休闲风格在整体上呈现出宽松、自由的特征，注重还原穿着者的本我状态，将自然的状态展示于他人（图5-15）。

（四）运动风格

运动风格是借鉴运动装设计元素，充满活力，较多运用块面分割与条状分割及拉链、商标等装饰，是穿着范围较广具都市气息的服装风格（图5-16）。

图5-14　前卫风格（AURELIO）

图5-15　休闲风格（Erika Cavallini）

图5-16　运动风格（adidas）

（五）经典风格

经典风格具有传统服装特点，追求严谨而优雅，文静而含蓄，以和谐尊贵、庄重典雅为主要特征的服装风格，讲究穿着品质，并不受流行因素的影响和限制（如品牌MaxMara）。

（六）优雅风格

优雅风格讲究细部，强调精致，极富有韵致，具有较强女性特征，兼具时尚感、较成熟、外观与品质较华丽的服装风格，追求传统形式上的单纯性、清晰性、统一性，被认为是永恒的、完美的、理想的和典范的风格（如品牌Yves Saint Laurent）。

（七）轻快风格

轻快风格以轻松、明快特征，适合年轻女性日常穿着，具有清新、活泼少女气息的服装风格（如品牌淑女屋）。

（八）民族风格

民族风格汲取中西方各个民族、民俗服饰元素进行设计，是具有复古气息的服装风格（图5-17）。

图5-17　民族风格

三、学习拓展

时装风格与艺术流派

时装与艺术具有一些共同的艺术风格。比较典型的就是艺术史上的巴洛克风格。"巴洛克"来源于葡萄牙语的Barroco，本意是不规则的珍珠，后来形容富丽堂皇、精致华丽的风格，多用于建筑、家居用品、绘画、服装等。法国18、19世纪的宫廷服装就是其中的代表。巴洛克风格运用在时装设计中也有很多例子，例如2007年在法国凡尔赛宫举行的庆祝（Dior）品牌成立六十周年的发布会，设计师John Galliano用致敬的方式，创作出一系列属于当代的巴洛克风格时装。

哥特风格也是一种普遍的艺术风格。哥特式建筑的最大特点，就是尖拱、肋拱拱顶和飞扶壁的综合运用。这种创新的组合赋予了哥特式建筑轻盈、极具运动感和无限上升的特点。哥特式的服装也有异曲同工之妙，例如，男士穿的长长的尖头鞋、女士带着高耸入云的尖顶帽子。

时装风格很多都是来源于流行音乐，例如"朋克风格""摇滚风格""hip-pop风格"等。其中，朋克音乐与时装的结合是最典型的例子。被人誉为"朋克教母"的设计师维维安·韦斯特伍德（Vivian Westwood）是朋克时装的开山鼻祖和集大成者。

　　嬉皮风格是流行于20世纪60年代西方社会的一种着装风格。由于当时反战思想的盛行，年轻人精力旺盛，自发地加入到反对战争的队伍中，他们的着装非常有个性，喜欢扎染和有印花图案的服装，甚至有些吉普赛式的破破烂烂，以这种方式强调自己的政治宣言，这便是一种生活方式影响下生成的时装风格。

四、检查与评价

　　请同学们选择不同风格的设计作品，简要分析其风格特征，并阐述其产生的时代背景以完成表5-4的评价。

表5-4　评价表

序号	具体指标	分值	自评	小组互评	教师评价	小计
1	款式选择	2				
2	风格定位	4				
3	时代背景	2				
4	综合陈述	2				
合计		10				

单元六　成衣设计中设计元素的架构

单元描述： 根据服装设计一般原理，引用企业成衣设计实例，讲解成衣设计各元素的提炼与运用过程。帮助学生在拓展成衣设计中有目的、有条理地完成相关的工作任务，并在完成任务的过程中理解、消化设计的基本元素、基本步骤。成衣设计作为一门综合性的艺术，具有一般实用艺术的共性，但又具有自身遵循的原则以及自身的特性，对成衣服装中各个组成元素的分析可以使我们更好地把握服装设计中的流行趋势，提高设计能力，使产品能够更好地符合市场。

能力目标： 在实际案例中，掌握成衣设计中设计元素的方法和程序，理解成衣设计的构成因素，提升拓展成衣设计的审美水平，培养敏锐的洞察力，学会运用具体方法进行成衣拓展设计。

知识目标： 了解成衣设计中设计元素的方法和程序，通过案例分析，提炼成衣设计元素，掌握成衣设计各元素的综合运用。

学习任务一　主题元素的设计

一、任务书

受波普艺术的影响，2015年春夏女童设计师正致力于一个由搞怪元素组合出来的疯狂波普（AbsurdPop）主题（图6-1）。仔细洞察本设计主题，根据出示的主题图片，每位设计助理寻找主题图片中的各项设计点元素，向主设计师提供本主题设计细节说明方案。

图6-1　2015春夏女童主题之一——疯狂波普（AbsurdPop）

（资料来源：国际服饰网 http://www.fs31.com/news/Detail/55276.html）

（一）能力目标

（1）能依据设计主题板，合理提炼设计元素点。

（2）能根据"疯狂波普"主题最具特色的亮点，寻找流行亮点和趣味感单品融入设计方案。

（3）能根据设计主题板提示的整体灵感，设计一份合理的主题说明方案，适当配以款式图、色彩、面料小样等相关细节指示辅助说明。

（二）知识目标

（1）明确本节学习任务的中心点。

（2）熟悉成衣设计主题的一般要素。

（3）熟悉主题板中设计元素的提炼和重组过程。

二、知识链接

【特别提示】主题是服装设计的决定因素，无论是创意服装还是实用服装的设计，都是对主题的诠释和表达，单品服装设计没有主题就没有精神内涵和欣赏空间，系列服装没有主题就会杂乱无序。可见，主题是成衣设计的核心。服装"主题"元素可以体现时代感、社会思想、服装文化等，让观者在瞬间就能明白设计师的设计思想和该品牌所推崇的服装生活方式以及所标榜的精神状态。服装设计的题材是一个总体的概念，而主题是一个具体的概念，即题材包括主题，主题是题材的具体化，一般来说，在设计时先选择表现什么——选取题材，然后决定怎样表现——确定主题，这是设计构思的一般规律，服装成衣设计也不例外。

成衣主题元素的设计包括：题材与主题、主题元素的主要类型、主题元素的设计过程、服装主题板（图6-2）。

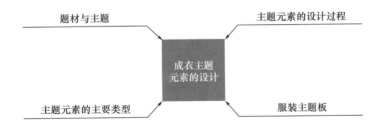

图6-2　成衣主题元素的设计思维导图

（一）题材与主题

1. **设计题材**

现代服装成衣设计的题材十分广泛，可以从现代工业、现代绘画、宇宙探索、电子计算机、未来世界等方面选材，让服装充满对未来的想象与时代信息；也可以从不同民族、不同地域的民俗民风中取材，表现民族或地域情调；或者从大自然中的生物世界里取材，例如森林、大海、草原、鸟兽虫鱼、花卉草木，展现绮丽多姿的自然风采；回顾历史的题材则更加广泛而传统，可以抒发人们怀古、怀旧的情感和浪漫的意境。大千世界为服装的设计构思提供了无限宽广的素材。设计师应从过去、现在和未来的各个方面挖掘题材，寻找创作源泉，同时还要根据流行趋势和人们思想、意识、情趣的变化，选择符合社会要求具有时尚风格的设计题材，使作品达到较高的艺术境界。

2. 设计主题

在众多的题材中取其一点，集中表现服装的某一特征，称之为主题。例如，把"海洋"称作题材，"水母"元素则是其中一个主题。主题是服装作品的核心，也是构成流行的主导因素。国际与国内时装界十分注重时装流行主题的定期发布，以使各国设计师在这些主题的指导下，进行款式、面料和色彩的探索，从而不断推出新款服装。设计主题确定后，围绕主题可进行与之相关的一系列工作，使主题能够得以完美表达。这些工作包括：提出每一季倾向性主题，明确成衣设计观念，寻求灵感启发，确立设计要点，选择面料、图案与色彩，使用服装配件，协调整装效果等。

☞【小案例】女装主题——"东方浪漫"

（1）设计主题：江南水乡、海岛黎家风情、土耳其情调、印度浪漫情趣等。

（2）时装体现的概念：民族服饰与时代感融汇，古典意味与现代风格的结合，返璞归真与时尚流行的谐调。

（3）灵感启发：民族服饰、饰品、图案与色彩的启示，民间工艺、民风民俗的启示，伊斯兰教建筑的启示，东方歌舞音乐的启示等。

（4）设计要点：披挂式的自然穿着形式，多层次的服装款式，宽松柔软的裙、裤衫套装、刺绣、蜡染、扎染的手工表现方法，民间乡土服饰及图案的应用。

（5）服装材料：绒类织物、丝绸织物、粗糙朴素的手工织物，有华丽富贵光泽感的缎类织物等。

（6）图案：自然、花草、动物图案，东方波斯图案，少数民族的几何编织图案，民间图案，抽象渲染图案等。

（7）色彩：丰富的土地色，土红色与褐色系列，干花干草、旧器物农具色，浓郁的绣红、姜黄、赭石色，艳丽的鲜花色，民间艺术品色等。

（8）整装协调：蛇形、兽形的挂饰，木制原始饰件、宝石镶嵌的民间手工艺品，浪漫古朴的配套腰带、鞋帽等。

（二）主题元素的主要类型

1. 偶发或兴趣点主题

许多知名设计师会把自己在旅行时最感兴趣的事物作为主题。高田贤三设计的有花纹图案、有体积感的喇叭裙，就是他去北非旅行时获得的灵感。在他的作品发布会上，这个主题曾反复出现。花纹图案大小不同的各种印花织物、阿拉伯人的服装、北非人生活中常用的色彩等，这些民族、民间的东西都被他应用在现代感极强的服装设计中。

2. 历史与艺术文化主题

历史上以服装文化为主题的设计师有很多，意大利的设计师罗米欧·吉里出道时就是以拜占庭时代的服装文化为主题来展开设计的。在他的设计中色彩和面料的应用，领子、袖子的造型，就像观看拜占庭绘画一般，给人以强烈的复古印象。服装设计追求豪华形象时，巴洛克和洛可可时代的服装文化是非常合适的选择。复古主题设计作为一种重要的服装题材，在主题选取、素材的处理和表达方面具有特殊性。历史上的某种典型艺术风格和特定服装形式都有可能成为主题服装设计的灵感来源。对成功案例的深入分析有助于设计师更好地把握服装主题流行规律。在现代服装流行体系中，历史与文化主题作为一种重要的风格形式时常引领着时尚潮流。这种主题的服装设计并非是一种简单的复制或仿造，而是对历史某一特定时期文化艺术的继承、再现和发展。对于现代服装成衣主题来说，还需要更多地考虑社会和时代的需要。例如，波普艺术主题，伊夫·圣·洛朗1965年的秋冬系列是著名的"蒙德里安"主题服装（Mondrian Dress），他将荷兰风格派画家蒙德里安的绘画作品为母体，巧妙地将现代艺术的动机运用到时装上来，展示了其服装艺术

图6-3　"蒙德里安"主题服装
（百度图片）

的独特风格。时尚杂志《VOGUE》曾评论说："圣·洛朗的秋装包含了一点儿笑料和一些波普艺术的精神"。这个系列可以说是服装史上最著名的波普风格作品（图6-3）。

3．社会话题或重大事件主题

主题是由服装作品的独特内容与形式相统一的结合体，普遍关注的话题或对人们有影响的事物也可以作为设计主题，例如，2014年6月11日在北京开幕的世界杯，与世界杯主题相关的服装在中国掀起一阵热潮，备受广大球迷喜爱的巴西和阿根廷队的球服受到年轻人的追捧，更有球迷买到世界杯比赛日期表的球衣，随时了解比赛时间（图6-4）。

图6-4　世界杯比赛日期表的主题球衣
（北方网综合）

（三）主题元素的设计过程

服装主题设定是成衣设计的精髓，是服装的设计眼，也是保持创新性和独特性的法宝之一。主题的设计过程一般可以分为以下几个阶段。

1. 文字概念

文字是一个题目和概念，是一种设计风格和设计思路的概括。一个题目和设计概念可以引发一个有魅力的故事，用来丰富产品内涵，吸引顾客。通常，整个新季度的产品有一个大主题，然后每个小系列产品有小主题。所谓大的设计主题，例如，对世界主要服饰市场巴黎、香港、东京服饰品分析，世界流行色的预测等都是确定设计大主题综合因素。确定了大主题之后，每一系列产品确定独立的设计小主题。独立的设计主题应符合产品季度风格。文字概念的形式多种多样，不拘一格。好的主题将文字的精彩作用发挥得淋漓尽致，能够使人产生奇妙的联想，给予参加发布会或订货会的客户心中留下深刻的印象。为什么时尚界如此需要奇异而华丽的文字？就是因为这些文字如时尚本身一样变化多端并具有诱惑力。设计主题的文字需要一定的才华和技巧，天才的灵光乍现是无法学习的，但技巧是可以掌握的。

2. 色彩概念

色彩概念是指最能表达主题概念的一组色彩，而非单个色彩。这组色彩渲染出一种气氛，以感性的视觉元素进一步诠释了主题。确定色彩概念的方法多种多样，可以将各种灵感来源的色彩进行解构、组合与再创造，也可以从各种因素，例如人文因素、信息传达因素、空间因素、材料因素等出发进行构思。

3. 面料概念

面料概念指的是最能表达主题概念的面料组合。这种组合是意向性的，并非最后用于作为成衣面料。这组面料给出的是产品的整体色彩和质感风格，具体的样衣面料在面料计划表中确定下来。面料概念较好的表达方式是使用真实的面料小样，剪成齿状边缘，以一定的组合方式粘贴在概念板上。如果该面料还没有上市，则可以用相关的图片代替，也可以辅以文字说明。

4. 款式概念

每一个品牌都有自己固有的款式风格，但在进入新的季节时，必须有新的款式变化。设计总监选择一些符合新款变化的图片，向设计师传达出来的信息就是所谓的款式概念。

5. 综合表达

综合表达指的是将激发灵感的色彩、图像、实物以富有新鲜感的方式组合在一起。因为具体的视觉效果可以更加清晰地表达主题，有助于下一步设计工作的展开。主题概念（文字）、色彩概念（图片或实物）、面料概念（图片或实物）、款式概念（图片）等，都将在设计总监的灵感中构思转化成了消费者可以感知的东西。在制作主题概念板的过程中，设计总监的灵感也逐渐地通过实物表达出来了。

【小案例】

迪奥女装品牌的设计总监约翰·加里亚诺以丰富大胆的创意著称，他的灵感来源于戏剧、宗教、古代服饰、民族服饰、绘画等，但是每次推出的新主题系列，依然可以强烈地感受到独特的风格，就是将所有的元素进行了"加里亚诺化"，以至于从很远的距离外瞥见他的服装设计作品时，就能嗅到一股浓重的夸张、奢华的加里亚诺味道，作品仿佛中世纪古典美女的打扮（图6-5）。

（四）服装主题板

服装企业通常由设计总监制作品牌主题概念板。概念板围绕主题呈现出一系列表现力丰富的图片，其来源可以是设计总监自己拍摄的照片，也可以是书籍、杂志或网络上的图片，图片内容不拘一格，可以是具象的，也可以是抽象的，其中的色彩、肌理、纹样、气氛要能表达主题概念、面料概念、色彩概念。概念板上还可以贴上实物，如新颖的面料、别致的花边、新型纱线等，甚至放上粗糙的锈铁、铜片，废弃的尼龙绳等，只要能激发设计灵感都可以为我所用。

图6-5　加里亚诺设计的主题作品
（百度图片）

三、学习拓展

童装品牌唯路易2015女童秋冬主题板

"旺多姆广场"主题板灵感来源（图6-6）：成为童话里的白雪公主几乎是每个女孩心中最大的一个梦想。蝴蝶结、蕾丝公主裙、水晶鞋等都是公主必不可少的服饰，所以这一主题以本白、米白、米黄为主色调，展现别样的公主范儿。

图6-6　女童主题板之一——旺多姆广场（PLACE VENDOME）

"甜蜜的诱惑"主题板灵感来源（图6-7）：粉色代表的甜美风会吸引着女孩，让她们舍不得眨一下自己的眼睛，蕾丝、毛绒等点缀着每个可爱甜美的芭比娃娃。她们没有公主般的奢华与高贵，却很甜美。

"英伦风尚"主题板灵感来源（图6-8）：英伦骑士学院风总是走在国际时尚界的前端，皇冠、斗篷、马靴总让人爱不释手。让女孩子脱掉拘束的公主裙帅气地展示自己的另一面。

图6-7 女童主题板之二——甜蜜的诱惑（SWEET ALLURE）

图6-8 女童主题板之三——英伦风尚（BRITISH TOUCH）
（资料来源：上海赛晖服饰有限公司品牌设计部）

确定主题的过程是复杂而充满变化的，最重要的是从前期收集的大量素材中筛选出属于本企业或本品牌的独特设计风格。

四、检查与评价

根据当季流行趋势，每人收集男、女童装主题板图片各两个，并根据收集的主题板之一，编写该主题元素提取说明方案。最后根据完成情况填写评价表6-1。

表6-1 学习任务评价表

序号	具体指标	分值	自评	小组互评	教师评价	小计
1	流行趋势的时尚性	2				
2	主题板提取元素的表现性	2				
3	主题板提取元素的艺术性	2				
4	编写方案流程的规范性	2				
5	独立自主完成任务	2				
	合计	10				

学习任务二　色彩元素的设计

一、任务书

在主题元素提炼与选取之后，结合本季流行色及成衣品牌定位属性，梳理主题系列色彩元素，运用色彩搭配原理任意选择某一成熟女装品牌，以其秋冬季成衣产品为对象，分析、设计某一主题的系列色彩，并检验色彩配置的合理性。

（一）能力目标

（1）在实际工作的情境中，了解色彩元素的一般运用手法。

（2）提升成衣色彩的审美和搭配水平，培养敏锐的洞察力，完成色彩的综合运用。

（3）掌握服装色彩搭配的设计与实施的方法。

（4）能灵活根据各类主题对成衣色彩元素进行搭配设计。

（二）知识目标

（1）明确学习任务的中心点。

（2）熟悉成衣色彩搭配的基本原理与原则。

（3）了解色彩形式美法则在成衣设计中的运用原理。

二、知识链接

【特别提示】在成衣展示中，人们首先看到的是颜色，其次是服装款式，最后才是材料和工艺，所以服装色彩元素作为服装的组成部分，具有十分重要的意义。服装设计是由色彩、款式和材料三个要素组成的，它们在现实中更多是表现在审美上面。服装设计是一种艺术更是一种文化，服装的色彩搭配是这种文化的组成部分，是最具表现力的因素。美国流行色彩研究中心的一项调查表明，人们在挑选商品的时候存在一个"7秒钟定律"：对琳琅满目的商品，人们只需7秒钟就可以确定对这些商品是否感兴趣。在这短暂而关键的7秒钟内，色彩的作用占到67%，成为决定人们对商品喜好的重要因素。可见视觉色彩带给人的第一印象是十分重要的。另外每一种颜色本身还有不同的语言，代表着人们不同的感情和情绪，不同的色彩搭配更是丰富了人们的情感。在正常的情况下，当人们观看了服装，给人以强烈的视觉刺激，正是因为服装有了丰富多彩的颜色才使得服装设计真正得到了自己的灵魂。服装色彩和音乐一样都能给人一种奇妙的感觉，这是很难用言语表达的。优秀合理的服装色彩要素搭配，给人以美的愉悦与体验。

成衣色彩元素的设计包括：色彩的基本知识；成衣色彩搭配的基本原理；成衣色彩搭配原则；成衣色彩与品牌色彩风格；成衣色彩与材料肌理的关系（图6-9）。

（一）色彩的基本知识

1. 色彩的原色、间色与复色

色彩可分为原色、间色和复色。原色指红、黄、蓝三种色彩（这里指的是颜料三原色），它们是最基本的色彩，无法继续分解，不能用任何几种颜色调配出来，所以称为原

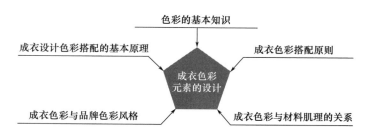

图6-9 色彩元素的设计思维导图

色。在三原色之间，用其中任何两种颜色等量调配都可产生出新的颜色，这种新颜色在色彩学中称为间色，或称二次色，例如，红加黄变橙、黄加蓝变绿、红加蓝变紫等。复色是指第三次或三次以上混合而产生的颜色（图6-10）。原色与间色相混、间色与间色相混都可以产生复色，例如，橙加绿成为黄灰，紫加绿成为蓝灰等。复色的种类多种多样，可以随意配

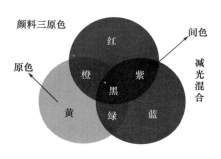

图6-10 色彩的原色、间色与复色

置，其总的倾向是纯度低、种类多、色相不鲜明。复色是色彩多样化的重要原因。按照色彩的性质和应用，则可分为补色、调和色和极度色。补色是指在色相环位置中呈180°正对关系的颜色，例如，红对绿、蓝对橙、紫对黄等，或者说一个原色同另外两个原色相配而成的混色关系就是补色关系。补色是色彩对比现象，视觉效果最突出。调和色指色相较为接近，性质相差不远，放在一起较协调的色彩，色环中相邻的两色就是调和色。极度色是属于无色系统的色彩，例如，黑、白、金、银等。

2. 色彩的种类

色彩的种类一般分为有彩色、无彩色以及独立色三大类别。凡带有某一种标准色倾向的色（也就是带有冷暖倾向的色）称为有彩色，光谱中的全部色都属有彩色。有彩色有无数，它以红、橙、黄、绿、蓝、紫为基本色；无彩色是指黑色、白色以及不同程度的灰色系列；独立色则包括金色、银色在内的色彩。

3. 色彩的基本属性

通常，在色彩构成学中，把色彩的三种基本要素特征称为"色彩的三属性"，即色相、明度和纯度，任何一种彩色均由这三个量来表示。色相是色彩最重要、最基本的特征，是色彩的相貌。明度是指对色的明暗（深浅）感知尺度，各类色中白色明度最大，黑色明度最小，不同深浅的灰色和各种彩色的明度均在黑白之间。纯度是指色彩的鲜艳或灰浊程度。这三个属性可以单独使用其中一个或同时使用两个、三个特征来区分不同的色彩，例如，黑、白、灰系列只有明度变化，而无色相的互补性和纯度的变化性，严格来说，只有彩色系列才有全面的色相、明度和纯度这三种基本构成要素。

4. 色系

红、黄、橙及相近的色彩为暖色，给人以暖的感觉；青、蓝色是冷色，给人以寒冷的感觉；绿、紫色是中间色。冬选暖色，夏选冷色是设计服装色彩的原则。成衣的色彩要用得协

调，才会使人显得大方端庄。设计成衣色彩的窍门：一是以一种色彩作为主色调，再搭配深浅不同的接近色彩；二是在一种主色调的基础上，加上少许对比色调，能给人以淡雅大方的感觉。对比过于强烈的颜色，一般用于舞台服装中，日常穿着不太合适。成衣色彩设计颜色搭配得好坏，最能表现出一个人对服装鉴赏的水平，有时候从理论上看是比较好看的搭配色系，但实际运用到成衣上，效果却不大理想，其原因在于成衣色彩的效果受面料质感性能以及上下装、里外装等多重因素的影响。因此，舍弃个人主观的喜好，以客观的标准和品牌定位来决定色彩的搭配，乃是成衣设计色彩的第一要诀。

（二）成衣设计色彩搭配的基本原理

不同的颜色都有其固有的美。成衣设计中的色彩搭配需以色与色之间的关系来体现，色彩搭配的基本原理（形式美原理）是：按一定的计划和秩序搭配成衣色彩；相互搭配的色彩要有主次之分，各颜色之间所占的位置和面积大小一般按黄金分割比例关系搭配以产生秩序美；色彩的运动感可由色的彩度和明度按渐变或者配色以及本身的形状而产生。无论如何搭配，最终必须使其效果在心理和视觉上有和谐感。

1.　成衣明度配色设计（图6-11）

不同明暗程度的色彩组合配置在一起，更多的是注重色彩的明度以及对比度。从明度配色，可产生三种配色形式及效果：高明度的配色，形成一种优雅的明亮调，例如，白色、高明度的淡黄、粉绿、粉蓝等色彩，常被认为是富有女性的色调，也是夏季常用的服装色彩；中明度的配色，是中年人服饰最适用的色彩，能体现含蓄、端庄的风格。低明度的配色，形成偏深色的沉静情调，具有庄重、严肃、文雅而忧郁之感，这种色调，若年轻人在服饰中使用则显得文静、内向而深沉，若老年人在服饰中使用则显得庄重、含蓄。

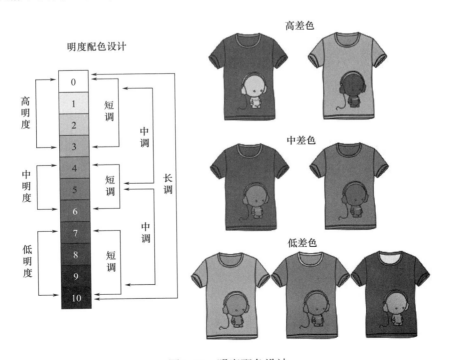

图6-11　明度配色设计

2. 成衣色相配色设计（图6-12）

服饰色彩的整体设计往往是以多色相配置构成的。其配色的视觉效果首先以明度差和纯度差的适当变化为条件，将色相作为中心来看待的。色彩使用得越多，就越需要某种统一的要素。多色相配合形成的视觉效果及特征与色相差有关系，其配置方式可以分为：邻近色相配色、类似色相配色、对比色相配色、补色色相配色、有彩色相与无彩色相配色六种。在设计时要注意几点：其一，注意色彩明度、色相、纯度上的对比关系的适度性；其二，注意色与面积、形状、位置、聚散、虚实关系的统一性；其三，注意色与色之间的呼应、重叠、穿插、主次关系的和谐性。色相配色最重要的是统一协调，要达到多而不乱，多变而统一的效果。

图6-12 色相配色设计

3. 成衣纯度配色设计（图6-13）

服饰上的色彩，在视觉上如果感觉过分华丽、过分年轻、过分朴素、过分热烈等，都是由于色彩纯度过强或过弱而形成的。在配色时，当处于不同明度、不同色相的情况下，纯度配色就只能产生丰富而变化的不同视觉效果，当纯度差小，明度差接近时，服饰色彩的视觉效果就柔和，视认度也就低；当纯度差越大，明度差拉开时，服饰色彩的视觉效果就跳跃、明快，视认度也就高。同样，在纯度配色中，也不能忽视了色相的作用。例如，增强了色彩的色相倾向，其纯度相对也就加强了，随之也增强了活泼、动态之感，使服饰色彩有所加强或改变；若减弱，则与之相反。可见，纯度配色时，要充分运用好明度差、色相差、面积差之间的关系来控制服饰色彩。它的好坏或成败，在于对色彩运用的得当，即局部上有一定的变化与对比，整体上又有一定的统一与和谐。

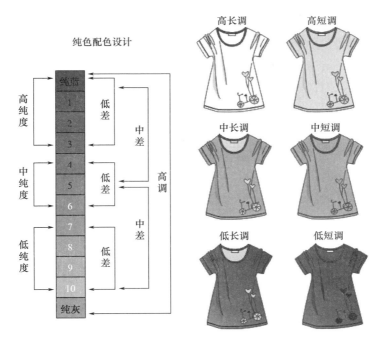

图6-13　纯度配色设计

（三）成衣色彩与品牌色彩风格

作为服装设计三大构成之一的色彩，在现代品牌成衣设计中显得越来越重要，一些服装品牌甚至把某些色彩作为其品牌识别的重要依据。在一年四季中一直使用这几种色彩，形成自己特有的服装品牌文化并给人一种强烈的品牌印象。一件好的产品在色彩的选择上能引起思想的共鸣、情感上的互动，以此拉动消费。可见运用好色彩准确地传达产品信息，就显得尤为重要。品牌成衣的色彩策划是品牌文化的构成部分，是成衣最重要的外部特征之一，往往决定着产品的命运，而它所创造的低成本、高附加值的竞争力是极为强大的。同样一种成衣，色彩上的差别往往使其在受欢迎程度上有很大差别。在国际品牌本土化的趋势下，在成衣同质化现象日益严重的今天，品牌成衣凭借精心策划的色彩，往往能成功地在第一时间跳出来，快速锁定消费者的目光，这也直接关系到一个品牌的产品是否能够成功销售并获取利润，而为品牌带来全方位的超强效果。

1. **单季色彩形象流行色与品牌色彩风格的结合**

不管什么成衣品牌的色彩，其策略与流行色有着密切的关系。即使有些品牌只做单一的色彩，例如，平常虽然只做黑色的时装或只做白色的时装，但在装饰细节的色彩设计方面往往会考虑流行色的变化。所谓流行色，是指在一个季节中最受消费者喜爱、使用最多的颜色。流行色的预测是否准确直接影响着商品销售的好坏。在流行的全盛期，各服装品牌会选择同样的色彩、同样的花纹，甚至同样的款式来迎合流行而推出自己的设计，销售额往往会增加，因此每个品牌都非常重视流行色。色彩的流行变化是缓慢的，而且一个季节并非只流行一种颜色。流行色要经过数年的酝酿和培育，最后才能达到顶峰，然后再逐渐衰退。因此，流行色在数年前就会很微妙地存在着。当那些看起来将要流行的色彩初见端倪时，要及早发现它们，有意识地加以培育，最后为大多数人所用，这才成为流行色。寻找这种色彩，培育这种色彩，也体现了设计总监、设计师的前瞻能力。色彩的流行，在某种程度上可以根据当时人们的心情、情绪和心理倾向以及实际在市场上流行的东西来加以分析和预测。但流行色很大程度上也是人为制造的，是通过全球各种面料和服饰展，通过国际羊毛局、国际流行色协会等流行趋势预测机构对该季节的市场分析和色彩分析，有计划地制订出来向全世界发布的。

2. 季度间的品牌色彩形象延续与变化

每个季度的色彩形象都会受本年度上一季度和前一年本季节色彩形象的影响。如2015年夏季的色彩形象，即会受到2015年春季色彩形象的影响，也会受到2014年夏季色彩形象的影响，同时，它又会对2015年秋季和2016年夏季产生影响。总之，品牌的色彩形象具有强烈的品牌个性和季节性，在季节之间既有连贯性，又有跳跃性。国外品牌在色彩成系列设计方面一直都很成熟，每个季节都会根据权威机构的流行信息和自己的品牌特点推出自己的系列色彩。发布的颜色预测一般只是趋势，各级专业的颜色预测机构会根据当下颜色的走势发布具体的颜色预测，并为颜色制造相关的色彩主题板。这些机构一般会在流行色预测出来半年后做出预测，把做成的产品卖给相关行业的从业者。一般是设计大师或者略低一点的设计师级的服装企业会从这些机构购买产品，以此对本服装品牌进行最新的色彩设计。近几年来，国内品牌成衣在色彩策划方面有很大进步，每个季节推出的产品都是成色彩系列的产品。色彩成系列地推出有利于提升品牌形象，便于工业化生产，建立自己特有的品牌文化。国内很多品牌是从跑量的批发性成衣发展转变而来的。批发性成衣的特点是单色单款，靠数量取得利润，靠恰好流行的色彩赢得卖点，不会全盘考虑成衣的色彩搭配和款式搭配，但目前大多数品牌成衣都很注重色彩的系列化。品牌每个季节会推出2~3个色系，成衣中的大品牌会推出更多的色系。且不深究这些色系是否能完全吻合潮流，但品牌成衣每个季节都有自己的主要色系推出并已成为国内品牌成衣的一大特点。

（四）成衣色彩搭配原则

1. 搭配技巧一——掌握主色、辅助色、点缀色的用法

主色是占据全部色彩面积最多的颜色，占全部面积的60%以上。通常是作为套装、风衣、大衣、裤子、裙子等的用色。辅助色是与主色搭配的颜色，占全部面积的25%~35%，他们通常是单件的上衣、外套、衬衫、背心等的用色。 点缀色一般只占全部面积的5%~15%，他们通常以丝巾、鞋、包、饰品等出现，起到画龙点睛的作用。点缀色的运用是日本、韩国、法国女人最擅长的展现自己的技巧，搭配技巧中，日本女人最多的饰品是丝巾，她们将丝巾与自己的服装做成不同的风格搭配；法国女人最多的饰品是胸针，利用胸针展示女人的浪漫情怀。衣服并不一定要多，也不必花样百出，最好选用简洁大方的款式，给配饰留下展示的空间，这样才能体现出着装者的搭配技巧和品位爱好。全身色彩以三种颜色为宜，当你并不十分了解自己风格的时候，不超过三种颜色的穿着，绝对不会让你出位。一般整体颜色越少，越能体现优雅的气质，并给人利落、清晰的印象。在色彩搭配设计时，还需了解色彩搭配的面积比例，全身服饰色彩的搭配避免1∶1，尤其是对比色的搭配一般以3∶2或5∶3为宜。

2. 搭配技巧二——自然色系搭配法

暖色系除了黄色、橙色、橘红色以外，所有以黄色为底色的颜色都是暖色系。暖色系一般会给人华丽、成熟、朝气蓬勃的印象，适合与这些暖色基调的有彩色相搭配的无彩色系，除了白、黑，最好使用驼色、棕色、咖啡色。冷色系以蓝色为底色的七彩色基本是冷色，与冷色基调搭配的无彩色最好选用黑、灰、彩色，避免与驼色、咖啡色系搭配。

3. 搭配技巧三——有层次地运用色彩的渐变搭配

方法一：只选用一种颜色，利用不同的明暗搭配，给人以和谐、有层次的韵律感。方法二：不同颜色，相同色调的搭配，同样给人和谐的美感。

4. 搭配技巧四——为主要色配色

对单色的服装进行搭配时，只要找到能与之搭配的和谐色彩就可以。对于有花纹的服装，搭配就有一定的难度。但只要掌握以下几个方法也会很容易。方法一：利用无彩色，黑、白、灰是永恒的搭配色，无论多复杂的色彩组合，他们都能溶入其中。方法二：选择搭配的单品时，在已有的色彩组合中，选择其中任一颜色作为与之相搭配的服装色，给人整体和谐的印象。方法三：同样一件花色单品，与其搭配的单品选择花色单品中的不同色彩组合搭配，不但协调，还会有俏皮之感。有图案的上衣不要搭配相同图案的衬衣和领带；有条纹或者花纹的上衣需要配素色的下装；鞋子的颜色要与衣服的色彩相协调；内外两件套穿着时，色彩最好是同色系或反差较大，搭配起来才会更有味道。

5. 搭配技巧五——局部运用小件配饰品

配饰品的装点能够打破沉闷。当成衣色彩并不丰富的时候，只要稍加点缀就可以让颜色并不丰富的服装每日推陈出新。

☞ 小贴士

成衣常用色彩搭配总体原则

（1）白色的搭配原则：白色可与任何颜色搭配，但要搭配得巧妙，也需费一番心思。白色下装搭配条纹的淡黄色上衣，是柔和色的最佳组合；下身着象牙白长裤，上身穿淡紫色西装，配以纯白色衬衣，可充分显示自我个性；象牙白长裤与淡色休闲衬衫搭配，也是一种不错的组合；白色褶皱搭配淡粉红色毛衣，给人以温柔、飘逸的感觉。红白搭配是大胆的结合：上身着白色休闲衫，下身穿红色窄裙，显得热情潇洒，在强烈的对比下，白色的分量越重，看起来越柔和。

（2）蓝色的搭配原则：在所有颜色中，蓝色服装最容易与其他颜色搭配。不管是近似于黑色的蓝色，还是深蓝色，都比较容易搭配，而且，蓝色具有紧缩身材的效果，极富魅力。生动的蓝色搭配红色，使人显得妩媚、俏丽，但应注意蓝红比例要适当。近似黑色的蓝色合体外套，搭配白衬衣，再系上领结，出席一些正式场合，会使人显得神秘且不失浪漫。曲线鲜明的蓝色外套和及膝的蓝色半裙搭配，再以白衬衣、白袜子、白鞋点缀，会透出一种轻盈的妩媚气息。上身穿蓝色外套和蓝色背心，下装搭配细条纹灰色长裤，能呈现出一派素雅的风格。因为，细条纹可缓和蓝灰之间的强烈对比，增添优雅的气质。蓝色外套配灰色褶裙，是一种略带保守的组合，在这种组合中再搭配葡萄酒色的衬衫和花格袜，可以显露出一种自我个性。蓝色与淡紫色相配，给人一种微妙的感觉。蓝色长裙配白衬衫是一种非常普通的装扮，如果能穿上一件高雅的淡紫色的小外套，便会平添几分成熟都市味儿。上身穿淡紫色毛衣，下身配深蓝色窄裙，即使没有花哨的图案，也可以在自然之中流露出成熟的韵味儿。

（3）褐色搭配原则：褐色与白色搭配，给人一种清纯的感觉。金褐色及膝圆裙与大领衬衫搭配，可体现短裙的魅力，增添优雅的气息。选用保守素雅的栗色外套，配以红色毛衣、红色围巾，鲜明生动、俏丽无比。褐色毛衣配褐色格纹长裤，可体现雅致和成熟。褐色厚毛衣配褐色棉布裙，通过二者的质感差异，表现出穿着者的特有个性。

（4）黑色的搭配原则：黑色是个百搭百配的色彩，无论与什么色彩放在一起，都会别有一番风情，和米色搭配也不例外。节假日休闲时，上衣可以还是夏季的那件黑色的印花T恤，下装就换上米色的纯棉含莱卡的及膝A字裙，脚上穿着白底彩色条纹的平底休闲鞋，整个人看起来充满阳光的气息。黑色T恤搭配一条米色纯棉的休闲裤，最好是低腰微喇叭的裤型，依然前卫，青春逼人。

（5）米色搭配原则：米色也可以穿出严谨的味道。一件浅米色高领短袖毛衫，配上一条黑色的精致西裤，穿上有光泽的黑色尖头中跟皮鞋，能将一位职业女性的专业感觉烘托得恰到好处。如果想要一种干练、强势的感觉，可以选择一套黑色条纹的精致西装套裙，配上一款米色的高档手袋，既有主管风范又不失女性优雅。 许多韩剧中的女性穿着就充满了都市感，她们的着装含蓄而优雅，明朗却不耀眼。在或柔媚或热烈的色彩中，米色是时尚女性常用的色彩。现如今的时尚中，米色因其简约与富于知性美而成为职场着装的常青色。与白色相比，米色多了几分暖意与典雅，与黑色相比，米色纯洁柔和，不过于凝重。在追求简约的时尚潮流中，米色以其纯净、典雅的气息与严谨的职场氛围相吻合。要将任何一种颜色穿出最佳效果，都要讲究搭配，米色也不例外。

（6）服饰色彩搭配的几条原则：黑与白，色彩上被称为极色，原则上，它们可以跟任何颜色搭配，也就是说这两种颜色在跟任何颜色搭配的时候，都不会显得不自然或不协调。必要的时候，甚至可以用他们来隔开两种本来极不协调的颜色，而使其变得协调起来！金与银，色彩上被称为光辉色，原则上，它们也可以跟任何颜色搭配，但要注意，由于金色在视觉上倾向于黄色，所以它跟黄色系色彩的亲和力会更强一些。同样，银色在视觉上倾向于灰色，所以它跟灰色系色彩的亲和力会更强一些。在跟其他色系颜色搭配时，应尽量避免大面积使用。

（五）成衣色彩与材料肌理的关系

成衣色彩会因为面料组织结构和构造方式不同，表面肌理纹样和花色图案就会不同，材料的反光力、着色力也会有一定程度上的不同。不同的色彩在服装材料上也就各具特性，即使是相同的色彩也会有不同的感觉，这种复杂微妙的变化会影响到成衣色彩的视觉变化（图6-14）。服装的色彩是通过材料来实现的，材料是服装色彩的载体，服装色彩失去所依托的材料，也就失去了根基，不同的服装材料有其特殊的物理属性。正因为上述原因，面料部门安排打小色样卡时，会核对设计师指定的成衣PANTONE色号，一般至少安排打3种缸色，再

图6-14　毛线织物色彩板
（资料来源：http://www.zhihu.com/question/20074627）

由设计师们对产前面料小样色卡反复比对确认。

　　成衣花纹的色彩决定了面料的色彩，花纹的纹样、造型、面积等也包含着一定的情感因素，如大花、大格，棱角分明的大花型面料，给人热情奔放的感觉；小碎花、小点，图形较为圆润的小花型面料，给人文静、素雅的柔和感；套色多且色彩之间对比强烈的面料，给人强烈、兴奋的感觉；套色少且色彩较接近的面料，给人稳重、平和的感觉。面料的花纹与图案，也是设计时考虑的重要因素之一，色彩鲜艳、对比强、较夸张的花纹适合浪漫、开放的服装风格；色彩素雅、统一的花纹适合宁静、平和的服装风格。服装色彩与纹样造型、纹样色彩与底色之间是相互依托、相互影响的，只有达到了和谐状态，成衣才会形成风格和色调统一的视觉效果。成衣色彩与纹样是通过材料来体现，成衣色彩与纹样设计的效果往往取决于设计师对材料的了解和对材料工艺制作的控制能力，同样的图案，由于材料不同，采用的工艺不同，就会呈现出不同的风格，因此了解纹样的制作工艺，充分发挥工艺制作的作用，扬长避短，才能更好地表达材料效果。

【课堂例题】色彩元素的填空游戏

　　请每组学生（两位学生一组）做填空游戏。同一颜色用在丝绸、亚麻布、莫代尔等面料上的感觉，比较不同质地的面料对色彩的影响，思考面料的肌理质感（表6-2）。

表6-2　同一色彩不同面料的风格比较

质地　　　色彩		
亚麻布		
丝绸布		
莫代尔		
羊皮		

三、学习拓展
成衣色彩形式美法则

1. 色彩形式美法则一

思考：通用形式美法则最常见的形式是哪种？它的特点是什么？

（1）黄金比例分割——服装的上下比例以3：5或5：8为佳（图6-15）。

（2）渐变比例（图6-16）。

结论：比例

2. 服装色彩形式美法则二

（1）听一组有节奏感的音乐，注意每组音乐节拍的强弱关系。

图6-15　成衣色彩设计一

图6-16　成衣色彩设计二

（2）欣赏案例图片（图6-17）。

图6-17　成衣色彩设计三

思考：图片和音乐与我们前面所学的什么知识点比较类似？这种形式在形式美法则中属于哪种？

结论1：色彩推移

结论2：属于形式美法则二——节奏

3．确定成衣色彩形式美的其他法则

通过研究色彩案例图片，确定色彩形式美其他运用法则。归纳总结服装色彩形式美具体手法有比例、对称、节奏、呼应、强调等。

四、检查与评价

1．实操题

根据已学知识，设置分层任务，并根据自己的实践能力进行任务挑战。共设三级任务，级别越高，任务挑战难度越大。任务设置如下：

一级任务：绘制女性短袖T恤正面款式图，进行多色配色练习（不少于四组配色）。

二级任务：自拟一个主题，绘制系列女性短袖T恤正面款式图（不少于三款设计），进行多色配色练习。

三级任务：根据图6-18所示的色彩主题板选定符合主题的款式与色彩元素，绘制系列女性短袖T恤正面款式图（不少于三款设计），进行多色配色练习。

任务要求：

（1）正确领会所学知识。

（2）灵活运用。

（3）小组讨论探究（四人一组），合作完成任务。

2．思考题

小结对本单元的感悟与体会。

3．评价表

各项评价指标见表6-3。

图6-18　色彩主题板图片
（资料来源：蝶讯网）

表6-3　学习任务评价

序号	具体指标	分值	自评	小组互评	教师评价	小计
1	色彩流行元素的时尚性	2				
2	色彩三要素的理解力	2				
3	色彩与材料元素的融合性	2				
4	色彩搭配方案的艺术性	2				
5	独立完成任务	2				
	合计	10				

学习任务三　廓型与款式元素的设计

一、任务书

根据下列成衣主题意境提案为思考源，要求挑选其中某一主题，结合自己的市场调研、流行趋势信息，进行成衣廓型分析整理，独立设计一个系列成衣作品款式图。成衣作品数量3～5套；男女不限；绘制每一个款式的正、反面款式图；结构表达正确，比例准确；每款成衣服装款式图模拟标上款号，并阐述设计作品的主题内涵、灵感来源及作品款式的创作设计思路。

主题一：痕迹

材料的创意成为关注焦点，具有肌理感的天然纤维材料或仿天然材料诠释出朴素简约的着装概念。整体轻盈、和谐的色彩相互组合，高性能可塑性材料重组搭配，变化的细节设计，表达出超越规则的轻快感觉。

主题二：融合

人类与自然的关系具有全新的互动意义，用环保和可持续的方式体现人文关怀和对自身的反思。色彩在自然的基调下变得更富活力。看似自然的颜色却透出技术的气息，自然与人造不再是一种简单、生硬的对立关系，而是产生了微妙的融合。强烈的水洗使原本硬朗的牛仔布和斜纹棉布变得柔软，原始、自然、环保感的肌理结合华丽的丝绸、高支薄棉布与异域风情图案。

主题三：涌动

身处错综多变的环境里，人们内心需求与宣泄的图形语言开始纷纷涌现，不寻常的混搭、轻盈的功能性面料与透明塑料结合，含蓄表面下的张扬色调，宣扬自我个性的随意涂鸦随处可见，并以其独有的创造性风格让服装更具有日系街头服装的戏谑感。游离于主流的风格化着装让诡异的美感达到新的高度。在休闲与运动之间穿插昔日美好的景象以及对朴实生活的向往，不经意流露的低调细节，展现出一点成熟、雅致、随性的多层次着装效果。

（一）能力目标

（1）巩固和加深对服装设计基本知识的理解，能综合运用所学知识独立进行成衣款式设计。

（2）能独立分析、解决有关成衣廓型的问题，具有一定的创意和创新能力。

（3）能根据作品的主题内涵或灵感来源，独立撰写成衣款式作品的创作设计思路。

（二）知识目标

（1）明白单元工作中心任务。

（2）熟悉成衣廓型与款式的一般要素。

（3）熟悉主题板中设计元素的提炼和重组过程。

二、知识链接

【特别提示】深入了解和分析成衣廓型与款式元素设计的相互关系以及它们的发展变化

规律，借助服装外部廓型与内部款式设计的巧妙结合来表现服装的丰富内涵和风格特征。

成衣廓型与款式元素的设计包括：廓型与款式区别；影响成衣廓型的因素；成衣廓型的分类；关键部位对成衣廓型的影响；成衣的结构与设计；成衣的细节设计（图6-19）。

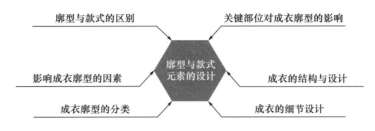

图6-19　成衣廓型与款式元素的设计思维导图

（一）廓型与款式的区别

成衣廓型与款式设计是成衣造型设计的两大重要组成部分。廓型是指成衣的外部造型线，也称轮廓线。所反映的是服装总体形象的基本特征，是所看到的服装形象效果。款式是成衣的内部结构设计，是成衣造型设计的具体组合形式，包括领、袖、肩、门襟等细节部位的造型设计。成衣廓型是造型设计的本源，成衣的造型一般具有一定的规律，并且会遵循这个规律呈螺旋形阶梯上升的形式，虽然每一季的服装都呈现出让人耳目一新的"换血"，但从廓型来说，在原有的廓型基础上增加了新的代表流行的元素，就成就了新一季的潮流款式。在成衣构成中，廓型的数量是有限的，而款式的数量是无限的。也就是说，同样一个廓型，可以用无数种款式去充实。成衣作为直观的形象，外部轮廓特征会快速、强烈地进入视线，给人留下深刻的总体印象。同时，成衣廓型的变化又影响、制约着款式的设计，成衣款式的设计又丰富、支撑着成衣的廓型。

（二）影响成衣廓型的因素

1. 人体审美区域的变化对成衣廓型的影响

成衣廓型的审美，随着人们对人体某一部位兴奋程度的变化而变化。这种对人体区域审美的变化和转移，对服装廓型产生了巨大的影响，并且形成了不同时期、不同民族服装外轮廓造型的风貌。人体审美区域的变化，表现在不同时期人们对同一身体部位不同的审美体验。就身体的某一部位而言，不同时期的人们会根据当时审美的不同，不断地进行合乎理想的改造。胸部造型通常是人们关注的焦点，它在女性服装外轮廓造型上起着很重要的作用。例如20世纪20年代，女性们开始走出闺房，参与到社会工作生活之中，她们希望与男性具有同样的社会地位。因而，有意遮盖女性的性征，平胸、松腰、束臀的男性化外观是理想外形特征。20世纪50年代，女性的曲线美得到了广泛的赞美，胸部得到了强化；60年代，年轻化风格盛行时，人们又希望淡化胸部；到了80年代，健康胸部是活力的化身，人们又希望胸部丰满圆润；90年代，修长、凹凸的外形又是人们的梦想，玲珑、挺拔的胸部大受欢迎。人们总是根据自己的审美，通过服装和身体，塑造着理想的外形轮廓。

2. 社会文化背景的变化对成衣廓型的影响

成衣廓型元素是区别和描述服装的一个重要特征，不同的廓型体现出不同的服装造型风格。纵观中外服装发展史，服装的发展变化就是以廓型的特征变化来描述的。成衣廓型的变化是服装演变的最明显特征。成衣廓型以简洁、直观、明确的形象特征反映着成衣造型的特点，同时也是流行时尚的缩影，其变化蕴含着深厚的社会内容，直接反映了不同历史时期的服装风貌。服装款式的流行与预测也是从服装的廓型开始，服装设计师往往从成衣廓型的更迭变化中，分析出服装发展演变的规律，从而更好地进行预测和把握流行趋势。廓型元素虽然在不同历史时期、不同社会文化背景下呈现出多种形态，但探寻其内在规律仍有迹可循。

3. 功能对成衣廓型的影响

美国建筑大师路易斯·萨里温说："功能决定形态。"这句话几乎概括了20世纪工业造型设计的理念。功能的设计在造型设计中占有不可忽视的地位，它对成衣设计同样适用。廓型的每一次变化，都是功能在比例上的调整。不同时期、不同环境、不同社会状况，使成衣功能的侧重点有所不同，因而廓型与美感也各不相同。所以，人们总是以成衣的功能为根本创造外轮廓的美感。只有准确把握人体运动规律，理解、掌握人体结构和不同着装需求，才能创造出优美、合理、具有时代感的成衣廓型。

（三）成衣廓型的分类

成衣造型设计中，每一种廓型都有各自的造型特征和性格倾向。廓型可以是一种字母或几何形，也可以是多个字母或几何形的搭配组合。

1. 以字母命名

以字母命名是一种常见的分类方法，例如A型、V型、H型、O型、Y型、T型、X型、S型等，它以英文大写字母作为名称，形象生动（如图6-20）。

2. 以几何造型命名

以几何造型命名的分类整体感强，造型分明，例如长方型、正方型、圆型、椭圆型、梯型、三角型、漏斗型等。

3. 以具体事物命名

以具体事物命名分类容易记住，易于辨别，例如气球型、钟型、喇叭型、酒瓶型、帐篷型、棒槌型、圆桶型、花瓶型、郁金花型等。

4. 以专业术语命名

以专业术语命名主要有公主线造型、直身造型、细长造型、自然造型等。

（四）关键部位对成衣廓型的影响

人体是成衣的主体，造型变化是以人体为基准的，廓型的变化离不开人体支撑服装的几个关键部位：肩、腰、臀以及服装的摆部。成衣廓型的变化也主要是对这几个部位的强调或掩盖，因其强调或掩盖的程度不同，形成了各种不同的廓型。成衣的廓型是需要设计的，通过对肩、腰、臀和下摆等部位的处理，可以变化出各种廓型，从而决定和影响服装的风格，这也是为什么廓型可以成为设计焦点的主要原因。

1. 肩部廓型

在廓型设计中，肩部的宽窄对服装具有较大的影响，它直接决定了服装廓型顶部的宽度和形状。20世纪30年代曾经有过平直的肩部构造，而乔治·阿玛尼夸大肩部廓型的宽肩设计则是对女性服装廓型的一大突破。

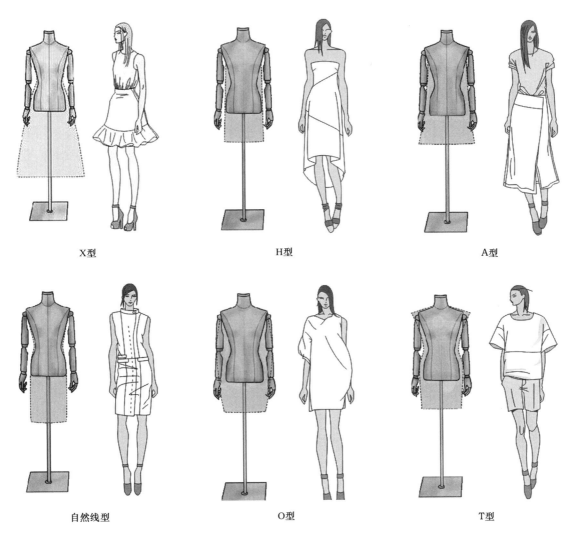

X型　　　　　　　　　　　　H型　　　　　　　　　　　　A型

自然线型　　　　　　　　　　O型　　　　　　　　　　　　T型

图6-20　成衣设计中常见的廓型

2. 腰部廓型

腰部的造型在整个服装中有着举足轻重的地位，廓型设计的腰部变化极为丰富，根据位置的高低可把腰部的形态变化分为高腰、中腰和低腰设计。高腰设计使人修长柔美，如帝政风格的设计；低腰设计则给人以轻松随意的感觉；收腰设计强调腰部的柔美，迪奥"新风貌"推出的X造型或者说8字造型就是典型的束腰设计。

3. 臀部廓型

在服装廓型中，臀围线扮演着重要的角色，它具有自然、夸张等不同形式的变化。20世纪80年代的后巴洛克风格以及21世纪的气球裙都是对女性臀部曲线的夸张。

4. 下摆廓型

下摆线即服装的底边线，它是服装廓型长度变化的关键参数，也决定了廓型底部的宽度和造型，是服装外形变化最敏锐的部位之一。下摆的长度变化是时代的反映，在很大程度上决定了服装流行与否。下摆形态的变化很丰富，通常有直线形、曲线形、圆形、对称形和平行形等。不同的下摆会给服装带来不同的风格变化。

（五）成衣的结构与设计

成衣结构与设计是研究成衣结构内涵和各部位相互关系，兼顾装饰与功能性设计、分解与构成的规律及方法。进行成衣结构设计需要了解人体的静态结构与服装相关部位的关系，了解人体动态结构与成衣放松度的关系；了解材料与服装制图的关系；同时还要能够了解人体相关部位与服装部件的对应关系；了解省的来源、省的作用以及剪切线（分割线）的变化与作用、褶的设计与运用等，还要掌握人体测量方法；放松度的设计；掌握省位转移变化规律与方法；掌握服装部件分类；衣片分割；袖子分类变化；领子分类变化；裤子、裙子分类变化理论与方法。以下面三种具体结构形式进行案例分析。

1. 省

省是成衣服装制作中对余量部分的一种处理方法，省的产生源自于将二维的布料置于三维的人体上，由于人体的凹凸起伏、围度的落差比、宽松度的大小以及适体程度的高低，决定了面料在人体的许多部位呈现出松散状态，将这些松散量以一种集约式的形式处理便形成了省的概念，省的产生使成衣造型由传统的平面造型走向了真正意义上的立体造型。服装上应用的省道有多种类型，不同类型的省道有着不同的外观立体形态，一般会应用在不同的位置上。省道的分类方法有以下两种。

第一种：按省道的形态分类命名：

（1）钉子省：省形类似钉子形状，省上部较平行，下部成尖形。这种省道常用于表达肩部和胸部等复杂形态的曲面，如肩省、袖肘省等。

（2）锥形省：省形类似于锥形，是从衣片边缘向内收进的长三角形状。常用于制作圆锥形曲面，如腰省、腋下省、袖肘省等。

（3）橄榄省：省道两端尖、中间宽，因其形似橄榄而得名，也称菱形省。这种省通常应用在人体的凹凸相互转换的部位，如上装或连衣裙的腰省。

（4）形省：这种省道的形态不是常见的直线形态，而是弧形，省道从上部至下部均匀变小，这是一种装饰性与功能性兼备的省道，常用在极度合体的服装设计中，如文胸等内衣类。

（5）开花省：一端为尖形，另一端为非固定形，或两端都是非固定的平头省道称为开花省，是一种装饰性与功能性兼备的省道。

第二种：按省道所在的服装部位分类命名

（1）肩省：肩省的底端在肩缝部位，常设计成钉子形。前衣身设计肩省是为了服装能吻合胸部突起的立体形态，后衣身设计肩省是为了服装能吻合肩胛骨突起的立体形态。

（2）领省：领省的底端在领口部位，常设计成上大下小均匀变化的锥形省。其作用是使服装能吻合胸部和背部隆起的形态。领省常用在衣领与衣身相连的结构，即通常说的连省领的结构设计中，此时领省代替肩省突出胸部的立体形态。领省较其他省道更具有隐蔽的特点。

（3）袖窿省：袖窿省底端在袖窿部位，常设计成锥形。前衣身袖窿省是为了体现胸部的凸出而设计的，后衣身袖窿省是为了体现背部形态而设计。前、后衣片的袖窿省常以连省成缝的形式出现，如常见的袖窿公主线分割就是袖窿省和腰省联合在一起变成分割线的典型例子。

（4）侧缝省：侧缝省又被称为腋下省、肋省，省底端在服装的侧缝线上，一般只设在前衣身上，是为了吻合胸部的立体形态而设的，省道常设计成锥形。

（5）腰省：腰省的底端在腰节部位。下装，腰省常设计成锥形，上衣和连衣裙的腰省常设计成锥形和橄榄形。

（6）门襟省：门襟省的底端位于门襟部位，其形状设计成锥形。门襟部位以省道形式出现的情形并不多见，而多以碎褶的形式出现。

（7）肚省：位于前衣身腹部的省。使衣片制作出适合人体腹部的饱满状态，常用于凸肚体型的服装制作。一般与大袋口巧妙配合使省道处于隐蔽状态。

☜小贴士

　　省道可以根据人体曲面的需要，围绕省尖点进行多方位设计。设计省时其形式可以是单个而集中的，也可以是多个而分散的；可以是直线形、折线形，也可以是曲线形。单个而集中的省道由于缝去量大，容易形成尖点，不仅外观造型生硬，且与人体的实际结构也不相符。多方位的省道相当于省道的分解使用，多方位省道的缝去量小，省尖处较为平缓，成形的效果较单个集中使用的省道要丰满、圆润，但由于需要缝制多个省道而影响缝制效率。在实际应用中，设计省道时应综合考虑各种因素，既要使外观造型美观，又要不影响缝制效率，同时还要考虑面料的特性。

　　省道形态的选择主要视衣片与人体的贴合程度而定，不能将所有省道的两边都机械地缝成两道直线形缝迹，而必须根据人体的体型特征将其缝成略带弧形或有宽窄变化的省道。根据人体不同的曲面形态和贴合程度可选择相应的省道（图6-21）。从理论上讲，不同部位的省道能起到同样的合体效果，而实际上不同部位的省道除了会产生不同的服装视觉效果之外，还会对服装外观造型产生细微的影响。同样的省道应用在不同的体型和不同的面料上，也会有不同的效果。例如，肩省更适合用于胸部较大的体型，而胸省和侧缝省更适用于胸部较为扁平的体型；肩关节、肘关节和膝关节是人体活动时最易受服装束缚的部位，因此，可通过在这些部位对服装进行分割并放入一定的省量，使其能满足人体活动的需要，提高这些部位活动时的舒适度。

图6-21　省道线设计

2. 分割线

结构设计是实现成衣设计思想的根本，也是从立体到平面、从平面到立体转变的关键，可称之为设计的再创造或再设计。而分割线是成衣设计中一种造型形式，在成衣设计中我们可以运用分割线的形态、位置和数量的不同组合，形成服装的不同造型。伴随着分割线的构成和工艺处理的不同，它在成衣中始终表现出迥然不同的装饰风格，丰富多彩的审美情趣和艺术韵律。现代成衣中的分割线设计常用于满足三方面的需要：第一，使服装合体塑身，这种设计必须以人体体型结构特征为设计依据，分割线原则上要通过人体的凸点或凸起区域；第二，考虑款式需要，以装饰功能为主，设计时以款式特征为设计依据；第三，综合性分割，即分割线在注重功能性设计的同时考虑装饰的要求。成衣设计中的分割线种类繁多、位置各异，但并不能随意分割，而应充分考虑人体、面料、服装廓型等因素，以免形式失衡、线条混乱。分割线在成衣设计中的应用原则如下。

（1）深入了解人体活动特征。服装结构设计必须以人体为前提，当你不假思索地画出一条分割线时，必须想到分割线经过部位的人体结构状态是否适合分割，所以必须先了解人体结构，尤其是颈部与衣领的关系、躯干各部位与衣身的关系、上肢与衣袖的关系、下肢与裤、裙的关系等。

（2）全面掌握面料质地性能。服装材料是构成服装的物质基础，不同的材料性能千差万别，在进行分割线设计时，要根据服装材料的特性，采用不同的分割处理方法。例如，丝织物等柔软面料，由于面料，织物结构较松散，分割设计不应过于复杂，否则不利于造型的形成；牛仔布等挺括面料质感挺实，易于造型，设计中可以进行比较复杂的分割。总之，在进行分割设计时应把握材料的特性，使分割线与面料之间达到和谐、统一。

图6-22　分割线设计

（3）充分体现人体的曲线美。我们在进行服装分割时要考虑到人体与审美因素，使分割线能更好地呈现出身体的凹凸曲线，例如，上衣中的公主线（图6-22），其起始点不管是肩部或是袖窿，都是为了顺应人体胸部凸起、腰部凹陷、臀部凸起的自然体态，达到充分体现出女性曲线美的目的。

（4）完整展现服装的装饰美，装饰性的分割线必须符合人体审美标准，在服装分割线设计中，如果廓型是圆润饱满的，那么分割线的形态也应该是流畅舒展的，如果廓型是简练刚毅的，而分割线的形态优美妩媚，就会使人感到不协调。分割线在服装造型中应以人体活动、面料质地、人体体态、服装美感等为设计准则和依据，合理布局，才能充分发挥分割线在服装设计中的作用。

3. 褶裥

褶裥是服装构成的元素，它赋予成衣丰富的造型变化，对成衣的款式造型变化起到一定的作用。设计时既要以人体为依据，适应人体体型，又要在外观上符合人的审美。在进行具体设计时，可以从褶量的大小、形状、方向、位置、数量几个方面考虑。既可以同一种褶重复、交叉使用，给人视觉上强调、加强的效果，也可以多种褶相互搭配，组合使用，丰富造型需求。褶裥在广义上可以分为单纯的装饰褶裥、功能褶裥及两者兼备的褶裥（图6-23）。装饰褶对服装款式造型有突出、强调的效果，装饰性强大，能够有效地为设计师表达所要传达的灵感信息。功能褶在很大程度上满足设计师对款式设计造型过程中出现的与人体活动及本质特征相悖的情况下的一个中和作用。

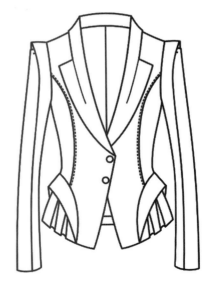

图6-23　褶裥设计

（六）成衣的细节设计

在成衣产品投放市场后，竞争是非常激烈的。成衣产品细节设计也是消费者关注的目标，细节设计是服装品牌、产品、服务、创新、环保等不可或缺的因素。对服装品牌、成衣产品等诸多因素进行细节再设计，是在日趋激烈的国际竞争中提高民族品牌的国际形象，提升服装产品竞争力的利器，是打造"Design In China"品牌特征的必由之路。创新是一个民族的希望，成衣产品自主创新是一个企业的生命力，在产品生命周期的成熟阶段，进行成衣细节设计的自主创新是增强产品竞争力，打造"Design In China"品牌形象的有效手段。细节设计是产品的点睛之笔、精彩的卖点。许多以人为本、有竞争力的成衣产品都是在设计细微处体现创新，例如结构巧妙、用材讲究、工艺精湛、外形美观、功能创新、理念环保、色彩时尚等，好的品牌成衣设计更是离不开对上述资源的重点整合与创新。正如尹定邦教授所讲："一个产品要创新，不可能对每个环节都创新。找出重点，突破重点，便可实现整体细节的创新。"

☞ 小贴士

好的细节设计可以提升成衣产品的竞争力，提高服装品牌的附加值，起到事半功倍的效果，因此我们在对成衣设计的创新中，更应关注重点细节设计的突破。

三、学习拓展
☞ 小案例

童装细节设计真实案例

"最走心的细节设计"成为VIV & LUL童装产品研发过程中的设计口号。借助校企双方深度合作平台，学校服装专业教师团队和企业设计项目组首先根据设计目标，分别提供各自的设计创意方案并制作成衣。其次，每季首批展示样衣都严格通过东北、华东、华南等主要销售城市的代理商、大区经理及店长打分考核，再进行第二次展示样的调整与修订。第三步，开设每年两次童装产品订货会，产品接受全国所有销售成员下单订货。第四步，商品部精心积累大货生产个案，打造成唯路易专用童装品牌设计词典。每一步产品"走心细节创意点"设计都会从各种时尚和经典历史中获得更多的灵感，在可以承受的价格范围内更时髦，更多的精致细节来时尚化整个产品系列，给予产品更多感人之处，使之区别于其他服务于风格的元素（图6-24～图6-26）。尤其是品牌每季的代表性产品，主打创意精髓是选用产品树立认可度，产品回应顾客

L314437　　L314438　　L314439　　L314440

L314441　　L314442　　L314443　　L314444

L314445　　L314446　　L314447　　L314448

图6-24　唯路易2014秋冬女童设计时尚系列款一
（资料来源：上海赛晖服饰有限公司设计部）

L414501　　L414502　　L414503　　L414504

L414505　　L414506　　L414507　　L414508

L414509　　L414510　　L414511　　L414512

图6-25　唯路易2014秋冬女童设计时尚系列款二
（资料来源：上海赛晖服饰有限公司设计部）

图6-26 唯路易2014秋冬女童设计时尚系列款三
（资料来源：上海赛晖服饰有限公司设计部）

的需求和期望，展示品牌的个性，同时也表现出季节性的时尚趋势来做文章。

细节设计之所以成为品牌设计部的焦点，是因为细节创意点俨然成为童装企业品牌高附加值的来源。创意就成为品牌市场竞争的焦点之一，而细节确定的过程则是将创意集中化、具象化的过程，因此这个环节显得格外重要。鲜明的主题为设计师团队指出了明确的设计方向，为整个设计过程理清了思路。唯路易童装品牌在2012年秋冬季女童主题中推出"爱心"细节系列，并成功创作出红色爱心斗篷经典款，在设计开发工作结束之后，"爱心"图案细节还为市场销售奠定了良好的推广基础（图6-27）。在订货会、专卖店、推广海报和杂志上，独特而精彩的主题形象如价值百万的广告语一样宝贵，深受消费者喜欢，连续3年成为该品牌女童榜上销售冠军款（2012~2014年秋冬系列）。

四、检查与评价

1. 实操题

（1）任务一：任意选择一款常用成衣外轮廓，进行内部变化拓展设计10款（正背面款式图），重视成衣内部细节的设计表现，强调内部款式结构创意设计，从而弱化外部轮廓造型。

提示：可借用成衣内部结构分割线、省道、褶，辅助的花边、蕾丝，面料的各种褶皱以及立体裁剪方法在结构设计上的充分体现。

（2）任务二：根据既定主题（图6-28），选定符合主题的廓型与款式，手绘系列女性

图6-27 唯路易2011秋冬女童"爱心"系列主题设计经典款
（资料来源：上海赛晖服饰有限公司品牌设计部）

图6-28 流行趋势系列主题板图
（资料来源：蝶讯网）

休闲装5款（彩色正、背面款式图）。深入了解主题板意境，分析成衣廓型与服装款式设计的相互关系及它们之间的变化规律，借助成衣外部廓型与内部款式设计的结合，表现此主题的内涵和风格特征。

提示：在设计作品时，要采用多种不同廓型的组合，成衣设计发展到今天，单一的廓型设计已无法展现流行，只有多种形式的廓型同时并存，才能共同演绎今天的流行时尚。探其原因，是因为当今的设计理念注重多种流行元素和灵感元素的并存，崇尚注重自我的个性化特征。

任务总要求：

（1）正确领会题意，设计作品时灵活运用。

（2）款式局部细节设计可放大处理绘制，并根据设计思路，适当添加文字辅以说明。

（3）绘制于A4复印纸中，注意排版及形式美感。

（4）小组讨论探究（四人一组），根据自己实际学习情况，单独完成任务一或任务二。

2. **思考题**

（1）根据自己的理解，浅谈成衣造型设计的两大重要组成部分——廓型与款式设计两者之间的关系（可利用案例设计稿具体阐述内涵关系）。

（2）当今女装或男装设计中的廓型与款式的个性特征有哪些？

3. **评价表**

本单元学习中各知识点的指标评价见表6-4。

表6-4　学习任务评价

序号	具体指标	分值	自评	小组互评	教师评价	小计
1	流行主题板运用的表现性	2				
2	廓型与款式的匹配	2				
3	形式美法则的艺术性	2				
4	设计流程的规范性	2				
5	独立完成任务	2				
	合计	10				

学习任务四　材料元素的设计

一、任务书

根据某女装时尚品牌新一季大型静态时装艺术展主题要求，结合设计总监提供的流行资讯提案——自然神话魅力（图6-29），从中分析下一季流行预测元素，包括流行色系列、流行面料、流行款式系列等，并理清本组女装系列时装设计要求任务、品牌定位、静态展氛围等，制订本组女装系列选用面料提案规划。具体要求如下：

（1）题目大型静态时装艺术展主题——自然神话魅力。

（2）通常每季一个具体系列服装要确定2～3品种的面料，这样才能保证在选用其他不同面料以及配套设计的产品有整体性、协调性。

（3）进行面料二次设计，尝试开发本组有新意的面料。结合品牌设计的审美原则对现有的材料进行改造、重组，在多元复合或者单元并置的方法中选出最佳方案，从而达到材料创新的目的。

（4）找出两个以上有面料流行资讯的网站，并从这些网站中摘录一些有用的案例信息。

自然神话魅力主题反映了返璞归真，借助儿童文学作品中形象的逃避主义和梦想蓝图中的"善与恶"的幻象。古老神话中的女神形象再次出现在当今社会。面料强调线条和悬垂

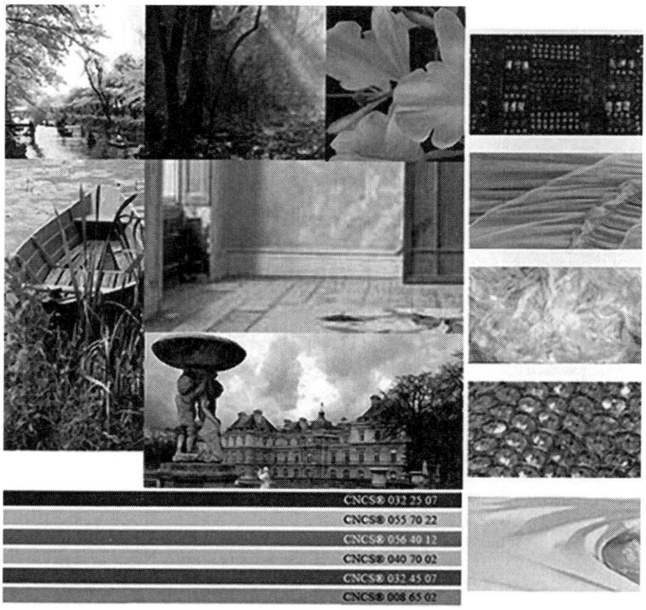

图6-29　"自然神话魅力"主题面料及色彩趋势板
（资料来源：蝶讯网）

感。铠甲的灵感设计象征着古老生活方式的再现，并抓住了未来乐观主义精神。新鲜的自然色彩反映出在一个生态和谐的愿景中走向美好的户外生活。

（一）能力目标

（1）巩固和加深对服装设计基本知识的理解，运用所学知识进行成衣面料二次开发设计。

（2）能独立钻研有关成衣材料与造型、色彩等结合点，训练自己的创造思维和设计构思，逐步形成个人的设计风格。

（3）能根据作品的主题内涵或灵感来源，能较熟练地选择运用服装面料。

（二）知识目标

（1）知晓单元工作任务中心。

（2）熟悉成衣材料的分类方式及用途。

（3）熟悉主题板中材料设计元素的提炼和重组过程。

二、知识链接

成衣材料元素的设计包括：成衣面料性能识别；成衣面料的造型风格；成衣面料的设计方法；成衣的材料与设计（图6-30）。

【特别提示】人类服装演变的历史也正是服装材料发展的历史。翻开人类历史，每一次新材料的发现和应用，无不体现各个时代的文明进程和科技进步，同时也为人类服装增加了新的内涵和艺术魅力。服装材料质感的丰富多样，如何准确地利用各种材料的厚、薄、轻、硬、细、有光、无光等质感特性，结合整体服装要求，合理、和谐地搭配，充分展现各种质地面料的魅力。因此服装材料的开发和创新变得越来越重要，当服装设计以材料为构思的创

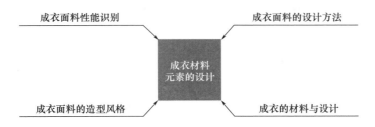

图6-30 成衣材料元素的设计思维导图

作源时，服装面料的再设计无疑又为服装设计增加了新的亮点，实现通过材料来表现其设计特色的时代。

（一）成衣面料性能识别

1. 按织造方法分类的成衣面料

（1）机织面料。机织面料是将纱线通过经、纬向的交错而组成，纱线纵向来回称为经纱，纱线横向来回称为纬纱。机织面料组织一般有平纹、斜纹和缎纹三原组织以及它们的变化组织。

①平纹面料。平纹组织是经纱和纬纱一上一下相间交织而成的组织，用平纹组织织成的面料叫平纹面料。平纹组织是所有织物组织中最简单的一种，正反面外观效果相同。常见的平纹面料有法兰绒（图6-31）、麻布、双绉纱、人棉布等。

图6-31 法兰绒面料

②斜纹面料。斜纹组织是经线和纬线的交织点在织物表面呈现一定角度的斜纹线的结构形式，用斜纹组织及其变化组织织成的面料叫斜纹面料。斜纹面料特殊的布面组织令斜纹的立体感强烈，斜纹面料细密且厚，光泽较好，手感柔软。常见的斜纹面料有华达呢、卡其布、美丽绸等（图6-32）。

③缎纹面料。缎纹组织是三原组织中较为复杂的一种。其组织点间距较远，独立且互不连续，并按照一定的顺序排列。缎纹织物的浮长线较长，坚牢度较差，但质地柔软，绸面光滑、光泽度好。常见的缎纹面料有软缎、贡缎、织锦缎等（图6-33）。

图6-32 美丽绸面料

（2）针织面料。针织面料是由线圈相互穿套连接而成的织物，是织物的一大品种。针织面料具有较好的弹性，吸湿透气，舒适保暖，是服装使用较广泛的面料。

①经编针织面料。经编针织面料常以涤纶、锦纶、维纶、丙纶等合成纤维长丝为原料，也有用棉、毛、丝、麻、化纤及其混纺纱做原料织制的（图6-34）。

图6-33 软缎面料

②纬编针织面料。纬编针织面料常以低弹涤纶丝或异型涤纶丝、锦纶丝、棉纱、毛纱等为原料，采用平针组织、变化平针组织、罗纹平针组织、双罗纹平针组织、提花组织、毛圈

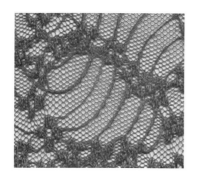

图6-34 蕾丝面料

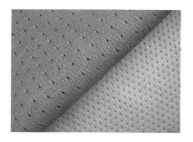

图6-35 网眼布

图6-36 平绒布

图6-37 亚麻布

组织等在各种纬编机上编织而成。常见的纬编针织面料有珠地布、汗布、毛巾布、罗纹布、网眼布等（图6-35）。

（3）网扣花边类面料。网扣花边类面料其实是一种典型的经编针织面料，因其特殊性而将其单独列为一类。网扣是以网形面料为基础进行编结绣花成型的工业品，属抽纱的一种。花边面料是针织提花机器织出或手工编织的一种布料。网扣花边面料有手工和机械之分，而且有化纤、真丝、棉纤维等不同质地。

2. **按原料分类的成衣面料**

（1）棉织物。棉织物又叫棉布，是指以棉纤维做原料的布料。

①特性。

棉织物具有吸水性强、耐磨耐洗、柔软舒适，冬季穿着保暖性好，夏季穿着透气干爽。但缺点是弹性较差，缩水率较大，易起皱。

②种类与特点。棉织物包括平纹织物、斜纹织物、绒类织物和绉类织物。

平纹织物包括细平布、府绸、细纺布等，具有表面平整光洁，质地紧密，细腻平滑。

斜纹织物包括斜纹布、劳动布、牛津布、卡其、华达呢等。

绒类织物包括天鹅绒、平绒（图6-36）、桃皮绒、条状起绒的灯芯绒织物等。

绉类织物包括表面呈泡泡状起皱的泡泡纱或起皱类的绉布、轧纹布等。

（2）麻织物。麻织物面料是由麻织物纤维织制而成的面料，主要原料为亚麻和苎麻。

①特性。

麻织物具有吸水、抗皱、稍带光泽、感觉凉爽、挺括、耐久易洗的优点，麻织物质地优美，风格含蓄，色彩一般比较浅淡。但缺点是柔软性较差、容易起皱，有褪色现象，且其吸湿性比棉略差，缺乏弹性，弹性恢复能力差，经水洗后会产生收缩。

②种类与特点。麻织物包括亚麻织物和苎麻织物。

亚麻织物包括夏布、亚麻细布（图6-37）、罗布麻、纯麻针织面料、亚麻薄花呢等。亚麻织物布面光洁匀净、质地细密坚牢、外观挺爽。

苎麻织物包括纯苎麻网格布、苎麻棉混纺织物等。

（3）毛织物。毛织物是由动物纤维纺织而成。主要原料有绵羊毛、马海毛、山羊绒、兔毛、骆驼绒、羊驼绒、牦牛毛等。

①特性。

毛织物具有良好的保温性和伸缩性，吸湿性好、不易散热，不易起皱，有良好的保形性，手感丰满，光泽自然，色彩一般比较深暗、含蓄、庄重、大方。

但缺点是羊毛织物易缩水，易被虫蛀。

②种类与特点。毛织物包括粗纺毛织物和精纺毛织物。

粗纺毛织物的经纬毛纱是用较短的羊毛为原料制成的粗梳毛纱。织物表面毛绒，丰满厚实，保暖性好。品种有麦尔登呢、海军呢、大衣呢、顺毛大衣呢、粗纺花呢（图6-38）、羊绒、驼绒等，可用于制作大衣和外套。

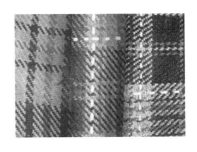

图6-38 粗纺花呢面料

精纺毛织物是以长纤维为原料经精梳纺成。精纺毛织物挺爽，表面光滑，具有挺括、吸汗和良好的透气性，轻盈而结构细密，回弹力好且经久耐用。主要品种有哔叽呢、啥味呢、女士呢、麦士林、直贡呢、礼服呢等。

（4）丝织物。丝织物是指以蚕丝为原料织成的面料，包括桑蚕丝织物与柞蚕丝织物两种。

①特性。柞蚕丝织物色泽黯淡，外观比较粗糙，手感柔软但不滑爽，坚牢耐用；桑蚕丝细腻光滑富有光泽，穿着舒适，高雅华贵。丝织品与皮肤之间有着良好的触感，吸湿透气、轻盈滑爽、弹性好，特别适合做贴身服装。但丝织物的抗皱能力差，耐光性差，不可长时间曝晒，对碱反应敏感。

②种类与特点。丝织物包括绉纱类织物、绸类织物和缎类织物。

绉纱类织物包括双绉、电力纺、乔其纱等。绉类织物布面呈柔和波纹状绉效果，柔软而滑爽；纱类织物轻而柔软，布面平爽、透气、轻薄。

绸类织物包括纺绸（图6-39）、塔夫绸、山东绸、斜纹绸等。绸类织物一般质地紧密，光泽柔和自然。

缎类织物包括经纬缎、织锦缎、罗缎、软缎等。缎类织物手感光滑柔软，质地坚密厚实。

图6-39 纺绸面料

（5）化学纤维织物。化纤织物是指采用天然或人工合成的高聚物为原料，经过化学处理和机械加工制成纺织纤维，然后再加工成面料。化纤织物分为再生纤维织物和合成纤维织物。

①特性。化学纤维织物的特性由织成它的化学纤维本身的特性决定。

②种类与特点。化学纤维织物包括黏胶纤维织物、腈纶织物、变性腈纶织物及锦纶织物。

图6-40 割圈绒面料

黏胶纤维织物可以制成人造丝、人造棉以及人造毛织物。

腈纶织物。腈纶有合成羊毛之称，可以制成仿毛织物或羊毛混纺织物等（图6-40）。手感柔软有弹性，保暖性、耐光性、耐药品性好，易洗易干，防虫蛀，宜于制作户外服装。

变性腈纶织物的特点是具有弹性、柔软、耐磨、抗皱、抗燃、易干、耐酸碱，保形性好。

锦纶织物的特点是强度大、柔软、耐磨、光泽度好、易洗、抗油且富有弹性，但吸湿性较差。

（6）皮草及皮革面料。皮草又称毛皮，皮草及皮革都有天然与人造之分。皮草服装适合低温干洗，宜用专业羊毛护理梳梳理毛面，使用一段时间后，可以通过抖动或轻拍毛面，使产品恢复毛面的弹性。

①特性。天然皮草外表美观，穿着大方、华丽高贵、舒适温暖。人造皮草保暖，外观美丽、丰满，手感柔软、绒毛蓬松、弹性好，质地轻、耐磨、抗菌防虫、易保藏、可水洗，但防风性差，掉毛率高。

②种类与特点。皮草及皮革面料的种类较多，不同的种类适用于不同的服装及服饰制作。

图6-41 羊皮

天然小毛细皮类皮草主要包括紫貂皮、水貂皮、水獭皮、黄鼬皮、灰鼠皮、扫雪貂皮等。

天然大毛细皮类皮草主要包括狐皮、貉子皮、猞猁皮、獾皮、狸子皮等。

天然粗皮草类皮草有羊皮（图6-41）、狗皮、狼皮、豹皮、旱獭皮等。

天然杂皮草类皮草中，比较常见的有兔皮等，适合做服装配饰。

人造皮草是通过多种类型的化学纤维混合而成的，具有动物皮草的外观，幅面较大，可以染成各种明亮的色彩。

牛皮革的结构特点是真皮组织中的纤维束相互垂直交错或略倾斜成网状交错，坚实致密，耐磨耐折。

猪皮革的结构特点是真皮组织比较粗糙，且又不规则，毛根深且穿过皮层至脂肪层。

山羊皮革的皮身较薄，真皮层的纤维皮质较细，在表面平行排列较多，组织较紧密。

绵羊皮革的特点是表皮薄，革内纤维束交织紧密，成品革手感滑润，延伸性和弹性较好，但强度稍差。

人造皮革可以根据不同强度、耐磨度、耐寒度和色彩、光泽、花纹图案等要求加工制成，可塑性强。

（7）混纺面料。混纺面料是将天然纤维棉、麻、丝、毛或化学纤维按照一定的比例混合纺织而成的面料，可用来制作各种服装。

（二）成衣面料的造型风格

材料质感不同，所呈现出来的造型风格也不一样。材料质感是由于材料的物理性能和化学性能等本质属性所显示的一种表面效果。服装材料的质地则是由于其纤维的原料、构造以及生产方式之差异所形成的不同效果。

1. 光泽型面料

光泽型面料指表面有光泽的面料，由于光线有反射作用，所以光泽面料的光感会随受光面的转移和环境的因素而变化，光泽型面料一般包括丝绸、锦缎、人造丝、皮革、漆皮面料、涂层面料等。

2. 无光泽面料

无光泽面料多为表面凹凸粗糙的吸光布料，由于反射光线被吸收，于是形成无光泽的表面效果。

3. 平整型面料

平整型面料表面缺少变化，比较平整，感觉庄重大气，特别适合简洁大方、强调线条的服装造型设计。

4. 立体感面料

立体感面料是指表面具有明显肌理效果或本身具有一定厚度的面料（图6-42）。

5. 弹性面料

弹性面料主要是指针织面料，还包括由尼龙、莱卡等纤维织成的织物，或者由棉、麻、丝、毛等纤维与尼龙、氨纶混纺织成的织物。

图6-42 立体感面料

6. 厚重硬挺面料

厚重的面料质地厚实，有一定的体积感，根据其使用原料和外观效果不同，造型风格也有不同表现。

7. 轻薄柔软型面料

轻薄柔软型面料主要包括织物结构疏散的针织面料和丝绸面料以及软薄的麻纱面料、棉织物和化纤织物等。

小贴士

服装设计师在追求材料美的过程中，必须了解成衣材料的强韧度、伸缩性、光泽性、防皱性、温暖性、厚重性等特性，并根据不同质感的材料创造出与之相适应的造型设计与加工工艺，只有这样，才能使设计理念得到最充分的诠释。

（三）成衣面料的设计方法

1. 连接

连接是纺织材料常用的再设计手法。连接法可分为缝接和粘贴（图6-43）。

2. 剪贴

剪贴是用剪刀在纺织面料某部位剪出所需要的造型或者剪开再通过缝补和补缀做出造型的方法。剪贴包括剪缝、补缀、剪切等（图6-44）。

图6-43 连接

图6-44 剪贴

3. 搓合

搓合是线性材料常用的设计方法，搓合多数是以两只手捻搓成型，有时也会用纺锤之类的工具将较粗的线材搓成型或编成型（图6-45）。

4. 镂空

镂空包括镂花、镂孔、镂空盘线、镂格等（图6-46）。

图6-45 搓合

图6-46 镂空

5. 缀饰

缀饰就是在服装上加缀某些造型的设计（图6-47）。

6. 褶裥

褶裥是通过对面料曲折变化带来微妙的动感和立体量感的装饰效果，褶裥的工艺手法包括抽皱、压褶、捏褶、捻转、波浪花边、堆叠、层叠等（图6-48）。

图6-47　缀饰

图6-48　褶裥

7. 抽纱

抽纱是指抽去面料的经纱或纬纱，面料的经纬纱有时是同色，有时是异色，抽纱后的面料会具有虚实相间或色彩相间的感觉，有时还会露出里面的皮肤色或服装色，增强了服装的层次感（图6-49）。

8. 压印

压印是指通过特殊工艺在纺织面料上压出所需要的图案和纹样，通常压下去的部位是凹下去的，没经过压印的部位是凸起的，在面料上形成很好的肌理效果（图6-50）。

图6-49　抽纱

图6-50　压印

9. 扭曲

扭曲是指利用软性面料的可塑性，使用揉、搓、拧等手法将面料进行拉伸翻转，从而使面料表面形成某种肌理效果的方法（图6-51）。

10. 染色

染色法是将面料进行手工染色，使其变成所需要的色彩的一种方法，最常见的有扎染法和蜡染法（图6-52）。

图6-51 扭曲

图6-52 染色

11. 印花

印花要根据设计的花纹图案选用相应的印花工艺（图6-53）。

12. 手绘

手绘是用画笔等工具和纺织纤维染料、合成染料等颜料在面料的表面进行绘画的一种方法（图6-54）。

图6-53 印花

图6-54 手绘

13. 喷绘

喷绘是利用喷笔或喷枪等工具，将调和好的颜料喷涂在面料表面的一种方法（图6-55）。

14. 扎结

扎结是把珠子、扣子、棉花团或腈纶棉等填充物放在较为柔软的面料上面，再在面料的正面进行系扎（图6-56）。

图6-55　喷绘

图6-56　扎结

15. 绗缝

绗缝是用长针缝制有夹层的纺织物，使里面的絮料固定，表面会形成有规律的图案或形状（图6-57）。

16. 堆叠

堆叠是将服装面料或其他材料按照设计一层层堆放叠合（图6-58）。

图6-57　绗缝

图6-58　堆叠

17. 缉线

缉线就是在面料的表面用缝纫机缝出一条条的明线迹（图6-59　缉线）。

18. 刺绣

刺绣是最传统的服装面料装饰手法。绣线的针迹和凸起的花纹使图案具有浮雕式的独特造型美。刺绣分手工刺绣和电脑刺绣（图6-60　刺绣）。

图6-59　缉线

图6-60　刺绣

19. 编结

编结主要是指用手将线性材料缠绕盘结或者用棒针、钩针将毛线、丝线、纱线等编结成型，编结的图案和花形变化非常丰富（图6-61）。

20. 打结绳

我国传统的打结绳称作布浮雕，西方人称作smocking，它是一种立体的接合构造（图6-62）。

图6-61　编结

图6-62　打结绳

21. 做旧

做旧是利用水洗、砂洗、漂洗、染色、撕刮等手段处理面料，使面料呈现出一种陈旧的感觉（图6-63）。

（四）成衣的材料与设计

1. 成衣材料与造型的关系

随着时代发展、科技进步、人类知识结构与审美意识的更新，过去强调造型选材的方法已逐渐失去昔日的光彩，取而代之的是以材料异变来开创个性化的服装设计，以更有效地表现服装造型和服装色彩的艺术魅力。材料与服装造型之间协调美感是服装设计中至关重要的环节，材料不仅是服装造型的物质基础，同时也是造型的艺术表现形式。

（1）质感和肌理突出的材料结合，可以展现材料的强烈视觉冲击力。

（2）单纯、细腻的材料则可以展现夸张多变的造型。

材料与造型若配合不当，所表现出来的视觉效果就缺乏主次和个性，无法达到形式和风格的统一，因此材料与服装的造型、色彩相互间搭配的关系，已成为贯穿现代服装设计构思过程中的主线。

图6-63　做旧

2.　成衣材料与色彩的关系

服装的色彩是通过服装材料来体现的，由于服装材料的原料内在结构和表面肌理不同，色感的差别反映到人的视觉感觉也不相同（图6-64）。

（1）从材料的质感上来说，天然真丝织物色彩纯度高、色泽鲜明；毛料织物色泽含蓄；化学纤维织物色泽鲜亮，上色较差；棉麻织物色泽一般。

（2）从材料的肌理上来说，光滑的材料色彩明艳而有丰富的反射光；粗糙的材料色彩灰暗、混浊；柔软的材料色彩淡雅；立体感材料的色彩明暗对比强烈。

随着材料的变化，即使相同色彩，其体现出来的感觉也有差异。例如，同样的黑色，在皮革上，色彩表情冷艳；在棉麻织物上，色彩表情朴素；在粗花呢上，色彩表情沉稳、厚重；在丝绸缎上，色彩表情高贵、豪华；在蕾丝纱上，色彩表情浪漫、神秘。

图6-64　材料与色彩结合

3.　成衣材料与工艺的关系

（1）服装结构制图。质地比较稀疏的面料，要加宽缝分量，以防止脱纱；有倒顺毛的面料，在服装结构制图时要在样板上注明。

（2）裁剪工艺。组织疏松、厚重型织物或弹力的服装材料，剪切出来的布边往往精密度低，并易变形。因此在制作工业样板时要考虑适当的放松度和缝份量。

（3）缝纫工艺。对面料进行缝纫试验，确定合适的针、线、针距等缝纫条件，并调节合适的缝线张力和压脚压力；缝纫线要与织物质量相匹配。

（4）熨烫定型工艺。根据面料纤维的耐热性及面料的厚度来设定熨烫温度、时间和压力。在一定的范围内，温度越高、熨烫时间越长、压力越大，面料的定型效果则越好。

4.　成衣材料与流行元素的关系

选料是服装设计很重要的一环，选择得好，搭配得当，服装的风格、意韵、情感才得以真切地表现；选择搭配得不好，非但设计构思不能准确再现，设计出来的服装还会让人感觉别扭、怪异。

5. 成衣材料与品牌风格的关系

材料艺术不仅需要材料肌理独特处理，更需要把各种元素贴切地组合搭配在一起，与服装艺术整体的和谐形成独特、完美的艺术效果。

三、学习拓展

成衣面料再造（二次开发）设计

1. 面料再造设计定义

面料再造设计即将已有的面料，利用各种手法进行二次工艺处理改变其固有外观形象的过程。

2. 面料再造设计的作用

面料二次开发设计可使服装设计作品推陈出新，使创意得到进一步发挥。通过对面料的再设计，可以使设计者加深对服装造型的理解。再造后的面料都具有变化的、生动的、立体的、多样的、复杂的特点。如果将再造材料进行服装设计时，它可用于服装的局部，起到画龙点睛的作用，也就是服装的设计点，并与款式设计相呼应，以产生美感。也可以用于整体服装，这样的服装更强调的是再造面料新颖独特的魅力，也就是说再造材料具有丰富的语言，所以款式设计应力求简洁，设计的重点在面料而不是款式。

3. 面料二次开发设计方法重点归纳

（1）加法设计：运用各种手法，将相同或不同的多种材料重合、叠加、组合形成立体、有层次、富有创意的新材料类型。

（2）减法设计：将原有材料经过抽丝、剪除、镂空、撕裂、磨损、烧、腐蚀等手法除掉部分材料或破坏局部，使其改变原来的肌理效果而达到一种新的美感。

（3）变形设计：将原来的面料经过抽褶、褶饰缝，从正面或反面捏褶的处理，用拧、挤、堆积、黏合等手法，使面料具有立体感、浮雕感的变化处理。

（4）其他设计：面料二次设计，如手绘、印染、喷绘等。

（5）综合设计：同时采用几种方法设计出的新的、富有变化的再造材料，使多样变化或构成了强烈对比的各种因素趋向缓和，在外观上呈和谐的艺术效果，但使人感到单调，缺乏生命力。因此，设计中配合对比的规则应灵活运用，使服装材料产生生动的美感。

☞ 小案例

手绘T恤设计主题活动策划案

1. 背景定位

在学校艺术节期间如能穿上一件印有自己喜欢图案的衣服该有多好！只要用色彩丰富的纺织颜料（不退色，无毒），在T恤上按照自己的意愿设计和描绘上喜欢的图案，绝对个性。赶快准备好T恤、铅笔、画板、纺织颜料，一起动手吧。在服装专业技能课的训练中，学生注重动手能力的独树一帜、标新立异、令人耳目一新，从而展示职业学校学生的实力，同时让每位亲身参与服饰绘制活动的同学通过多样化的手绘方式向校园生活传达美好信息。

2. 活动主题

活动的主题为生态风暴。

3. 主要材料的准备

（1）纺织颜料一盒，费用 15~30元。

（2）T恤一件，色彩不限，方便配色，建议以白色为好，价格一般在20~40元之间，不需要太贵重的T恤，手绘T恤体现的是创意。

（3）水彩画笔或者毛笔等绘制工具均可。

（4）8B铅笔及专用橡皮擦、小刀、夹子、硬纸板等。

4. 手绘T恤设计要领

（1）手绘T恤之所以能吸引眼球，主要是它的创意。我们先把需要写的字画在硬纸上，可以找一张挂历纸，把内容写在上面。

（2）用笔把字或者图案的轮廓确定下来。

（3）用小刀沿着图案的外沿将它掏空。注意，有些位置需要连接在一起，如"0"就不能完全挖空。具体的还需要同学们具体实践操作。

（4）把纸反过来，用双面胶沿着图案边缘将其粘满。

（5）将一块厚度适中、有硬度的纸板放进衣服内。

（6）调整纸板的位置和绘图的位置，并且用燕尾夹（其他类似东西也可以）将它们固定，尽量保持T恤不被拉伸变形，同时要求做到表面平整。放入纸板的作用是使T恤保持平整、稳定，并且可以防止颜料渗透弄脏T恤背面。

（7）将开始准备好的图案背面的胶布撕开，将它固定到T恤合适的位置，并确保平整。

（8）选择合适的颜料进行上色。大面积的涂色可以选择较大的笔，小面积涂色和刻画要选择细一点儿的笔。颜料以量少、多次描绘为好。

（9）适当晾置后，将上边的图纸慢慢撕开，待其完全晾干后即完成，也可以在干后用熨斗进行熨烫，以使其平整。

5. 手绘T恤其他的制作要领

（1）选择合适的图案，建议以单色填充的图案为主，这样可以省去调色的烦恼。

（2）对其进行上色。

（3）制作完成作品，让其天然晾干。

6. 活动时间及地点

活动时间：服装艺术社团活动日。活动地点：服装社团。

7. 活动对象

服装班全体学生。

8. 主题活动细则参考

纺织颜料可以在专业美术商店购买，特性基本跟丙烯差不多，只是颜色没有丙烯那么多。T恤选择全白容易上色的或者不穿的旧T恤。笔刷的笔毛要硬，一般的尼龙笔刷就行，硬度和柔软度都合适，如用油画刷或水粉刷，油画刷好掌握，水粉笔刷比较需要功底。笔头的大小视自己所绘图案的效果，合适就好，无名指以及小指宽度的笔用得比较多，可以备1~2支。在使用颜色的时候，要注意深色衣服上尽量不用白色+淡黄（此处深色指红色系、紫色系，黑色其实反而还好，因为其颜色比较单薄），尤其是柠檬黄，因为这两色的色气比较弱，不好覆盖。另外，尽量绘制简单抽象、色彩鲜艳的图案，因为颜料以及T恤的纤维本身的局限性，衣服上不容易抠细节，除非直接用极细油性笔或签字笔画上。

9. 课堂效果预估

（1）扩大策划图案空间，通过多样化的组合形式以及活动展示，充分发挥学生的潜在优势。

（2）静态与动态相结合。

10. 目的意义

为了更好地培养学生的动手实践能力及实现价值，通过主题活动让学生在实践中发挥自身的优势和主动性，以便在日后的工作学习中更加有信心。因此，开展这次手绘T恤活动，使同学们对自己有一个全新的了解。如图6-65所示，为学生手绘作品，除了手绘T恤，还可以用纺织颜料在废弃的衣服、帽子、鞋子、包等上面绘出富有个性的图案。

图6-65　学生课堂手绘作品

四、检查与评价

1. 实操题

（1）任务一：使用面料元素做成衣材料搭配练习。

①同一材料的不同肌理搭配；同材不同质的搭配；同材同质同色彩的搭配；同材同质不同色彩的搭配。

②不同材料和肌理的搭配：同色彩不同材料的搭配；不同材料不同色彩的搭配；不同图案纹样的组合搭配。

任务要求

以彩色款式图的形式表现；写明搭配形式；使用8开纸，需装裱。

（2）任务二：面料趋势板的制作。

图6-66　艺术版面参考形式范例图
（资料来源：中国纺织网）

制作面料趋势板的要求有以下几点：

①根据虚拟春夏面料流行趋势主题，完成四组面料趋势板制作（参考范例图6-66），分组完成（4人一组）。

②调研周边服装市场，每幅作品中的面、辅料收集不能少于10种。

③4开白硬卡纸完成，需装裱。

④根据主题要求，对采集的面料进行二次开发，注意形式美感。

⑤全班同学作品在学校内部做小型静态时装艺术面料展。

2. **思考题**

（1）成衣设计中，材料、造型、色彩的结合关系应如何处理？

（2）结合自己身边的实例，谈谈面料再造在服装设计中的应用？

学习任务五　装饰元素的设计

一、**任务书**

校园文化艺术节是职业学校教育教学活动的一个重要组成部分，是丰富学生课余文化生活，提升学生审美情趣、审美品位，对学生进行艺术教育，全面提高学生综合素质的一条重要途径。

校园文化艺术节，紧密联系学校学生的实际情况，通过丰富多彩的文艺形式，弘扬爱国主义思想，弘扬中华民族的优良传统文化，讴歌改革开放和社会主义现代化建设的伟大成就，通过校园文化艺术节活动，进一步推动素质教育，促进课堂教学，丰富课余生活，激发学生对艺术的兴趣，陶冶青年的思想情操，提高审美能力。根据学校一年一度的秋季艺术节活动精神，结合本季艺术节的主题——身体给我们打来的电话设计并制作一套服装。具体要求如下：

①以美育德、以德促美、重在参与、争创特色、倡导出新、鼓励创作。

②用自选材料使用不同的装饰手法进行创意性装饰设计，创造出风格各异的视觉效果，要求变化装饰不少于三种。

③注意服装的整体搭配。

④500字以内的文字说明。

⑤体现主题的文化精神。

⑥需交展示成品服装走秀的音乐文件。

（一）能力目标

（1）掌握成衣装饰元素的一般设计手法，运用所学知识进行成衣细节装饰设计。

（2）能根据主题需求或成衣款式要求，选用与其匹配的成衣装饰手法，并能体现服装的形式美感。

（3）能够综合运用多种装饰元素进行设计，具有较熟练的成衣设计搭配能力。

（二）知识目标

（1）知晓单元工作任务中心。

（2）熟悉成衣装饰元素的设计手法。

二、知识链接

成衣装饰元素的设计，包括成衣装饰手法和成衣装饰形式美，如图6-67所示。

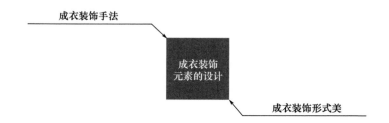

图6-67　成衣装饰元素的设计思维导图

【特别提示】装饰设计作为成衣产品开发中的重要内容，也是提升服装品牌价值的有效途径。从成衣设计的发展历程可以看到，装饰设计的成败与成衣整体价值密切相关，而产品设计的提升又与品牌的跨越紧密相连。在品牌理念的推广以及品牌价值的提升，服装装饰设计起到重要的作用，由此可见，系统地研究服装装饰设计势在必行。它通过服装的造型装饰美、分割线装饰美、图案装饰美、色彩装饰美以及配饰装饰美来表现。成衣装饰元素的运用直接影响服装的审美效果，并体现设计师的思想和服装价值。装饰元素与服装外形、服装结构一起构成服装的整体效果。因此，服装装饰美感的研究，对于美化人民生活和满足人们的审美需求具有重要的作用。按照现代的设计方法和表达手段，现代女装设计元素是指构成女装的具有一定设计属性的最小单位，包括对色彩的选择和搭配、具体的款式造型、装饰图案、材料、装饰手法等。装饰在服装的视觉效果和情趣表达上占有十分重要的地位，更是体现民族风格和地域风貌的视觉标识，因此，服装的装饰是一种表现意识和技艺上的运用。

（一）成衣装饰手法

1. 一般装饰法

（1）缉线装饰法：缉线装饰是在衣服正面的拼接缝旁边或其他部位等距车缝一道或两道甚至更多的缝线，有强调装饰的作用（图6-68）。

（2）镶拼装饰法：也称拼接法。镶拼可以是异质料镶拼、异色料镶拼、边角料镶拼或纯装饰性镶拼等（图6-69）。

图6-68　缉线装饰法

图6-69　镶拼装饰法
（资料来源：上海赛晖服饰有限公司设计部）

（3）贴布装饰法：贴布是将做好的花形图案贴到另一块底布上，再经锁针或插缝针而固定。贴布装饰法包括补花和贴花两种方法，这两种装饰方法都是将面料剪成图案形象附在服装上（图6-70）。

（4）褶装饰法：褶装饰是通过对面料进行抽皱、压皱、捏皱等工艺手法产生微妙的动感和立体感的装饰效果（图6-71）。

（5）造花装饰法：是指用各种材料制作具有立体感的装饰性人造花或蝴蝶结（图6-72）。

（6）编结装饰法：编结的方法有很多种，最常见的是指用棒针、钩针和纱线编结装饰图案和花边（图6-73）。

2. 传统装饰工艺法

装饰工艺设计在成衣设计中至关重要。成衣上缝缀恰如其分的装饰，能丰富造型，获得锦上添花的功效。不同的工艺手段，具有不同的魅力与装饰效果。成衣的装饰工艺总体上分为两种类型：一是结构装饰，指不使用附加物而利用服装本身的结构进行变化的装饰，平面装饰工艺多表现为此类。二是附加性装饰，指直接用带有装饰性的物品附加在成衣上进行装

图6-70　贴布装饰法

图6-71　褶装饰法

图6-72　造花装饰法

图6-73　编结装饰法

饰，立体装饰工艺多表现为此类。

（1）平面装饰工艺，主要包括印花工艺、绣花工艺和贴挖工艺。

①印花工艺：采用不同的染料和印花工艺，将设计纹样印在织物上，这种设计均称为印花设计。印花图案一般为一致五套色，也有高达二十五套色的印花面料设计。印花颜色种类越多，色彩变化越丰富。活性印染印花处理，手感好，颜色鲜艳，但价格相当昂贵（图6-74）。

②绣花工艺：绣花是在面料或成衣上用各色绣花线和亮片等材料用机器或手工绣出图案的工艺，是中国传统装饰工艺之一，种类很多，针法变化丰富，常用的有平绣、雕绣、抽绣、板网绣、贴花绣等（图6-75）。

（2）立体装饰工艺。包括叠加工艺、编织工艺、卷绕工艺和褶皱工艺。

图6-74　印花工艺

图6-75　绣花工艺
（资料来源：上海赛晖服饰有限公司设计部）

　　①叠加工艺：叠加是服装设计常用的方法之一，通过对不同的设计元素进行有秩序、渐变等艺术方法来设计的方式。叠加的元素可以是色彩、图案和配饰等，叠加设计工艺可以丰富整体效果，增加整体层次感，是时装类和发布会表演服装常用的设计方法（图6-76）。
　　②编织工艺：是服装设计进行装饰的方法之一。编织工艺是现代设计比较流行的手工艺，随着人们对手工艺术的重视，编织设计逐渐得到人们的重视。编织的材料选择范围很广，不同的材料、不同的编结方法会呈现出不同的外观效果，这种带有肌理感的编织会产生独特的艺术效果（图6-77）。

图6-76　叠加工艺

图6-77　编织工艺

③卷绕工艺：是通过卷、绕的方式使造型呈现出特定形态。卷、绕设计往往要通过特殊的制作工艺才能达到设计师想要追求的效果，卷、绕的设计风格独特，艺术效果强烈（图6-78）。

④褶皱工艺：是由布料的褶裥、皱褶、衣裥、波纹等装饰线构成的一种工艺装饰，可用于装饰形体，也可用于局部装饰，具有华丽而丰富的装饰效果（图6-79）。

图6-78　卷绕

图6-79　褶
（资料来源：百度图片）

（3）综合装饰工艺。在服装设计中缀、镶、嵌、滚、荡、盘等装饰工艺都是设计师应该掌握的。

①滚：滚即滚边，是对裁片毛边用滚条包光的一种处理手法，滚边主要用于领圈、袖口、袖窿、底边等处（图6-80）。

②镶：镶是把物体嵌入另一物体或包裹在另一物体的周边，是一种边缘处理手法（图6-81）。

图6-80　滚

图6-81　镶

③嵌：嵌是指把物体填镶在空隙里，服装称嵌线，它是用一种装饰手法、嵌线主要用于缉袋嵌线、领圈周围等（图6-82）。

④荡：荡是用装饰布条悬荡于衣片中间的一种工艺。荡即荡条，它是用斜料做成的布条，固定于服装的某些部位作为装饰。适用于衣身、领、袖、袋中间部位的装饰。荡的做法有单层荡、双层荡，荡条外观上可以根据需要形成无明线、一边明线、两边明线等不同形式。如果需要形成的明线少，只需在明缉部位用手工缭完即可（图6-83）。

图6-82　嵌

图6-83　荡

⑤绣：刺绣是最传统的成衣装饰工艺，绣有很多种，有刺绣、扳网绣、抽绣、打结绣等。绣线的线迹和凸起的花纹使图案具有浮雕式、独特的造型美，给人典雅、精致的感觉（图6-84）。

⑥结：结是中国传统的装饰工艺，结是一种链接形式，常见的结有三叶结、纽扣结、枇杷结、蝴蝶结、如意结、团花结等（图6-85）。

图6-84　绣

图6-85　结
（资料来源：上海赛晖服饰有限公司设计部）

3. 辅料装饰法

辅料装饰也是在成衣上常用的装饰工艺。如纽扣、带襻、花边、珠光片、拉链、拷纽、鞋眼、商标等。

（二）成衣装饰形式美

服装装饰元素运用要遵循一定的设计语言。分析成衣服装装饰美的因素可拓宽服装装饰的设计思维领域、创意方法、表现手段，同时了解成衣装饰的变化性、生动性、立体性、多样性和视觉冲击力，可指导自己的成衣实践设计。

1. 造型装饰美

一件美的服装其造型必定是美的。造型美分外形美和内部美。外形美容易受流行趋势的影响，有时流行X型造型，如紧身的连衣裙、系带风衣；有时流行V型造型，如披肩、宽袖窿的蝙蝠衫；有时流行A型造型，如波浪大衣、披风；有时流行H型造型，如睡袍、不系带风衣等。

造型美还体现在服装的结构上，人体是符合比例的，所以服装各部位也要符合比例，衣长与袖长的比例，腰围与胸围、臀围的比例，肩宽与衣长的比例等。服装的领型也必须与脸型、发型相协调，可以通过领型的变化来衬托脸型，达到最美的效果。

评价成衣服装的造型美时，上衣还得考虑衣袖的宽窄尺寸及袖窿的大小，裤子要考虑横裆、直裆及后翘的三者关系，最后还要注意特殊体型对成衣造型的影响。

2. 分割线装饰美

评价服装是否美，也可从分割线装饰美来看。服装上的分割线有直向、横向、斜向、弧形的，分割线对服装造型与是否合身起着主导作用，分割线设计合理能展示出人体丰满的胸部、纤细的腰围、结实的臀位、修长的四肢、窈窕的躯体。分割装饰线虽然对服装起不了主导作用，但运用得当，能使着装者端庄大方多姿多彩。

3. 图案装饰美

装饰图案是指专用于服装、起着装饰作用的纹饰和造型。服装装饰图案的出现由来已久，可以说它是随着服装的出现而产生的，尽管从实用的角度上讲，服饰图案是附属品、点缀物，似乎其存在与否并不影响服装穿着，甚至不会影响服装审美，但服装装饰图案从产生之日起就没有消失间断过，相反，它色彩纷呈、流派各异，在不断发展、丰富着服装服饰。图案产生一开始是作为象征符号来表现的，有些图案在历史发展过程中已经消失，但仍有相当一部分作为象征和艺术流传至今，并且在发扬光大，具有浓郁的时代感，令人赏心悦目。从成衣设计学角度来看，装饰图案包括基础图案和专业图案两部分。基础图案主要研究和解决图案形象设计的基础知识，探讨图案的普遍规律及表现方法。专业图案则分为服装图案设计和服装面料图案应用两大类。

4. 色彩装饰美

色彩是一件服装给人产生的第一印象。如今，我们不仅要知道今年的色彩还要预测明年的流行色，把流行色提前运用到印染、色织工艺上。随着镶拼衫，人们更加专注视配色的奥秘，有人觉得大红大绿搭配俗气，有人对鲜红、海蓝、雪白相拼感到兴奋、活跃、爱不释手。在中国，成衣童装的色彩中要数红色为服装之首，专业设计者称红色为服装设计的"味精"，小女孩偏爱红色，成人喜事用红装，在中国，红色是一种代表喜乐、热烈的颜色。成衣服装的颜色与体型、肤色、年龄都有关系。另外，色彩还与世界各国、各名族的风俗习惯有关系，甚至还与季节有联系。因此，色彩是成衣服装美学首要解决的问题。

5. 工艺装饰美

服装美离不开装饰工艺。如今服装的装饰在工艺上有嵌线、镶色、滚边、绣花、嵌滚结合、镂空挖花、缉粗明线、贴花与手绘等，在辅物上可选择腰带、袖襻及肩襻等装饰物，商标的外移化等，纽扣的画龙点睛以及花边的衬托等。服装上的装饰物应该是锦上添花，不可喧宾夺主，不能杂乱琐碎，总之，装饰物需突出服装的总体设计效果。

6. 面料装饰美

服装必需是面料的质感美与款式的整体美是有机结合体。一件成功的服装设计作品一半要归功于面料的美。评价服装面料美不美时，除了面料本身的图案，更重要的是面料的选择与服装款式是否相称。柔软轻飘的丝绸面料制作衬衫、连衣裙及夏装；挺括平整的精仿呢绒宜制西装、夹克；中长仿毛呢易洗快干，适合做简易西装、裤子及普通外套；纯棉府绸花布吸湿、柔软，是儿童服装的理想面料。另外，要注意面料与整件成衣配套。上下装面料要搭配得当，上装挺、裤子不能轻飘，一般以上轻下重稳重为好。面料与穿着者体型也要相适应。肥胖者衣料宜薄不宜厚、宜深不宜浅，避免使身材显得臃肿、肥胖。消瘦体型宜厚不宜薄，宜浅不宜深，挺括的衣料能遮盖瘦弱的体型。面料还要与里料、辅料相辅相成。面料与里辅料的色泽、缩水率、软硬度、耐热度、坚牢度、质地粗细要一致，只有综合考虑，才能体现出成衣服装的面料装饰美。

小案例

童装装饰图案设计运用

1. 装饰图案的艺术价值

装饰图案是童装整体美不可缺少的组成部分，它对于整体的装饰起着平衡和呼应作用，有时起到画龙点睛的点缀作用。在进行图案设计装饰过程中，可以有意识地选择一些富有美感和情感意境的元素组合，如经典小碎花，阳光海滩等，也可以将这些美元素进行分解，运用适当的形式美原理进行再构成设计。

装饰图案的魅力体现在突出、强调、引起关注。众所周知的米老鼠造型风靡全世界，它以其精彩的情节与滑稽的视觉效果征服了广大的观众。米老鼠已成为代表卡通的符号之一。米奇妙、是以卡通人物为设计主题的一个世界性的儿童品牌，其主要生产销售4~14岁的儿童服饰，装饰图案围绕机智勇敢、活泼善良的米奇和它的好朋友们身边发生的一些有趣的故事而设计；颜色以红、黄、蓝为主色，加上每年的流行色彩，引导新潮流带给小朋友全方位梦幻般的感觉，成为儿童服装中的佼佼者。如今童装市场上很多商家受到这部动画作品的启发，创造了一群在形象上类似电影主人公造型的装饰形象。目的就是希望借此传达给观众，购买和使用这个品牌的产品，这是童装设计师永远紧握时尚脉搏的设计方式。

2. 装饰图案的风格形式

装饰图案的风格形式受表现形象的影响，例如人物、动物、花草树木等，体现活泼可爱、天真烂漫的情感；文字、几何形图案，体现趣味、顽皮等情感；卡通、动漫图案，体现时尚休闲等情感。装饰图案风格作为一种带有"情感"的文化意境诠释，在童装文化中有着深厚的价值，从而使它含有其他形式和功能无法比拟的文化内涵。在运用过程中，可针对服装系列的主题风格，采用相应的图案装饰手法，一般可采用夸张变形的修饰手法、抽象手法、分割手法、悖理手法、模糊手法、悬浮手法、比例叛逆手法、怪诞手法等。通过这些方法将意识形态转化为线形形态、平面形态、简约形态、几何形态的装饰艺术风格。服装款式可简约实用，加上精致的分割和协调的色彩及图案可以把孩子的可爱尽显其中。

三、学习拓展

☞ **小案例 图案的运用**

1. 图案的运用一

主题图案：波尔卡舞曲（图6-86）。

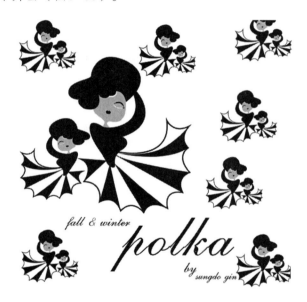

图6-86 主题图案——波尔卡舞曲

主题图案系列装运用（图6-87）。

2. 图案的运用二

主题图案：哭泣的小女生（图6-88）。

主题图案系列装运用（图6-89）。

3. 图案的运用三

主题图案装饰不同的服装部位（图6-90）。

☞ **小贴士 成衣图案装饰设计思维过程**

设计元素和理念是成衣图案装饰设计的灵魂。由此可见，灵感源、设计元素、设计理念和主题在服装装饰设计中的重要性。服装装饰图案一般是设计师找到灵感源后，通过把灵感

图6-87 主题图案系列装饰运用
（资料来源：Sungdo gin TB 独立设计）

图6-88 主题图案——哭泣的小女生

图6-89 主题图案系列装运用
（资料来源：Sungdo gin TB 独立设计）

图6-90　主题图案系列装运用
（资料来源：Sungdo gin TB 独立设计）

源转化为设计元素，再转化为服装图案的过程得到的。设计师通过服装图案来表达服装的设计理念和主题。

成衣图案元素思维转化步骤如下。

（1）找到自己想用的图案设计元素（寻找灵感源）。

图6-91　巴洛克风格图案

（2）把图案设计元素（灵感源）和设计理念结合起来，收集背景资料。

（3）确定成衣作品风格和市场客户群。

（4）设计款式，选择面料和打板。

（5）制作过程中根据实际操作对款式和面料进行修改。

例如，巴洛克风格服装图案（图6-91，欧洲16世纪~17世纪），风格：豪华艳丽、图案繁复，具有强烈的感官色彩、题材繁多。前期题材：变形的花朵、花环、果物、贝壳；后期题材：莲、棕榈树叶、良落叶形等，17世纪后期融入了东方的图案纹样。

友情链接 童装品牌唯路易2015女童春夏图案装饰设计说明

（资料来源：上海赛晖服饰有限公司设计部）

1. 女童春夏图案装饰设计三大主题

（1）PARK AVENUE，这个主题以圆点元素为主打，配合能显示贵族气息的元素，使这个主题具有与生俱来的贵族气息。永不落幕的圆点在服装上的运用可以说是习以为常，但是永不会觉得过时，这就是圆点的魅力。时尚潮流中，米色因其简约与富于知性美而成为着装的常青色，与白色相比，米色多了几分暖意与典雅，不显得夸张；与黑色相比，米色纯洁柔和，不过于凝重。在追求简约的时尚潮流中，要将一种颜色穿出最佳效果，要讲究搭配，米色也不例外。这个主题中，运用了米色的圆点，使得整个主题更添一份典雅与精致。如图6-92所示的高贵典雅的跳舞女孩服装系列，繁复的皇家图纹，精致的舞裙与米色相结合，呈现出优美不俗气质。

图6-92 跳舞女孩服装元素图案装饰设计

（2）SANTURINI，春夏季繁花似锦，到处都是鲜艳显目的花卉，2015年的花卉图案和以往的趋势有所不同，蓝色背景的花开图案成为这个主题新的亮点。蓝色是2015年春夏的主打色彩，从浪漫花卉到碎花，蓝色都跳跃于服装之上（图6-93），冷色调将丝丝宁静感融入到绚烂的花卉图案中。这种元素运用在童装上，为整个春夏迎来一个新的亮点。

图6-93 蓝色花卉元素图案装饰设计

（3）NORTHERN GARDEN，这个主题的灵感来源于花园，春夏季节女孩的梦中格外的热闹，她们在花园里起舞，穿着饰有花卉图案的裙子，雅致的印花盛开的大花朵令人感受到春夏花园中的芬芳，紫色、红色、白色、蓝色、绿色、黄色等多种颜色组合在一起，形成一种纯真和清新感。繁花是关键图案，柔美的花卉大大小小地结合起来，打造出一个冲击力十足的视觉效果（图6-94）。

图6-94　繁花元素图案装饰设计

2. 男童春夏图案装饰设计三大主题

（1）ROCKN ROLL，这个主题的主要元素是建筑，以城市建筑物为灵感的主题时尚与当今的流行元素字母英伦风的徽章，融合在一起，组合成多变的建筑元素图案装饰设计（图6-95）。

图6-95　建筑元素图案装饰设计

（2）SAVILE ROW，这个主题的主要元素为英国国旗（图6-96）。因英伦风的热潮，时髦英伦感十足的米字旗图案走进人们的生活。"英伦热潮"继续从春夏蔓延至今，其中英国国旗是主要亮点。

图6-96　英国国旗元素图案装饰设计

（3）TRAVEL BOOK，在越来越重视生活质量的今天，户外旅行也逐渐成为人们生活中必不可少的一部分。我们从户外旅行中汲取灵感，浓郁的色彩和富于变化的图案都来源于这里。想象着孩子们乘坐在热气球上，眼前的风景不断地发生变化，既熟悉而又陌生，大自然的清新充满了生机，蓝天、白云是令人向往的自由空间，孩子们在那自由的世界中奔向自己梦想（图6-97）。

图6-97　热气球元素图案装饰设计

四、检查与评价

1. 实操题

（1）成衣装饰手法拓展运用一。根据给出的参考图，仔细观察其设计元素的装饰手法，据此手绘拓展3款款式图（图6-98）。要求如下：

图6-98 拓展成衣参考图
（资料来源：上海赛晖服饰有限公司设计部）

①正、背面款式图。

②根据参考图片提取装饰元素并进行拓展运用。

③设计细节可放大处理。

④注意版面美观及排板合理。

⑤辅以文字说明。

（2）成衣装饰手法拓展运用二。设计两套裙装、图案一个，根据此图案的特点，并在裙装适当的位置添加合适的图案。要求如下：

①图案设计品类不限。

②裙装为春夏装，以正面彩色款式图形式绘制。

③设计细节可放大处理。

④注意版面美观及排板合理。

2. **思考题**

（1）根据自己的理解，阐述成衣服装的不同装饰手法对服装的款式、结构和工艺的设计有何影响？如何协调？

（2）用白坯布使用不同的装饰手法进行创意性的装饰设计，创造出风格各异的视觉效果，要求变化装饰不少于五种。

👉**练习题 成衣装饰手法判断**

观察下列儿童成衣图片（图6-99），思考并判断，在对应括号内写出其装饰的运用手法。

装饰手法一　　　　　　　　装饰手法二　　　　　　　　装饰手法三
（　　　）　　　　　　　　（　　　）　　　　　　　　（　　　）

图6-99　装饰手法
（图片资料来源：上海赛晖服饰有限公司设计部）

3．评价表

本单元各指标学习任务评价表，见表6-5。

表6-5　学习任务评价表

序号	具体指标	分值	自评	小组互评	教师评价	小计
1	装饰元素运用的合理性	2				
2	根据主题，款式选择、装饰手法的匹配性	2				
3	形式美法则的艺术性	2				
4	设计流程的规范性	2				
5	独立自主完成任务	2				
合　计		10				

学习任务六　工艺元素的设计

一、任务书

学校服装设计工作室接到企业运营部"女童单款"设计任务，根据工作室主管安排，请您担任设计师工艺助理员，理解设计师设计意图，完成工艺单目标制订任务（表6-6）。
要求：

（1）仔细观察图中女童款式（前后款式图），理清工艺设计的具体要求。

（2）在有色的区域中，填写本款的尺码推档、辅料、面料及相关工艺说明。

表6-6 女童短款大衣工艺任务单

施捷醒目知色服装设计工作室						
醒目知色		上装类			2015 A/W	

款号	设计号	主题及系列	品名	首席设计师	服装设计师	平面设计师	发单员	规格
130	女童十一月	女童短款大衣						130

尺码表（CM）

尺寸部位		尺码 110	120	130	140	150	160	170
		56	60	64	68	72	76	80
A	衣长			55				
B	肩宽			32				
C	胸围/2			40.5				
D	下摆/2							
E	前直领深			8				
F	后横开领			16				
G	后领深			2				
H	袖窿直量			17.5				
I	袖长			46				
J	袖口/2			13				
K								
L								
M								
N								
O								
P								
Q								
R								
T								
U								
V								

款式正面图：

款式背面图：

辅料表

注：所有辅料必须过检核

名称	规格	数量	颜色	部位
主标				
洗标				
纽扣				
揿扣				
领底扣				
商标				
次吊牌				
主吊牌				
胶袋				
缝纫线				
穿绳				

材料表

名称	彩丝薄呢	纱丁	兔毛	
配色一				
配色二				
配色三				
部 位				

核准：	复核：	发单人：	日期：

醒目知色		上装类				2015 A/W		
款号	设计号	主题及系列	品名	首席设计师	服装设计师	平面设计师	发单员	规格
	130	女童十一月	女童短款大衣					130

款式图及细节说明：

毛领可以脱卸

大身布做蝴蝶结

工艺说明：

核准：		复核：	发单人：		日期：

资料来源：施捷醒目知色服装设计工作室

小贴士

（1）儿童尺码推档过程中，需考虑10岁以上女童生理发育等特点。

（2）工艺设计要符合大货生产的流程和可操作性。

（3）面、辅料的细节配置要融合女童成衣服装形式美法则。

1. 能力目标

（1）掌握成衣工艺元素一般设计手法，运用所学知识进行成衣工艺设计。

（2）能根据主题需求或成衣款式特点，选用与其匹配的成衣设计手法，并能体现服装形式美感。

（3）灵活选用多种工艺元素进行综合运用，具有较熟练的成衣设计实践能力。

2. 知识目标

（1）知晓单元工作任务中心。

（2）熟悉成衣工艺元素的设计手法。

二、知识链接

【特别提示】成衣设计是一个综合性工程，想要呈现一款完美的成衣效果，不仅仅体现在服装三要素设计上，还需要好的成衣工艺设计与制作工艺，好的工艺设计甚至可以弥补设计和结构上的缺陷，所以不能忽视工艺的重要性（图6-100）。

成衣工艺元素的设计包括：成衣线迹与缝型工艺；成衣熨烫工艺；成衣印花工艺；成衣绣花工艺、成衣制板工艺、成衣特殊工艺。

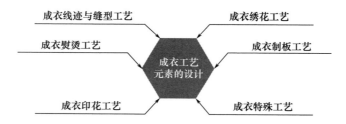

图6-100　成衣工艺元素的设计思维导图

（一）成衣线迹与缝型工艺

1. 线迹

越来越多的成衣设计师将缝纫线迹用于服装装饰。服装缝纫线迹的种类繁多，参照国际标准，可分为链式线迹、仿手工线迹、锁式线迹、多线链式线迹、包缝线迹和覆盖线迹六种。装饰线迹属于直线型锁式线迹，这种线迹拉伸性较差，只适宜缝制不容易被拉伸的面料。而曲折型锁式线迹拉伸性明显要高，常用于缝制针织服装和装饰服装之用。不同的缝纫线迹为服装设计提供了丰富的设计元素。另外，缝纫线迹中不同质地的线和针距也是服装设计师常用的设计元素。

2. 缝型的构成

缝型的构成主要有三大要素，即缝针、缝料和缝线。缝型质量的判断条件主要是有以下几点。

（1）缝线松紧程度：包括面料的松紧度、底线的松紧度、线迹清晰度，有否抛线、浮线等。

（2）线缝疵点：包括速度不匀、针距不匀、送料停滞不前等。

（3）断线：断面线、断底线。

（4）跳针：规则性和不规则的跳针。

（5）轧线：面线轧线和底线轧线。

3. 成衣缝纫工艺一般流程

成衣缝纫工艺的一般流程见图6-101所示。

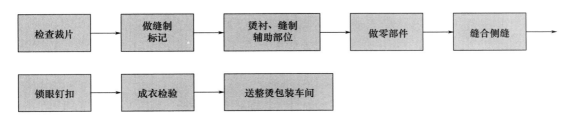

图6-101　成衣缝纫工艺一般流程

🖐☞小贴士

成衣缝制质量检验标准

1. 缝纫质量总体要求

面料、辅料品质优良，符合客户要求；款式配色准确无误；尺寸在允许的误差范围内；做工精良，产品干净、整洁、卖相好。

2. 缝纫质量外观要求

（1）门襟顺直、平服、长短一致；有拉链唇的应平服、均匀不起皱、不豁开；纽扣顺直均匀、间距相等。

（2）线迹均匀顺直、止口不反吐、左右宽窄一致。

（3）口袋方正、平服，袋口不能豁口；袋盖、贴袋方正平服，前后、高低、大小一致；里袋高低、大小一致，方正平服。

（4）领缺嘴大小一致；驳头平服、两端整齐；领窝圆顺、领面平服、松紧适宜、外口顺直不起翘；底领不外露。

（5）肩部平服、肩缝顺直、两肩宽窄一致，拼缝对称。

（6）袖子长短一致，袖口大小、宽窄一致，袖襻高低、长短、宽窄一致；背部平服、缝位顺直、后腰带水平对称，松紧适宜；底边圆顺、平服，橡筋带、罗纹宽窄一致，罗纹要对条纹车缝。

（7）要求对条对格的面料，条纹要对准确。各部位里料大小、长短应与面料相适宜，不吊里、不吐里。缝在衣服外面两侧的织带、花边，花纹要对称。加棉填充物要平服、压线均匀、线路整齐、前后片接缝对齐。

☞小案例

1. 荷叶边领的缝制方法与工艺要求（表6-7）

表6-7 荷叶边领的缝制方法

工艺图	操作编号	工艺内容	缝型及工艺方法	工艺要求
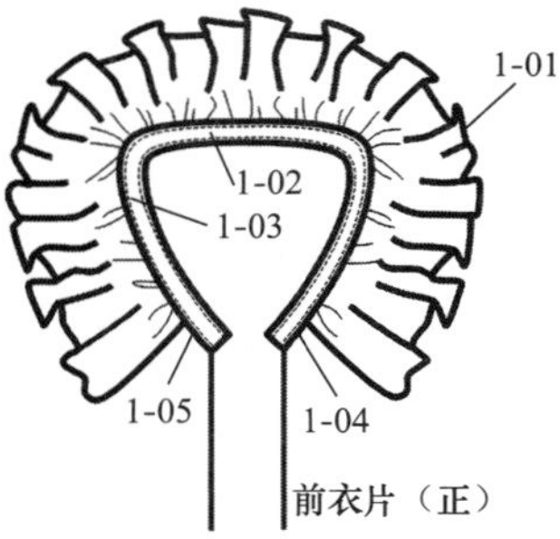	1-01	缝领毛边	6.03	注意缝份要窄小
	1-02	抽细褶	1.01	针距要疏，褶要均匀，长度与领围吻合一致
	1-03	缝合领于衣片	1.01	细褶疏密均匀，缝份宽窄一致
	1-04	做滚条		对折烫定型，下层稍宽于上层，烫出一定弧度
	1-05	缝合滚条与衣片	3.05	线迹整齐、顺直，防止起涟

2. 一片袖（灯笼袖）的缝制方法与工艺要求（表6-8）

表6-8 一片袖（灯笼袖）的缝制方法

工艺图	操作编号	工艺内容	缝型及工艺方法	工艺要求
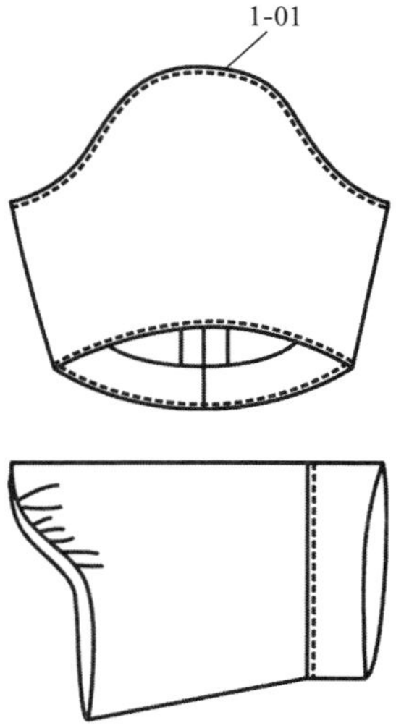	1-01	袖山抽缩	1.01	抽缩部位正确，抽缩量适中
	1-02	折烫袖口边		按净缝线折烫
	1-03	缝合袖底缝	1.0	松紧均匀，缝份宽窄一致
	1-04	缝合袖翻边	6.03	按净份折痕，无涟形
	1-05	翻烫贴边		平服，整齐

（二）成衣熨烫工艺

俗话说："三分裁剪，七分做工；三分做工，七分熨烫"，可见熨烫在服装品质中的作用。熨烫有多种形式，最常用的是压烫处理。压烫除了能将起皱的部位压平外，还能对服装进行艺术处理和二次设计。例如百褶裙经过压烫定型处理后，会产生特殊的艺术效果。归、推、拔是熨烫的主要技术，这几种熨烫技术能将棉、毛类面料的平面衣片塑造成立体状态。

（三）成衣印花工艺

成衣印花工艺主要介绍以下10种（表6-9）。

表6-9　成衣印花工艺

序号	印花手法	定义	图例
1	水浆印花	水浆印花工艺是丝网印花中一种最基本的印花工艺，可在棉、涤纶、麻等几乎所有的浅底色面料上印花，应用十分广泛	
2	胶浆印花	胶浆印花是通过将特殊的化学凝胶与染料高度混合，染料通过凝胶的介质作用牢固地附着在面料上而产生印花的一种工艺。胶浆印花工艺克服了水浆印花的局限性，它最大的优点是应用广泛，色彩靓丽，还原度高，但它的印制工艺相对水浆印花工艺要复杂，成本相对要高	
3	数码印花	数码印花是用数码技术进行的印花工艺。数码印花技术是随着计算机技术不断发展而逐渐形成的一种集机械、计算机电子信息技术为一体的高新技术，它最早出现于20世纪90年代中期，这项技术的出现与不断完善，给纺织印染行业带来了一个全新的概念，其先进的生产原理及手段，给纺织印染带来了一个前所未有的发展机遇	
4	荧光印花	荧光印花工艺是一种新型的特种印花工艺，原理是运用特殊工艺，将光致蓄光型自发光材料融合到面料中，通过吸收各种可见光实现自动发光功能，其特点是可无限次循环使用。荧光材料产品不含任何放射性元素，可做各种用途	

续表

序号	印花手法	定义	图例
5	油墨印花	油墨印花原理和胶浆印花、水浆印花是一样的，但是胶浆印在光滑面料比如风衣料上的时候，一般色牢度很差，用指甲大力刮就能刮掉，但是油墨印花能够克服这个缺点	
6	植绒印花	植绒印花是将一种纤维短绒的纤维绒毛按照特定的图案黏着到织物表面的印花方式。把纤维短绒黏附到织物表面有机械植绒和静电植绒两种方法	
7	烂花印花	烂花印花是指在花纹图案处印上能破坏纤维组织的化学物质，化学药品与织物的接触处会产生镂空而形成的一种印花工艺	
8	活性印花	活性印花，顾名思义就是说印花染料采用的是活性印染材料进行加工而成的。活性印花的面料色彩亮丽，色牢度好，手感柔软，可以常洗不褪色，久用如新	
9	拔染印花	拔染印花也称雕印、拔印，指在已染色的织物上印上可消去"底色"的色浆而产生白色或彩色花纹的印花工艺	

续表

序号	印花手法	定义	图例
10	转移印花	根据花纹图案，先把染料或涂料印在纸上得到转移纸，然后在一定条件下使转移纸上的染料转移到纺织品上去的印花方法	

（资料来源：蝶讯网、百度图片、上海赛晖服饰有限公司设计部）

（四）成衣绣花工艺

成衣绣花工艺主要介绍以下几种，见表6-10。

表6-10　成衣绣花工艺

序号	绣花手法	定义	图例
1	E字针	E字针是刺绣常用的针法，看上去很像一把梳子，主要用在包边或者绣较稀松的图形上。在镶绣中的包边上最常见，为了使E字针迹能更好地跟随图形边界，可以在E字针迹中插入几针单针针迹	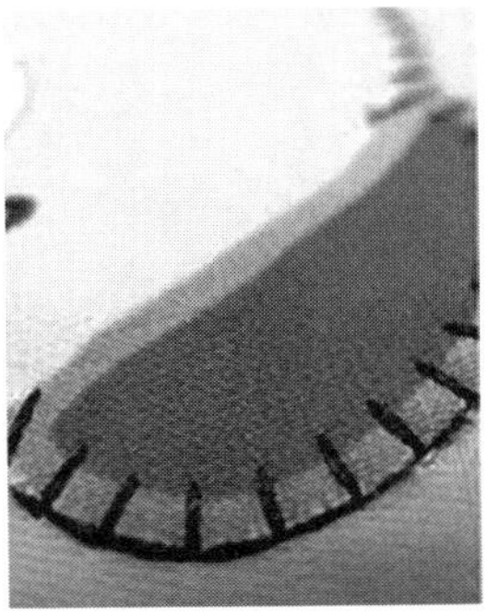
2	粗走针	粗走针是绣花的一种，属于走针绣花，效果很像手工做法，具有较强的装饰味，故名粗走针	
3	单针	单针也是刺绣常用的针法，一般用来刺绣比较细的线迹，常用于走底线或者包边中，也可以加饰花版产生特殊的针迹效果。单针的针步由系统来设定，在图形中有急转弯的时候可以把单针的针步适当放小	

序号	绣花手法	定义	图例
4	贴布绣	贴布绣也称补花绣，是一种将其他布料剪贴绣缝在服饰上的刺绣形式。中国苏绣中的贴续绣也属于这一类，其绣法是将贴花布按图案要求剪好，贴在绣面上，也可在贴花布与绣面之间衬垫棉花等物，使图案隆起而具有立体感，贴好后，再用各种针法锁边。贴布绣绣法简单，图案以块面为主，风格别致大方	
5	链条绣	链条绣一种看起来像是链条的针迹，从穿过织物底边的一个线头形成，线圈相连，从而形成一个链条形状的针。锁链针绣花一般是用一条线，用一种带钩子（钩子取代针的作用，拉着线头穿过织物）的机器来进行的。另外，还有一种绳结线，和锁链针一样的工艺原理	
6	毛巾绣	毛巾绣是绣花的一种，属于立体绣花，效果很像毛巾布，故名毛巾绣	
7	毛线绣	毛线绣别名绒绣，针法为打点绣，又称绒线绣，即用彩色羊毛绒线，在特制的网眼麻布上绣制出的一种图案，是由西方传入的。由于绒线本身没有反光，具有毛绒感，绣品浑厚庄重、色彩丰富、层次清晰、形象生动、风格独特	

续表

序号	绣花手法	定义	图例
8	立体绣	立体绣主要特点是先用线打底或用海绵垫底，使花纹隆起，然后再用绣线绣缝，一般采用平绣针法	
9	平包针绣	平包针绣又称挨针，是最普通的针法。挨针主要用来绣较窄的带状图形，其线条感和立体感都很强，覆盖性好	
10	三角针绣	三角针绣是一种是绣花机软件自带的主题花纹	
11	绳带绣	绳带绣是指可以直接固定绳带在绣片上的一种特殊绣花形式	
12	十字绣	十字绣是用专用的绣线和十字格布，利用经纬交织搭缝十字的方法，对照专用的坐标图案进行刺绣，基本上任何人都可以绣出同样效果的一种刺绣方法。十字绣是一种古老的民族刺绣，具有悠久的历史	

序号	绣花手法	定义	图例
13	司马克绣	司马克绣是橡皮筋打揽的一种特殊绣花形式	
14	榻榻米绣	榻榻米绣花是电脑绣花的一种针法	
15	贴布绣	从某一块织物上剪切下来并缝到其他织物上的装饰品，通常其边缘都打挨针。贴布经常用于减少整个刺绣的针数，完成刺绣不能完成的织物（如连续颜色的印花）和很难直接绣出来的装饰底层	
16	珠片绣	珠片绣也称珠绣，它是以空心珠子、管珠、人造宝石、闪光珠片等为材料，绣缀于服饰上，以产生珠光宝气、耀眼夺目的效果，一般应用于舞台表演服，以增添服装的美感和吸引力，同时也广泛用于鞋面、提包、首饰盒等上面	

续表

序号	绣花手法	定义	图例
17	雕孔绣	雕孔绣又称打孔绣，是借助绣花机上安装的雕孔刀或雕孔针等工具在刺绣面料上打出孔洞后进行包边刺绣。这是一种对制板及设备有一定难度但效果十分别致的绣法	
18	扁带绣、抽纱绣	扁带绣是以扁带为绣线直接在织物上进行的刺绣方法。扁带绣光泽柔美、色彩丰富、花纹醒目而具有立体感，是一种新颖别致的服装装饰形式。抽纱绣是刺绣中很有特色的一个类别，其绣法是根据设计图案的部位，先在织物上抽去一定数量的经纱和纬纱，然后利用布面上留下的布丝，用绣线进行有规律的编绕扎结，组合成各种图案纹样	
19	戳纱绣	戳纱绣是在方格纱的底料上严格按格数眼进行刺绣的一种方法。戳纱绣不仅图案美丽，而且随着线条横、直、斜的不同排列会产生丰富的变化，但花纹间的孔眼必须对齐	

（资料来源：蝶讯网、百度图片）

（五）成衣制板工艺

成衣制板俗称服装制图，是成衣的平面展开图，是服装从设计到成衣完成的中间纽带。制板技术直接影响到服装成衣的造型，同时，又能帮助服装设计师进行服装再设计。例如，成衣制板中线条的运用。成衣制板线条主要包括装饰线和功能线两大类。装饰线条主要用于成衣的装饰，对成衣服装的合体性和舒适性影响不大；功能线对成衣服装的合体性和舒适性影响较大，成衣造型设计离不开功能线的运用，如在腰部位置收省使上装或下装的腰部变得更加合体，腰部的省道线则是功能线。但是这些功能线有时会破坏服装的美感，因而，越来越多的服装设计师在设计服装时常常将装饰线与功能线合二为一，这样既解决了合体性和舒适性的问题，同时又为设计师提供了更多的设计元素，使设计更加生动，如"公主线"便是装饰线与功能线合二为一的典范。

（六）成衣特殊工艺

成衣特殊工艺表现手法包括拼接、镂空、褶裥、包边、抽纱等，采用这些工艺形式制成的图案对服装设计元素进行美化装饰，可以提高服装品质和档次。如拼接工艺是用拼接手法表现图案形象（即剪贴图案进行拼接），然后缝制在服装上的表现手法。这种方法简洁明朗、装饰性强。在现代化的工业生产中，原材料使用的损耗程度对企业的经营也起到至关重要的作用，拼接能最大限度地利用原材料，把不同质地的面料拼接在一起，既节省原材料降低成本，又能产生不同的视觉效果。尤其成衣设计在批量化、简洁化、秩序化特点条件下，在局部设计中适当穿插一些特殊工艺表现，可使整件服装顿时生色。例如，通过钩针、抽丝、针结、水洗、填充等工艺手段，使成衣产品更具特色。为了更贴近设计意图，人们常常在成衣工艺设计时用填充物来达到设计效果。填充物的使用能让服装设计师的创作更加丰富，尤其在表演服装的设计上，填充物的使用可以让设计的作品取得意想不到的舞台效果。

☞ **小案例**

牛仔布的水洗工艺

牛仔布的水洗工序是后整理中一道非常关键的工序，通过水洗，可以赋予牛仔布不同的风格特征和外观效果，满足人们时尚化和个性化的需求。为达到一个特定的风格，水洗的方式、方法至关重要。通过水洗，可使牛仔布呈现不同的颜色和风格（图6-102），使牛仔服装多姿多彩，满足不同年龄、不同职业、不同阶层的需要，尤其是可以让牛仔布成为年轻人引领服装潮流必不可少的时尚衣物。对于设计师而言，要了解水洗工艺，还要了解牛仔布的风格、颜色、幅宽、缩率、重量等，这样才能满足成衣设计的要求，同时避免工作中的盲目性，以达到事半功倍的效果。常见牛仔布的水洗工艺如下。

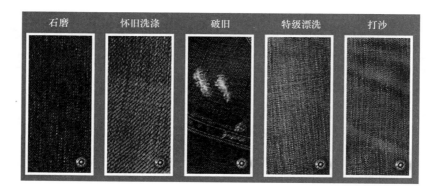

图6-102　牛仔水洗工艺面料

1. 普洗

普洗即普通洗涤，洗涤方式为机械洗涤，其水温在60℃～90℃，加一定的洗涤剂，经过15分钟左右的洗涤后，过清水加柔软剂即可，使牛仔布更柔软、舒适，在视觉上更自然、干净。通常根据洗涤时间的长短和化学药品的用量多少，普洗又可以分为轻普洗、普洗、重普洗。轻普洗为5分钟，普洗为15分钟，重普洗为30分钟（时间仅供参考），但这三种洗法没有明显的界线。

2. 石洗（石磨）

石洗即在水洗时加入一定大小的浮石，使浮石与衣服打磨，打磨缸内的水位以衣物完全浸透的低水位进行，以使得浮石能很好地与衣物接触。在石磨前可进行普洗或漂洗，也可在石磨后进行漂洗。根据不同要求，可以采用黄石、白石、人造石、胶球等进行洗涤，以达到不同的水洗效果，洗后布面呈现灰蒙、陈旧的感觉，衣物有轻微至重度破损。

3. 酵素洗

酵素是一种纤维素酶，它可以在一定pH和温度下，对纤维结构产生降解作用，使布面可以较温和地褪色、褪毛（产生"桃皮"效果），并得到持久的柔软效果。可以与浮石并用或代替品，若与浮石并用，通常称为酵素石洗。

4. 砂洗

砂洗多用碱性药品、氧化性助剂，使衣物洗后有一定褪色效果及陈旧感，若配以石磨，洗后布料表面会产生一层柔和霜白的绒毛，再加入一些柔软剂，可使洗后织物松软、柔和，从而提高穿着的舒适性。

5. 化学洗

化学洗主要是通过使用强碱助剂来达到褪色的目的，洗后衣物有较为明显的陈旧感，再加入柔软剂，衣物会有柔软、丰满的效果。如果在化学洗中加入浮石，则称为化石洗，可以增强褪色及磨损效果，从而使衣物有较强的残旧感，化石洗集化学洗及石洗效果于一身，洗后可以达到一种仿旧和起毛的效果。

6. 漂洗

漂洗可分为氧漂和氯漂。氧漂是利用过氧化氢在一定pH及温度下的氧化作用来破坏染料结构，从而达到褪色、增白的目的，一般漂洗后的布面会略微泛红。氯漂是利用次氯酸钠的氧化作用来破坏染料结构，从而达到褪色的目的。氯漂的褪色效果粗犷，多用于靛蓝牛仔布的漂洗。漂白对板后，应以海波对水中及衣物残余氯进行中和，使漂白停止，漂白后再进行石磨，则称为石漂洗。

7. 破坏洗

成衣经过浮石打磨及助剂处理后，在某些部位（骨位、领角等）产生一定程度的破损，洗后衣物会有较为明显的残旧效果。

8. 马骝洗

马骝洗与喷砂有本质的区别，前者为化学作用，后者则为物理作用。所谓马骝洗就是用喷枪把高锰酸钾溶液按设计要求喷到服装上发生化学反应，使布料褪色。用高锰酸钾溶液的浓度和喷射量控制褪色的程度，褪色均匀，表层和里层均有褪色，而且可以达到很强的褪色效果。而喷砂只是在表层有褪色，可以看到纤维的物理损伤。针对不同的要求，可采取不同的洗水方法，以满足不同要求。

三、学习拓展

成衣工艺与成衣设计是相互作用、相互影响的，它们是技术与艺术的结合。成衣工艺元素推动了成衣设计材料和设计元素的改进与更新，从而使成衣的设计不断提升。把各种新的工艺手法运用于成衣设计中，能产生意想不到的装饰效果，给设计者全新的印象。服装设计师只有熟悉工艺中的各种技术，在设计时才能有更多的创作元素，设计的成衣也更具市场竞争力。另外，工艺人员也应该了解服装设计的一些知识，这样，成衣工艺人员所完成的成衣才能更贴近设计师的设计意图。

👉 **小案例**

贴袋工艺设计

1. 解读贴袋

（1）"贴袋"是成衣设计的重要元素，且具有多样性。

（2）再好的"设计"都是要通过"工艺"的途径展现（图6-103）。

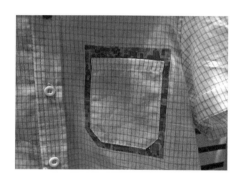

图6-103 贴袋设计

（3）领悟："不懂工艺的设计师不是好设计师"。

因势利导：要设计并制作出一款完美的贴袋，除了要具备一定的设计能力之外，还必须具备一定的工艺设计与制作能力。

2. 归纳知识点

（1）贴袋设计常用手法。

（2）结构外形的变化设计。

（3）不同色彩的组合设计。

（4）面料的拼接与再创。

（5）缝纫缉线变化设计。

（6）装饰物的运用等。

其中，与工艺关系密切的为后三点。

3. 贴袋工艺设计注意要点

（1）要以符合"心理与生理需求"为前提。

（2）工艺设计要符合服装款式需求。

（3）如花边运用设计与贴袋视觉大小的关系；珠片设计与缉线的关系处理；饰物选择与安全问题等都需要在工艺设计中考虑到。

4. 贴袋工艺设计一般流程

面、辅料选择→工艺单设计→打板画样→面料裁剪→工艺制作

👉 **友情链接** 儿童保暖内衣工艺细节设计解读（图6-104，表6-11）

图6-104 儿童保暖内衣形象款宣传图

表6-11 工艺元素案例解读

序号	工艺元素设计	定义	图例
1	领口设计	圆领设计，简洁大方，有效贴合宝宝脖颈，保温防风不易变形	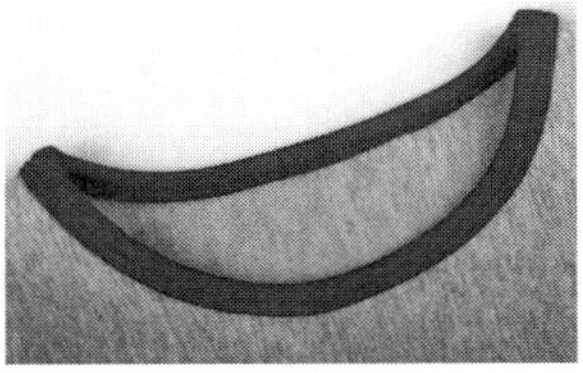
2	精细做工	较密度缝迹，针脚细密整齐，精细牢固	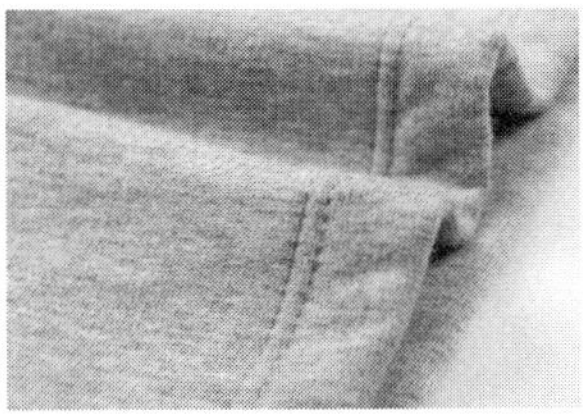
3	精致印花	圣诞主题印花，节日气氛浓郁，印花环保无毒，色泽牢固自然，图案清晰，经久水洗不易褪色	
4	舒适袖口	袖口及脚口氨纶罗纹材质，松紧适中，服帖舒适，让宝宝活动自如，保温防风	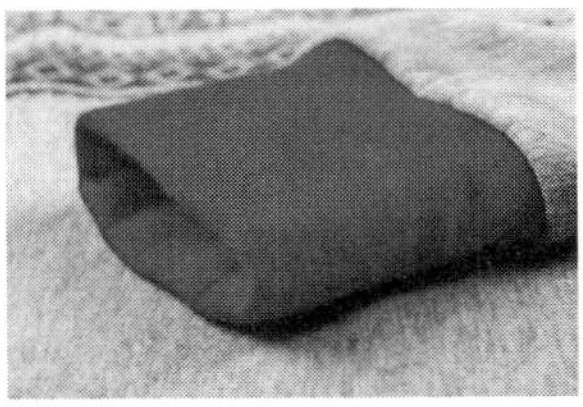
5	松紧带裤腰	全松紧带腰头，松弛有度，舒适不紧勒，穿脱便捷	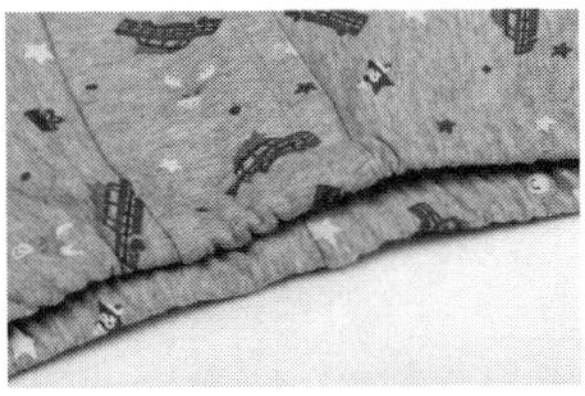

（资料来源：上海赛晖服饰有限公司设计部）

四、检查与评价

1. 实操题

（1）成衣工艺元素设计拓展运用一：根据参考图片（图6-105），仔细观察其工艺设计元素的装饰手法，据此手绘拓展两款款式图。要求如下：

①正背面款式图；

②根据参考图片提取工艺元素并进行拓展运用；

③设计细节可放大处理；

④注意版面美观及排板合理；

图6-105　手绘效果图与模特展示成衣照
（资料来源：芥末原创服饰品牌设计）

⑤工艺细节辅以文字说明。

（2）成衣工艺元素设计拓展运用二：观察下列图片（图6-106～图6-109），根据每款成衣服装工艺元素特征，在对应的括号里写出工艺手法（可列出多种手法）。

图6-106　女装成衣图（1）
（资料来源：芥末原创服饰品牌设计）

图6-107　女装成衣图（2）
（资料来源：芥末原创服饰品牌设计）

图6-108 女装成衣图（3）
（资料来源：芥末原创服饰品牌设计）

图6-109 女装成衣图（4）
（资料来源：芥末原创服饰品牌设计）

2. 思考题

（1）成衣工艺元素设计有哪些形式？

（2）选取一件秋冬羽绒服，仔细观察，写出其主要运用的工艺手法。

（3）设计一款女童连衣裙，绘制正、背面款式图（用文字标注工艺细节），并绘出缝制工艺流程分析图。

3. 评价表

此单元各学习任务评价表见表6-12。

表6-12 学习任务评价

序号	具体指标	分值	自评	小组互评	教师评价	小计
1	工艺元素运用的合理性	2				
2	根据主题、款式选择工艺手法的匹配性	2				
3	形式美法则的艺术性	2				
4	工艺流程的规范性	2				
5	独立自主完成任务	2				
	合　计	10				

单元七　成衣项目分类设计

单元描述： 成衣分类设计是根据成衣产品各自不同的用途而进行设计的，每一品种里又有着不同的设计定位和专门化方向，设计者进行设计之前应对其品牌的设计定位与风格、设计对象心理和生理特征、材料质地和流行趋势等诸多方面进行分析研究。

能力目标： 能在实际工作中，掌握成衣设计的构思、方法和程序，理解成衣构成的因素，提升成衣设计的审美水平，培养敏锐的洞察力，学会利用各种元素并运用具体手法进行成衣设计。

知识目标： 以企业成衣设计、生产实际工作过程或任务的实现，进行成衣项目的分类设计与实战，知晓工作任务项目中设计元素的提炼和重组。

学习任务一　童装成衣设计

一、任务书

为迎接暑期新学期特卖会，设计部主管接到总公司销售部任务，急需利用库存针织面料设计一批童装，工作任务主题板——线性几何（图7-1），目的是使童装品牌特卖看起来有

图7-1　工作任务主题板——线性几何
（图片资料来源：POP服饰流行前线网）

新卖点和主题创意点。根据主题板特点、童装设计特征、新学期特卖会特性，按照企业成衣设计要求，在规定时间内独立完成单款设计稿。

具体要求如下：

（1）儿童年龄定位在6~12岁。

（2）设计款式定位为男、女童秋冬季套头T恤（加厚款）。

（3）款式上要有贴袋设计，体现儿童的趣味性和活泼性。

（4）工艺手法设计要合理。

（5）完成童装贴袋设计与制作项目实践工作页（表7-1）。

（6）分小组合作完成。

项目重点主要分为四项子任务：

（1）任务一：结合工艺可实现性，完善童装贴袋设计。

（2）任务二：正确解读童装贴袋设计款式图。

（3）任务三：合理运用专业知识，制订工艺方案。

（4）任务四：小组合作完成童装贴袋制作。

表7-1 童装贴袋设计与制作项目实践工作页

项目	童装贴袋设计与制作		课 时	1节（90分钟）
项目组分工	项目组组员姓名	具体任务内容		
设计师		主题设计与绘图（手绘或电脑绘图均可）		
工艺员		编写工艺流程（根据工艺指示单编写工艺细节）		
制板师		设计结构（检查设计是否符合制板要求）		
制作员		编排缝制要求（检查设计是否符合生产制作要求，提出建议）		
理单员		规划面、辅料细节（根据工艺指示单编写面、辅料细节）		
任务描述	各小组运用已具备的专业知识，结合工艺可实现性完善童装贴袋设计。根据小组设计的童装贴袋款式图，进行工艺设计制订方案，并运用工艺方案在规定时间内完成童装贴袋的成品制作 提示：各位组员务必在组长的组织协调下合作完成接受的任务			
学习目标	了解服装企业成衣制作工艺流程，具备童装设计的一般能力，会分析童装贴袋款式图，掌握童装贴袋工艺设计的一般方法，能合理运用所学专业知识，通过小组合作实践童装贴袋成品制作。培养发现问题、分析问题，解决问题的能力			
重点	结合工艺可实现性，完善童装贴袋款式设计，正确分析童装贴袋设计款式图，制订工艺方案，小组合作完成童装贴袋制作			
难点	运用所学专业知识，根据小组讨论制定的工艺方案实现童装贴袋成品制作，并要及时检查、评估			
学习资源	与童装贴袋工艺设计和制作相关的信息（课前调查、资料包、成衣等）			
实施条件	模拟实训室（需配置多媒体设备）			
任务实施要求	1. 小组合作完成，组长分工，发挥团队最大优势 2. 分组解读童装贴袋设计款式图，合理运用专业知识制订可行工艺方案 3. 组内自评，及时检查，逐步完善童装贴袋设计款的工艺制作效果 4. 规范摆放工具用品，安全操作 5. 任务完成后各组代表进行总结交流			

续表

项目	童装贴袋设计与制作	课 时	1节（90分钟）
任务实施步骤	面、辅料选择→工艺单设计→打板画样→面料裁剪→工艺制作		
工作体会	1. 通过童装贴袋设计与工艺制作，你有哪些收获 2. 你对自己在本次任务中的完成情况是否满意 A 满意——有哪些成功之处 B 不太满意——主要问题在哪里？你准备如何改进 C 很不满意——你认识到问题的根源了吗？需要帮助吗		
任务拓展	1. 认真完成工作页和工艺单填写 2. 结合本环节任务完成的优点与不足，再次完善其工艺设计与制作		

1. 能力目标

（1）掌握童装服装设计构思、设计方法和程序。

（2）学会利用各种元素，进行童装主题方案运用。

（3）能掌握服装主题设计思维——意向性思维实施的一般过程。

（4）根据各类主题对童装进行成衣设计。

2. 知识目标

（1）了解服装主题设计思维（意向性思维实施）的一般过程。

（2）知晓儿童生理与心理特征，熟悉童装品牌的基本设计定位。

（3）掌握单件童装设计稿的基本要求。

（4）理解童装构成的因素，提升童装设计的审美水平

二、知识链接

童装成衣设计包括：梳理项目重点，难点及知识点；概念；相关知识；任务实施；项目小结（图7-2）

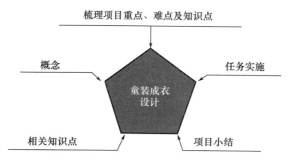

图7-2　童装成衣设计思维导图

【特别提示】本项目以童装企业成衣设计真实工作流程为导向，以完成典型成衣产品案例的主题分析、思维施展、图稿设计、工艺单制作等工作项目为依据，创新设计成衣产品项目化的体例结构，并以成衣设计产品为职业目标，确立设计的一般程序和原理、规律及方法的贯彻体系，对成衣设计元素分析、面辅料选用、初板确认流程和系列化设计拓展等工作任务进行有针对性的训练。通过对童装主题板元素分析，引用服装企业童装实例，以真实项目任务为出发点，以"工作任务"为载体，通过小组合作，实现主题童装构思设计原理知识的学习。在完成相关工作任务的同时，了解童装设计基本原理、儿童生理与心理特征、掌握针织面料的种类与特点、学会运用已学知识设计童装单款设计稿。

（一）梳理项目重点、难点及知识点

1．重点

掌握主题童装意向性思维设计的一般运用步骤。

2．难点

实现意向性思维举一反三的应用，培养服装多角度元素设计的应用能力。

3．知识点

（1）童装的定位与构思方法。

（2）常用针织面料的种类与特性。

（3）儿童的生理与心理特征。

（4）意向性思维的一般过程。

（5）童装品牌的设计定位。

（6）绘制童装设计图。

（二）概念

1．童装概念

童装是指未成年人的服装，包括从婴儿、幼儿、学龄儿童至少年儿童等各阶段年龄人的着装，童装是以儿童时期各年龄段的孩子为对象制成服装的总称。

2．意向性思维

首先，意向性思维是以生命现象中普遍存在的"超前反映"为基础的一种思维方式。其次，意向性思维是以人类特有的"目的规划"活动为基础的一种思维方式。再次，意向型思维是以人类发达的"镜像神经元"为生理基础的一种思维方式。

（三）相关知识点

1．常用针织面料的种类与特性

（1）针织坯布的分类，按生产方式分类，可分为纬编针织物和经编针织物两大类；按原料组成分类，根据构成针织物的原料可分为纯纺针织物、混纺针织物和交织针织物；按下机形状分类，可分为平幅坯布和筒状坯布；按加工方式分类，可分为本色布、漂白布、染色布、印花布、色织布、提花布；按针织物单双面分类，可分为单面针织物和双面针织物；按组织结构可分类分为（根据线圈结构与相互排列），基本组织织物、花色组织织物和复合组织织物；按织物用途分类，可分为衣着用布、装饰用布、医疗用布、产业用布。

（2）常用针织面料及性能，针织面料用于服装的多为纬编织物，纬编织物组织分为基本组织、花色组织和复合组织。针织内衣常用基本组织织物；针织外衣常用花色组织和复合组织。各种组织的结构和性能均不相同。

（3）常用针织面料的介绍。

①醋酸纤维（Acetel）针织面料。醋酸纤维具有真丝一样的独特性能，纤维光泽及颜色鲜艳，悬垂性及手感优良。用其生产的针织面料手感滑爽、穿着舒适、吸湿透气、质地轻盈、回潮率低、不易起球、抗静电。

②莫代尔（Modal）纤维针织面料。莫代尔纤维是一种新型环保性纤维，它有棉的舒适性、粘胶的悬垂性、涤纶的强度、真丝的手感，而且具有经过多次洗涤后仍然保持其柔软和

光亮的色泽。

③强捻精梳纱针织面料。强捻的精梳纱制成的凉爽麻型的针织面料，不仅具有麻纱感，而且凉爽吸湿性好，特别是真丝加捻，是一种理想的高档针织面料，除了具有真丝的优良性能外，面料手感更丰满，而且较硬挺有身骨，尺寸稳定性好，具有较好的抗皱性，是高档职业装、休闲装的理想面料。

④Coolmax纤维针织面料。这种纤维针织面料能将人体活动时所产生的汗水迅速排至服装表层蒸发，保持肌肤清爽，令活动倍感舒适。它的导湿性较好，与棉纤维交织的针织面料具有良好的导湿效果，广泛用来缝制T恤衫、运动装等。

⑤再生绿色纤维Lyocel。针织面料再生绿色纤维Lyocell、天丝与氨纶裸丝交织的针织平针组织面料（汗布）、罗纹、双罗纹（棉毛）及其变化组织的面料，质地柔软、布面平整光滑、弹性好，产品风格飘逸，具有丝绸的外观，悬垂性、透气性和水洗稳定性良好，是设计流行紧身时装、休闲装、运动装的理想高档面料。

⑥闪光针织面料。因其具有闪光的效果，一直是服装设计师的宠爱。在针织圆纬机（大圆机）上，采用金丝和银丝原料与其他纤维原料交织，在面料的表面会产生强烈的反光闪色效果，当采用镀金方法，在针织面料上会出现各种图案的闪光效果，而面料的反面平整、柔软舒适，是比较好的针织服装面料。

2. 儿童的生理与心理特征

儿童是指从出生到12岁的年龄阶段，如果从更宽泛的意义讲，13~17岁的少年阶段也可以划归为儿童期。可以根据每一阶段儿童的特点，把儿童分为婴儿期、幼儿期、学前期、学龄期和少年期五个阶段，每个阶段的儿童都有不同的生理和心理特征。

（1）婴儿期。从出生~1周岁为婴儿期，是睡眠和在母亲怀里的时候较多的时期，属于静态期。婴儿出生后的2~3个月，身高大约50cm左右。在此期间生长较快，1周岁时，身高可达60cm左右，体重则成倍增长。这一时期的生理特征是：睡眠多、出汗多、皮肤细嫩、排泄次数多。体型以头大、颈短、腹大、肩窄、四肢短小为特点。6个月后，可进行坐、爬、立等动作，穿着服装的时间也逐渐增多。

（2）幼儿期。1~3岁为幼儿期，是开始学行走、跑跳、投掷等动作的时期，属于动态期。这一时期的生理特征是：头大、颈短、腹部突出、四肢粗胖。开始学话、能简单认识事物，对于醒目的色彩和活动的东西极为注意，游戏是他们的主要活动。对服装的需求随着户外活动的增多而增加。

（3）学前期。4~6岁为学前期，这一时期的生理特征是：头大、肩窄，胸、腰、臀的围度差不大。智力发展较快，思维能力有所提高，个性也明显表现出来。喜欢接触外界事物和接受教育，愿意唱歌、跳舞、画画、识字等。男孩和女孩在性格、爱好方面已表现出差异。

（4）学龄期。7~12岁为学龄期，这一时期的生理特征是身体结实、四肢发达、腹平腰细，颈部开始长，肩部逐渐增宽。运动技能和智力已经脱离了幼稚感，男孩、女孩的体态和兴趣已经明显不同，已有自己的审美意识和择物观念。生活的主要场所已从家庭转移到了学校，受到学校纪律和集体的约束，学习已成为生活的中心。

（5）少年期。13～17岁为少年期，也称中学阶段。这一时期的生理特征是身高已接近于成年人，但还略显单薄、稚嫩。男孩、女孩性别特征十分明显，男孩的肩部开始变平、变宽，胸围和体重明显增加；女孩的胸部开始变得丰满，臀部的脂肪明显增多。性格逐渐变得沉静，情绪也变得易于波动，喜欢表现自我，对穿着十分在意。

3．意向性思维的一般过程

设计思维包括意向性思维和偶发性思维。意向性思维是在服装设计之初，就已经具有了明确的设计意图趋向。

意向性设计思维的一般流程：目标定位→寻找切入点→充实细节→完善总体。

🖒 小案例

典型实施案例：童装品牌"唯路易"（资料来源：上海赛晖服饰有限公司）

（1）目标定位

通过图7-3所示，可以了解品牌产品的基本风格与设计定位。参考图例掌握坐标定位的表达方式。定位点为：前卫、专卖与代理、性价比高。

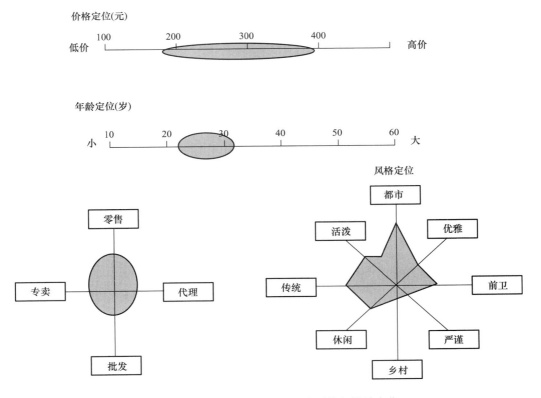

图7-3　坐标定位表达品牌的基本风格与设计定位

（2）寻找切入点。重点把握，寻找切入点

切入点可以是学习中、观察中或生活中印象最深刻、感动于心、时下最敏感等元素，各种事物、人物、景物、植物中汲取的元素都可以拿来做切入点（图7-4）。

图7-4　寻找主题板中的切入点示意图

（3）充实细节。如图7-4所示的3D眼镜细节转换成新设计元素，（图7-5）充实点：

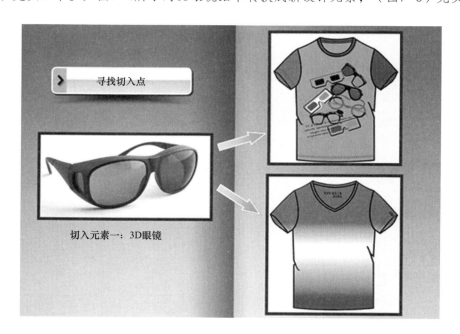

切入元素一：3D眼镜

图7-5　3D眼镜细节转化新设计元素示意图

蓝红撞色袖的设计；眼镜元素平面图案的运用；蓝色到红色的吊染工艺的设计。

灵感设计思维的转化要从生活中细小的事情观察做起，理解并运用所掌握的服装设计元素的各知识点。

（4）完善总体。注意服装款式各部分设计、服装与人体之间的关系、服饰搭配、系列组合等运用。

👉 小案例

4. 童装品牌的设计定位

童装品牌"小乖猴"设计定位。小乖猴是休闲风格的童装，主要是满足年龄在6～16岁孩子的需求。品牌主打休闲风格，适合户外活动和旅行穿着，可以带有卡通印记或品牌logo产品标识的休闲风格的童装。

核心目标消费者妈妈基本特征

- 年龄：28～40岁。
- 学历：高中及以上。
- 家庭月收入：一线城市5000～8000元/月，二、三、四线城市2000～5000元/月，家庭经济一般或较好。
- 职业：普通工人、一般白领、主管等多种职业。

核心目标消费者妈妈生活现状

- 注重品质，有品牌需求但不刻意追求。
- 认为孩子长得很快，衣服只要安全健康，品质不错就行。
- 比较注重面料特性，以棉质为主。
- 比较注重孩子穿着的舒适度和健康。
- 处于社会的中层，属于小康家庭，在穿着上能适当地投入。
- 比较注重性价比，希望孩子能够在一种宽松自由的环境中成长。
- 希望孩子具有一定的个性，能够跟得上潮流和时尚。

核心目标儿童消费者基本特征

- 年龄：4～16岁
- 所处阶段：幼儿园、小学、中学。
- 性格：个性、时尚、活泼。

核心目标儿童消费者生活现状

- 注重产品的舒适度和自由，喜欢时尚感觉的衣服。
- 对价格和品质无意识。
- 受周围环境影响大，对品牌有一定的意识。
- 衣服主要是大人购买，但自我已开始参与。
- 对衣服的风格已有偏好。
- 比较活泼，喜欢运动。

（四）任务实施

1. 工作准备

（1）阅读领会设计任务内容与要求。

（2）梳理实践工作环节与知识点。

（3）准备任务实施的资料包（主题板、童装项目素材视频、流行参考图、童装库存针织面料、辅料）。

（4）实习小组的组合与分工准备。

（5）企业设计评价表与工艺单每人1份。

2. **任务实施**

（1）技术要求：主题板元素提炼要根据童装品牌的产品定位和流行资讯，提炼设计要素；设计稿设计要了解品牌目标市场儿童及家长需求，调查吸引眼球的设计卖点，针对库存针织面料开发款式，合理增减款式细节创意设计；面、辅料的选择要考虑库存针织面料与款式的匹配性及儿童生理与心理需求，初步了解单款童装的成本构成；意向性思维设计的一般流程包括掌握初案的确定、设计的过程以及设计的程序。

（2）注意事项：符合儿童生理与心理特征；根据选配的织物特点，采取正确的方法进行童装单款设计；满足童装设计的基本原则（舒适、方便、趣味为主）；考虑企业（SWOT）评价点对设计过程的监管力。

3. **操作步骤**

（1）童装主题构思设计前提：童装设计工作需要灵感来源，主题定位，是5W（When、Who、Where、Why、What）的综合体，是一项有情感、有生活、有空间、有个性的真实设计工作。

（2）童装主题板元素选取。

👉 男童主题板元素案例：

主题：夏日"型"走

聪明、勇敢、自信和帅气是这每一位家长对男童的憧憬！活泼可爱的印花7分裤，采用天然、透气的纯色面料，侧缝处有形象生动的胶浆印花图案，好像孩子头脑中各式各样的想法，缤纷夺目，新奇有趣。撞色的压线设计是本单品的点睛之笔。全松紧带腰头设计，休闲舒适，让孩子在夏日里更加帅气和自信！"型"走于街头，一定会成为小伙伴中的佼佼者！元素选取参考点：海边元素印花图案、撞色压线的独特设计。

主题：不一样的童年

男孩的童年总是徜徉于无尽嬉戏与玩耍之中！所以对于男童的着装而言，舒适、大方、帅气的单品是他们穿衣的首选！舒适透气的面料、清爽自然的配色、简单大气的款式无疑成了他们在嬉戏玩耍中最贴身的保护伞！趣味生动的印花图案，结合精致的数字绣花简单而不失细节！全松紧带腰头，搭配撞色的纯棉织带，升华了整件单品的趣味性！让男孩穿着它尽情玩转吧！元素选取参考点：童年故事、新型面料。

主题：摩托车日记

男孩对车的着迷，每个大人都是有目共睹的！各种各样的车模型，是伴随孩子快乐成长的好伙伴。源于对孩子们的观察，设计师根据孩子们的喜好设计出了一款T恤，热情洋溢的跳跃色彩与时尚的结构设计构成了完美的造型。炫彩夺目、热情洋溢的摩托车图案，将整件单品的层次升化到最高点，男孩穿着此款T恤，一定会吸引很多小朋友的眼球。元素选取参考点：摩托车系列图案、旅行心情故事。

主题：**每个男孩都是发明家**

男孩的思维是非常活跃的，他们总有各种各样的奇思妙想。此款单品妙趣横生的印花图案，源于孩子的思想。设计师从男童的角度看问题，将孩子对科学，对发明的想法体现在了设计作品！形象生动的宇宙飞船冲破太空的图案，生动形象地挖掘出孩子们对新鲜事物的好奇与探索！做一个爱思考、爱探究、爱发明的快乐小孩吧！元素选取参考点：科学发明与款式造型、梦幻太空色彩。

主题：**海洋天堂**

谁说夏天只做三件事：西瓜、空调、洗澡？对于男孩子来讲，这是远远不够的！拥有一件清凉、健康、帅气的T恤更能让男孩在夏日里找到完美的自我！设计师结合海边风光，以清爽的深蓝、彩蓝、苹果绿为主色基调，注重清凉宽松的设计手法！妙趣横生的冲浪印花图案、清爽透气的面料，都一一融进孩子夏日玩耍、学习时开心愉快的完美心境！无论是在温馨的家里还是在宽广辽阔的海边都能最大限度的释放孩子童年的色彩！元素选取参考点：夏日系列相关元素、梦幻太空。

（3）依据主题板元素、品牌风格定位、库存面料特点设计单款童装，并结合童装流行趋势、儿童心理与生理特征及成衣产品工艺特点分析设计要点。

☞**小案例**

男童T恤设计

手机元素的提炼及演变成微单相机（图7-6）。

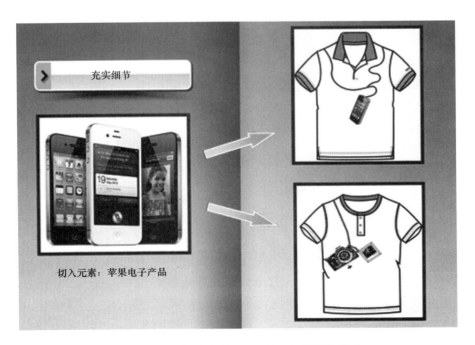

图7-6　主题元素提炼充实T恤细节设计示意图

（4）童装的设计要素整合（表7-2）。

表7-2　童装成衣设计基本要素

设计思维	意向型思维	偶发性思维
款式要素	外形线设计	内分割线设计（结构线与装饰线）
色彩要素	邻近色组合设计、对比色组合设计等	色调变化的设计
面料要素	面料性能的识别、面料的流行、面料的再造、用途等	
工艺要素	手工艺装饰、绣花、印花、烫贴、编结、造花等	
设计手法	延伸法、仿生法、借鉴法、限定法、立意法、装饰法等	

☞**小贴士**

实践任务设计原则必须体现设计的当代性，注重交叉学科、服装工艺技术与制板原理课程对设计的支撑作用，同时还要体现项目的科学性（艺术性与技术性的融合）。

（5）根据企业SWOT评价点对设计过程进行检查。

服装企业SWOT评价体系的解释：S（优势）：流行趋势元素；主题思维设计的能力；符合儿童心理或生理需求；符合人物与主题需求。

W（劣势）：运用步骤的合理性；结构与工艺的匹配性。

O（机会）：款式和面料的协调性；创意卖点的设计。

T（威胁）：符合大货生产；工艺制作难度系数。

（五）项目小结

本项目重点介绍儿童服装设计的特点和系列设计的思维方法与表现形式。分别从儿童生理和心理特点分析入手，对童装造型、面料、色彩、装饰等要素所构成的设计构思与主题的确定给予了全面的阐述，对童装设计的整体设计程序、步骤与表现方法作了专题描述。从理论与实践的角度出发，力求理论性、艺术性、知识性及实用性于一体，深入浅出，将设计理论与表现技能运用于整体成衣设计环节之中，具有很强的实用性和操作性。

三、学习拓展

☞**模拟案例解读**

（资料来源：施捷醒目知色服装设计工作室）

模拟案例1：童装品牌"绽放"2015年秋冬产品企划模拟大纲

品牌名：绽放

品牌寓意：专为4～6岁儿童设计。源于设计团队成员的心声，因为大家在一起玩耍，一起快乐，每个人有不同的特色，每个人有着自己的个性。希望快乐得以延续，儿童是天真快乐的代表，希望品牌的特征能传递儿童的快乐，打造独特、个性、时尚快乐的儿童。

品牌理念：以儿童的快乐为灵敏来源，展示儿童自己的光彩，打造时尚、休闲、舒适、环保而又有高质量的品牌服饰。

品牌定位：中档产品。

竞争品牌："绽放"童装。"绽放"童装品牌系中国娃集团旗下设计、研发、销售于一体的儿童服饰品牌。

品牌特征：都市儿童品牌，时尚休闲概念。

品牌理念：注重时尚色彩，强调舒适安全，推崇童装搭配艺术，展现都市儿童风采，倡导时尚、舒适、环保、休闲体验。

季节：2015年秋冬款。

本季主题：急速奔跑的时尚。将时尚休闲装的文化新理念；时尚与休闲的元素；健康个性化为加入点引入童装品牌的设计中，以吻合现代儿童的个性与需求。并致力打造儿童时尚与休闲大融合的概念。在产品风格方面，以黑、白、灰、橙、为经典主色调，为休闲生活中注入每季流行色及时尚元素。

模拟案例2：基于城市童装市场的消费者需求与购买行为调查

1. 调查目的

以了解不同销售渠道背景下的童装设计特点为目的，调查问卷对童装品牌的认知、不同渠道的童装规格、童装品类需求以及消费者选购童装的影响因素四个方面，作出本调查的假设如下：

（1）线上线下消费者对童装设计有若干不同的需求。

（2）线上线下消费者对童装设计风格可能倾向于某些风格或某些品类。

（3）消费者选购童装时受影响因素的重要性。

2. 调查样表初稿

基于城市童装市场的消费者需求与购买行为调查

访问员编号：　　　　问卷编号：　　　　复核员：　　　　执行日期：

尊敬的消费者：

您好！本次调查活动是由施捷醒目知色服装设计工作室发起的，目的在于研究城市童装消费者的购买行为与需求。深入真实地了解当前市场消费需求，为童装的成衣设计提供必要的数据资源，我们设置了本调查问卷。本问卷仅用于此次项目设计的研究，根据您的如实感受填写，并衷心感谢您的支持！

施捷醒目知色服装设计工作室

附：童装市场调查问卷

（1）您的年龄：_____

（2）婚姻状况：a 已婚　b 未婚

（3）您的性别：a 男　b 女

（4）教育程度：a 专科　b 本科　c 硕士　d 博士以上　e 专科以下

（5）月收入状况：a 1000～3000元　b 3000～5000元　c 5000～8000元　d 8000～1万元 e 1万元以上

（6）您的宝宝性别：a 男　b 女

（7）您宝宝的年龄：a 0岁以下　b 1～3岁　c 3～8岁　d 8～12岁　e 12岁以上

（8）您选购童装的主要渠道是：

a 传统线下　b 网购　c 线下线上都买　d 线下选购，线上购买

（9）在线下您选购童装的主要渠道是

a 综合百货商店　b 品牌专卖店　c 批发市场　d 街边童装店　e 超市　f 其他

（10）在线上您选购童装的主要渠道是

a 淘宝　b 天猫　c 京东　d 亚马逊　e 唯品会　f 其他

（11）平时您选购童装时，孩子参与吗？

a 我自己做主　b 孩子做主　c 我意见为主，孩子参考　d 孩子意见为主，我辅助

（12）您平时买童装主要用途是？

a 自己孩子穿　b 送礼　c 其他

（13）逛街时，您为什么会选购童装？

a 孩子穿着需要　b 满足自己心理需求　c 广告促销　d 精美包装　e 服务

（14）在逛淘宝时，因为什么因素决定下单购买童装？

a 孩子穿着需要　b 满足自己心理需求　c 大促销　d 漂亮图片描述　e 客服的服务

（15）在线下传统渠道，平时您在购买童装时，会选择哪些风格？

a 校园经典　b 卡通形象　c 户外运动　d 传统大众　e 日韩潮流　f 时尚个性

（16）网购时，您选择童装，会选择哪些风格？

a 休闲　b 韩版　c 百搭　d 运动　e 公主　f 原创　g 学院

（17）平时您在线下选购童装时，您会购买哪些品类？

a T恤　b 裤子　c 套装　d 外套、夹克、大衣　e 卫衣　f 儿童家居服　g 羽绒服
h 毛衣　i 衬衫　j 亲子装

（18）平时您在网上选购童装时，您会购买哪些品类？

a T恤　b 裤子　c 套装　d 外套、夹克、大衣　e 卫衣　f 儿童家居服　g 羽绒服
h 毛衣　i 衬衫　j 亲子装

（19）您在线下选购童装时，一般每次花费多少元？

a 0～30元　b 30～50元　c 50～100元　d 100～150元　e 150～200元　f 200～300元
g 300元以上

（20）您在网络选购童装时，一般每次花费多少元？

a 0～30元　b 30～50元　c 50～100元　d 100～150元　e 150～200　f 200～300元　g 300元
以上

（21）平时选购童装时，您会为孩子选择什么颜色？

a 白色　b 黑色　c 灰色　d 红色　e 蓝色　f 粉红色　g 天蓝色

（22）线下您知道的童装品牌有＿＿＿＿＿＿＿＿＿；网络上您知道的品牌有＿＿＿＿＿＿＿＿＿＿

（23）您经常购买的线下的童装品牌是＿＿＿＿＿＿＿＿＿＿＿＿＿＿＿＿＿＿＿＿＿＿，线
上品牌是＿＿＿＿＿＿＿＿＿＿＿＿＿＿＿＿＿＿＿＿＿＿＿＿＿

（24）选购童装时，您觉得以下因素的重要性程度如何？请在对应的框内做记号。

a 线下渠道（表7-3）

表7-3 线下渠道调研

影响您选购童装产品的因素	重要性程度分值（很不重要——非常重要）						
	1分	2分	3分	4分	5分	6分	7分
品牌知名度							
产品价位							
产品质量							
产品稀有度							
产品陈列效果							
整体款式和色彩							
整体风格和设计							
童装的图案							
面料的安全舒适							
自我个性的表达							
身份认同感							
店面整体氛围							
优质的销售及售后服务							

b线上渠道（表7-4）

表7-4 线上渠道调研

影响您选购童装产品的因素	重要性程度分值（很不重要——非常重要）						
	1分	2分	3分	4分	5分	6分	7分
品牌知名度							
产品价位							
产品质量							
产品稀有度							
产品图片							
整体款式和色彩							
整体风格和设计							
童装的图案							
文案描述							
自我个性的表达							
搭配营销方案							
店铺整体氛围							
优质的销售及售后服务							

（25）对本次调查的意见和建议＿＿＿＿＿＿＿＿＿＿＿＿＿＿＿＿＿

请将调查问卷发至邮箱：529561021@qq.com，我们会对您的个人信息保密！再次感谢您的配合！

3. 调查的步骤与方法

（1）调查步骤：首先在专业教师指导和同学们分组讨论下，结合已有的童装品牌的市场情况，修改与完善调查问卷设计的初稿。然后进行市场调查，收集预调查的意见进行修订，并正式投入使用。通过网络调查、实地调查及私人访谈相结合，收集相关数据资料，根据市场上已有线上线下童装目标客户群，筛选有效的消费者样本，并进行项目分类统计。

（2）调查方法：①首先以小组座谈形成初步的假说和推论，对调查问卷进行定性研究，以便改进和完善后续的定量调研方法，包括对调查问卷的各项指标进行修正和确定。设定以下调查取样的标准。

a．年龄在26～40岁之间的男女。

b．宝宝年龄在3～12岁。

c．教育程度要求：大学专科以上。

d．具备独立自主的购买能力，体现在收入中，要求受访者月薪收入在2000元以上。

e．穿着风格独特，具有较强的审美个性。

f．有网购童装经验。

②通过实地调查和网络调查的方式进行调查访问，其中，实地调查主要为商厦、专卖店、市场拦截调查。

③最后完成问卷的回收。

四、检查与评价

1. 思考题

（1）根据自己的实际理解与实践，简述在童装成衣设计中意向性思维设计的拓展运用心得。

（2）有针对性的项目市场需求调研对成衣设计的指导作用有哪些？

（3）请试举某一案例，说明儿童心理与生理特征对童装成衣设计的影响（可以图例结合文字形式说明）。

2. 实操题

（1）根据贴袋款式设计需要，收集童装贴袋设计的相关资料（不少于30款）。

（2）根据品牌"绽放"的主题——急速奔跑的时尚，设计带有贴袋形式的男、女童T恤各4款。

3. 任务评价表

本任务评价表参考服装企业任务SWOT评价体系（表7-5）。

表7-5　服装企业任务SWOT评价

评价任务SWOT评价体系	评价情况记录		
	自评	互评	师评
S 优势（3分）			
W 劣势（2分）			
O 机会（3分）			
T 威胁（2分）			

学习任务二　女装成衣设计

一、任务书

　　服装设计研发中心为美邦品牌提供产品设计的任务，企划2016年春夏装产品。为美邦品牌提供包括款式设计、图案设计、配色、搭配、陈列等服务。美邦公司2016年研发任务：2016秋冬大店女装成衣产品开发主题是"俄罗斯军官"，纪念世界反法西斯战争70周年（图7-7）。

图7-7　女装成衣产品开发主题——俄罗斯军官

具体要求：

（1）消费定位：20~35岁的中端消费者。

（2）商品精神：休闲装，时尚的色调，活力的个性。

（3）目标客户：上班族、时尚群体，表现为阳光活力的年轻女性。

（4）产品定位：以俄罗斯风貌配合军旅服装文化为灵感来源。浓郁的色彩搭配，休闲的个性化摇滚风格，金属材质、印花图案、盘扣、领、袖等细节的运用，不同材质面料的搭配设计突出休闲时尚的俄罗斯风格。

（5）款式图绘制比例恰当、细节及工艺手法设计合理、标注清晰。

（6）小组分工合作完成。

本次项目重点任务主要分为六个子任务：

任务一：搜集潮流资讯，分析潮流资讯，做潮流简报，制订颜色方向，确定产品轮廓。

任务二：通过搜集的潮流资讯，选款，并进行款式设计。

任务三：进行图案设计、平面设计、样板单制作、尺寸以及工艺描述，并进行拆色，完成设计稿。

任务四：做样衣以及批核样板。

任务五：模拟色彩波段搭配。

任务六：店铺货品陈列效果设计。

1. 能力目标

（1）掌握搜集潮流资讯的能力。

（2）掌握女装成衣设计的构思方法和程序。

（3）能掌握服装主题设计思维——意向性思维实施的一般过程，学会利用各种可能的元素进行女装主题方案设计。

（4）根据各类主题进行女装成衣设计。

（5）运用设计软件，例如，运用Photoshop、Adobe Illustrator、Coreldraw等进行款式设计、平面设计。

2. 知识目标

（1）了解服装主题设计思维的一般过程。

（2）了解女装生理与心理特征，熟悉女装品牌的基本设计定位。

（3）掌握绘制单件女装设计稿的基本要求。

（4）理解女装构成的因素，提升女装设计的审美水平。

二、知识链接

女装成衣设计包括：梳理项目重点、难点及知识点；概念；影响女性购买基本因素；女装品牌产品开发过程；女装产品定位；分季开发（图7-8）。

【特别提示】本项目以企业女装成衣设计真实工作流程为导向，以完成典型成衣产品案例的主题分析、思维拓展、款式设计、样板单绘制、大货工艺单制作等工作项目所需能力与素质要求为依据，创新设计成衣产品项目化的体例结构，并以设计成衣产品为职业

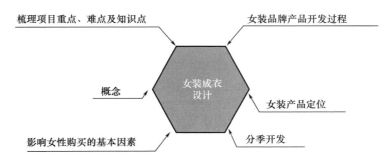

图7-8　女装成衣设计思维导图

目标，确立设计的一般程序和原理、规律及方法的体系，对成衣设计元素分析、面辅料选用、初板确认和系列化设计拓展等工作，分门别类地进行有针对性的训练。通过对女装主题板元素分析，引用服装企业女装实例，以真实项目任务为出发点，以"工作任务"为载体，创造真实的工作情境，学生通过小组合作，实现主题女装构思设计原理知识的构建。在完成相关工作任务的同时，了解女装成衣设计基本原理、影响女性购买的心理、经济、文化等基本因素，掌握面辅料的种类与特点、懂得运用已学知识，设计女装单款设计稿。

（一）梳理项目重点、难点及知识点

1. 重点

掌握主题女装意向性思维设计一般运用步骤。

2. 难点

实现知识举一反三的应用，培养设计师从多角度构思服装元素设计女装成衣的关键能力。

3. 知识点

（1）女装的定位与构思方法。

（2）常用面料的种类与特性。

（3）影响女性购买的心理、经济、文化因素。

（4）设计思维的一般过程。

（5）女装品牌的设计定位。

（6）绘制女装设计图（样板制造单）。

（二）概念

女装是指除童年时期以外的女性服装，它包括少年、青年、中年、老年等各阶段年龄段的女性着装，其范围包括色彩、款式、面料、廓型、结构、工艺、细节、配饰等多方面的内容。本单元案例主要围绕中青年女装展开。女装成衣设计首先要建立在女性着装对象的基础性研究上，把握女性审美视角、着装动机，生理、心理特点，才能设计出符合女性特征和消费心理的服装来。

（三）影响女性购买的基本因素

1. 心理因素

随着经济的发展，生活水平的提高，女性对穿着的要求已不仅仅满足于基本的生理需求，更加倾向于追求审美情趣，追逐时尚，表现自我的个性需要，通过市场调研，了解消费者的购买心理是成衣设计的有效手段。

2. 经济因素

相当一部分消费者的购买行为主要是由其经济收入水平决定的，根据自己品牌消费人群的收入和购买心理需求确定产品的价位，并且在设计时根据色彩、款式选择合适价位的面料、辅料、做工配饰、特种工艺处理等，使设计生产出来的服装适合目标消费群的购买力。实现产品向商品的转换，获得利润。

3. 社会文化因素

女性消费者在不同的文化背景下有着不同的购买行为，要多了解自己品牌目标消费群的特性，例如，穿着习惯、工作环境、社交生活习惯、形体上的特点，以及消费者的民族、种族、宗教、基本阶层、相关群体等背景因素。在设计中体现女性的文化品位，体现她们的文化体征，才能使设计得到市场的认可。

（四）女装品牌产品开发过程

产品策划就是产品开发部门通过对市场的调研，确定产品的市场定位，包括产品的风格、消费群、价位等。成衣产品开发同样如此，所以成衣产品策划是离不开市场调研的，市场调研是设计师进行产品设计的首要任务。

1. 对消费市场的认识

因为成衣设计的构思必须建立在市场的消费需求上，也就是要迎合消费人群的口味。所以设计成衣首先需要了解成衣市场，而从事成衣设计的工作者，更需要随时随地地进行市场调研和分析，客观、准确地了解市场的需求。

2. 从市场中来到市场中去

由于季节的不同、地区的不同、经济条件的不同以及消费者自身诸多因素的差异，这些都将直接影响消费者的需求，使消费者对服装的色彩、款式、面料的要求也将自然地有所差别。设计师要清醒地认识到，成衣设计是一种开放性的工作，是一种以市场为准的工作，成衣设计绝不能闭门造车，也不能只以自己的主观判断来行事，一定要"从市场中来到市场中去"。

3. 根据消费者的购买行为进行服装设计

消费者在购买服装时往往会考虑整体搭配，因此在产品开发时，应考虑款式的系列性，可搭配性，进行相关产品的配套设计。

4. 了解把握影响消费群购买行为的因素

通过上述市场调研，摸清各类服装的市场份额和消费者潜在的需求，确定目标市场，为自己的品牌找准对象或为已有品牌找出新的切入点，通过对色彩、面料、款式、饰品、工艺、新技术、时尚元素等的综合运用，设计出受市场欢迎的"宠儿"，是成衣设计师设计实力的体现，由此才能使自己成为一个成熟、成功的设计师。

（五）女装产品定位

服装市场是多元化的市场，服装市场的多元性决定了服装企业生产的服装不可能涵盖所有消费群，因此，通过市场调研，设计者对所开发的成衣产品确定初步的构思，然后需要有一个明确的市场定位。女装成衣产品定位就是要确定女装成衣产品在市场中的位置，即确定成衣产品的目标消费群，确定产品的风格、类别以及产品的价格。设计者要为企业设计出与众不同的个性化女性服装产品，为企业在消费者中塑造鲜明的品牌风格，树立独特的市场形象。在确定目标市场之后，就要在目标市场上进行产品的市场定位。成衣产品定位是设计师必须要明确且掌握的，这也是设计成本最基本的前提。在成衣产品定位上，主要包括以下内容。

1. 消费群年龄定位

消费群年龄定位为：18~25岁、25~35岁、35~45岁等。

2. 女装风格定位

了解流行元素，确定女装的类型和风格，例如，休闲装、正装、时装等类型。以宽大舒松的款式、天然的材料体现悠闲浪漫心理感受和田园风格；以鲜艳、破烂、简洁、金属为特征的朋克风格；介于两性中间的简约中性风格；几乎不要任何装饰，通过精确的结构和精致的工艺来体现廓型的简约风格；以套裙为特征的办公女士风格；符合日常穿着的改良民族服装和含民族元素的民族风格服装；自然清新、以蕾丝与褶边体现柔美优雅宜人的淑女风格等。

3. 价格定位

价格定位取决于所选择的消费阶层和销售区域及竞争品牌的服装价格三方面因素。

（1）消费分层定位：如高收入的白领阶层，高价成衣定位；中高等收入阶层，中高价成衣定位；一般工薪阶层，中低价定位等。

（2）销售区域定位：如销往经济发达地区，以较高价成衣定位，销往经济欠发达地区，以中低价定位。

价格定位是服装品质的决定因素，价格定位的高低，影响面料的品质、做工的好坏、款式设计的时尚性、后整理等因素。产品一旦定位，设计者便以此为依据，确定色彩、面料、款式、图案、工艺、饰品、吊牌、包装等。进行成品核算，保证企业有足够的利润。

（六）分季开发

服装企业的女装成衣产品开发，通常分为春夏季和秋冬季，在开发每季成衣之前，一般较大型企业中，设计总监都会先期考察市场，确定产品开发的风格主题、定位，有些企业会由设计总监对设计师进行分工，一起进行资料的搜集整理工作，预测流行趋势，确定本季产品开发的风格主题、定位，从而确定服装色彩、面料、装饰和配饰、配搭、确定产品系列组合等，然后指导设计师进行产品的开发。较小型的公司中，更多的是由设计师直接根据自己的经验和对市场的把握来设计新款，由设计主管来确定款式，指导生产。

有了明确的产品定位，企业的设计部门就会对每季的服装款式进行整体开发，以批发为主的中小企业，较少考虑产品的组合，而大型品牌企业为了减少风险，常有一线品牌和二线品牌，或以主打产品为主，附带生产辅助产品、关联产品进行整体开发，借以提高抵御市场风险的能力，提高利润。例如，一些大的品牌都会开发与主打产品风格一致的包、鞋、帽、皮带、袜、围巾、手套等关联产品，使消费者有更多的搭配选择，提高消费者的购买欲望，从而获得更大的利润。

（七）任务实施

1. 工作准备

（1）阅读领会设计任务内容与要求。

（2）梳理实践工作环节与知识点。

（3）准备任务实施的资料包（主题板、女装项目素材视频、流行参考图、女装库存面料、辅料）。

（4）实习小组的组合与分工准备。

（5）企业设计评价表与工艺单，每人1份。

2. 任务实施

（1）技术要求包括以下几点内容。

①主题板元素提炼要点：根据女装品牌的产品定位和流行资讯，有选择性地提炼设计要素。

②设计稿设计要点：了解品牌目标市场需求，调查吸引眼球的设计卖点，针对市场新一季流行面料开发款式，合理增减款式细节创意设计。

③面、辅料的选择要点：考虑流行面料与款式的匹配性及消费者的心理需求，初步了解单款女装的成本构成。

（2）注意事项。成衣款式设计要符合消费者年龄的心理特征。根据选配的面料特点，采取正确的方法进行女装单款设计，满足女装设计的基本原则。考虑企业内部优势、劣势以及外部的机会和威胁进行综合分析，并评价设计的着眼点，要对设计过程进行监管。

3. 操作步骤

（1）女装主题构思设计基本要素，见表7-6。

表7-6 女装成衣设计基本要素

设计思维	意向型思维	偶发性思维
款式要素	外形线设计	内分割线设计（结构线与装饰线）
色彩要素	邻近色组合设计、对比色组合设计等	色调变化的设计
面料要素	面料性能的识别、面料的流行、面料再构、用途等	
工艺要素	手工艺装饰、绣花、印花、烫贴、编结等	
设计手法	延伸法、仿生法、借鉴法、限定法、立意法、装饰法等	
流行要素	利用饰品、配件的辅助作用，形成特殊的效果，以提高商品的档次和价值感，把握服装的整体风格设计	

（2）绘制设计初稿。成衣的设计形式是多样的，有彩色效果图表现、线描款式图表现、口授设计、综合拼凑设计、二次修改设计、模仿设计（拷贝修正设计）、设计师自己动手制作表现效果设计等。

①款式图的绘制。一般大型正装或休闲装类企业，对款式图的绘制要求严格，多以电子文件的方式存储，便于多部门的沟通协调。通常设计师会以对称的正面、背面、侧面来表现

款式（图7-9），有的也会以一个或几个常用的概括性动态表现款式，它们都不需要画出人体，表现出款式就可以，细节也要表达清楚，内部结构要清晰。

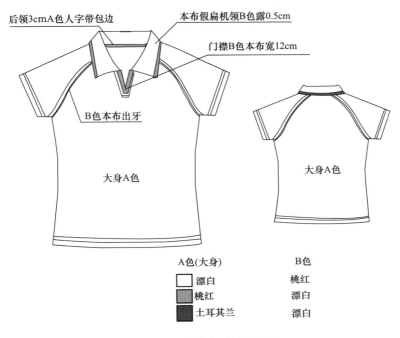

后领3cmA色人字带包边
本布假扁机领B色露0.5cm
门襟B色本布宽12cm
B色本布出牙
大身A色
大身A色

A色(大身)	B色
漂白	桃红
桃红	漂白
土耳其兰	漂白

图7-9 女装成衣T恤款式图

②效果图的绘制。时尚类的服装企业多以手绘的形式来表现成衣设计的效果图（图7-10、图7-11），不同于参赛类服装效果图，以简明的形式，只要表达清楚即可。

（3）定稿、制单，是成衣款式与工艺制作要求明确的工作程序。

①设计定稿。设计师绘出初稿，交由总监审稿，并向总监陈述设计意图，与总监对设计

图7-10 女装成衣效果图1

图7-11　女装成衣效果图2

的款式进行讨论交流，探讨款式设计的合理性，如风格是否对路？面料的运用是否能达到设计效果？成本是否合理？流水制作的可行性？市场的反应等，设计师根据总监的批复进行修改，达到设计要求，再由总监确定设计稿，并交由设计助理编号备案，然后交给设计师绘制样板通知单。

②样板通知单（图7-12）。也叫样板制造单，它是指导打板与工艺制作的图片依据，是设计师与纸样师交流的媒介，它的格式因各公司的不同而不同，但是内容大同小异，一般都会有如下内容：服装企业的名称、品牌标志；设计主题；服装名称、款号；面料、辅料小样或名称、代号；饰品或附件小样、型号；正、背面款式图，工艺要求，尺寸比例；设计时间、设计师名称。

为了保证制作出的服装能充分体现设计者的意图，制单的过程要仔细，款式图绘制要清楚，细节或细小之处要特别标注或放大，要清晰、明确，应充分考虑纸样师打板的需要及制作过程的工艺要求，特殊工艺要明确说明，为指导跟单员正确理解跟进处理，尽量减少误解，提高部门之间的协作效率。

③打板通常设计师或设计助理、跟单员把样板通知单交与纸样师，并与纸样师就款式的特点、细节及制作需要进行沟通，方便纸样师正确理解设计意图，且能够快速准确地绘制出纸样。

④工艺制作。样衣的制作通常都是由熟练的成衣工人制作，为了能更好地完成样衣，设计者或助理、跟单员会到成衣车间跟踪样衣的制作，了解样衣的制作效果，及时向制作者提出要求、建议，力争使样衣达到理想的效果。

⑤试衣、改板。样衣制作完成后，拿到设计部门由试衣员或人台试穿，由设计总监和设计师一起观看样衣的效果是否达到设计要求。看整体的大效果是否协调美观；局部的比例是否恰当；看色彩搭配是否协调；看款式是否新颖；看面料搭配是否体现款式的风格；看工艺制作是否到位；看廓型、松紧度是否符合设计要求，板型是否流畅；看细节、配饰、配件的大小尺寸是否理想；与整体是否协调，找出需要修改的地方与打板师沟通，提出修改意见，重新进行纸样的修正及相关配饰、配件、工艺、后整理的处理，重新制作样衣直至达到设计

样板制造单——设计稿篇

办单号：	DAH-421	款 式：	双面穿小夹克
主 题：	15春夏1主题M0/M1	配 色：	漂白黑色 爱力司绿
故事区：	都市摇滚	面 料：	15机织 17+170#

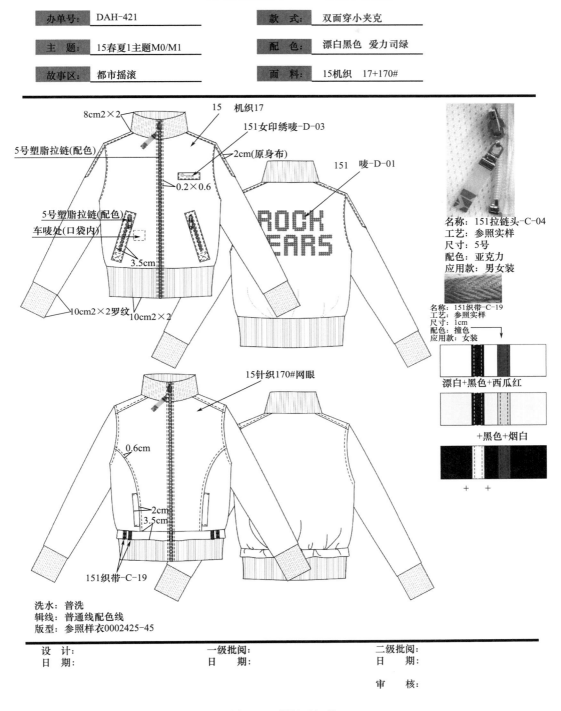

15 机织17

151女印绣唛-D-03

8cm2×2

5号塑脂拉链(配色)

2cm(原身布)

0.2×0.6

151 唛-D-01

ROCK EARS

5号塑脂拉链(配色)

车唛处(口袋内)

3.5cm

10cm2×2罗纹

10cm2×2

名称：151拉链头-C-04
工艺：参照实样
尺寸：5号
配色：亚克力
应用款：男女装

名称：151织带-C-19
工艺：参照实样
尺寸：1cm
配色：撞色
应用款：女装

漂白+黑色+西瓜红

+黑色+烟白

+ +

15针织170#网眼

0.6cm

2cm

3.5cm

151织带-C-19

洗水：普洗
辑线：普通线配色线
版型：参照样衣0002425-45

设 计：	一级批阅：	二级批阅：
日 期：	日 期：	日 期：
		审 核：

图7-12 样板通知单

要求，形成最终的大货生产制造单（图7-13）。

这一环节对设计者来说是一个成长的重要过程，是设计者积累经验走向成熟的必由之

東莞天瑜服飾有限公司

生產制造單

No 0002339

客户：		加工厂：		订货日期：		布号： F-25009
款号：5021		单价：		交货日期：14.7.22		纸样总数：3

款式图

颜色		颜色	
布样		布样	
数量	F S M L XL	数量	F S M L XL
	20 25 70		20 25 70
颜色		颜色	

完成尺寸表（英寸/公分）

SIZE	F	S	M	L	XL
衣/裤/裙长		18¾"	19¼"	19¾"	
胸围					
腰围		24½"	26½"	28½"	
臀围					
脚围					
肩宽					
袖长/前浪					
袖口/后浪					
袖幅					
袖圈/挂肩					
领宽(内/外)					
领深					

布样		布样	
数量	F S M L XL	数量	F S M L XL

辅料栏	样版	用量	实发工厂数
1"高丈根		23"	

生产工艺要求及注意事项：

注意事项：

包装方式：(挂装）/(折装）(10件一整包）

商标 ×1 洗标 ×1 吊牌 ×1

铺床唛架裁法：(AB裁)/(顺毛)/(逆毛)

备注：

制表：	跟单： 张	纸样： 李	车版：	审批：

（竖排）第一联存根（白）　第二联工厂（红）　第三联跟单（黄）　第四联采购（兰）

图7-13　女装大货生产制造单

（资料来源：东莞天瑜服饰有限公司）

路，通过样衣的修改至成型定款，使设计者体会到纸上效果与成衣的不同，提高设计者把握面料的能力，色彩运用的能力，各种配件、配饰、特殊工艺的综合运用能力，通过经验的积累，使设计者真正把握设计图与成衣效果的一致性，从而走向成熟。

三、学习拓展

企业成衣女装实施案例

某服装公司2016年秋冬女装成衣产品开发主题及流行趋势板（图7-14）。

俄罗斯风貌

何谓"俄罗斯风貌"？
简单地说，就是高贵+繁琐装饰的曲雅展现，
灯笼袖、蕾丝、军服夹克、头巾，刺绣
成就了这样一种美轮美奂的俄罗斯风貌。
复古的装饰纹样
双排扣夹克&花边立领衬衫
刺绣&丝绒
浓重的装饰主义
一件式连衣裙
大翻领
繁琐的饰品
吊带衫+蓬松塔裙
摇滚元素+宫廷式T恤+短小背心

图7-14 俄罗斯军官风格流行元素

1. 主题风格

（1）俄罗斯军官风格（图7-15、图7-16）

图7-15 俄罗斯军官风格流行元素细节一

图7-16　俄罗斯军官风格流行元素细节二

（2）摇滚风格（图7-17、图7-18）。

图7-17　摇滚风格

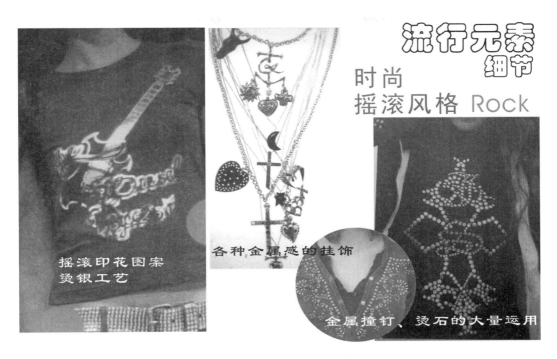

图7-18　摇滚风格细节元素

（3）摇滚牛仔风格（图7-19、图7-20）。

图7-19　摇滚牛仔风格

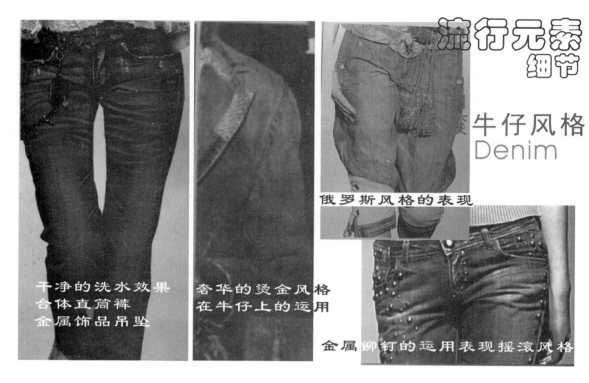

图7-20　摇滚牛仔风格细节元素

2. 女装流行面料

2016女装流行的面料包括金属色的科技面料、表面光泽的直贡面料以及丝绒面料等（图7-21）。

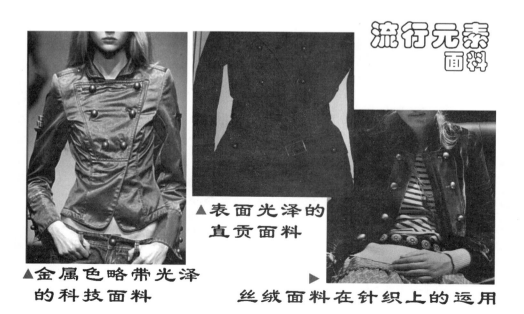

图7-21　2016流行面料

3. 女装流行色彩

（1）灰度军绿（图7-22）。

图7-22　灰度军绿色

（2）非常金属色（图7-23）。

图7-23　非常金属色

（3）高贵神秘的紫色（图7-24）。

图7-24　高贵神秘的紫色

（4）浓郁的墨绿、宝蓝、金色（图7-25）。

图7-25　浓郁的墨绿、宝蓝、金色

4. 陈列搭配

（1）浅色系陈列搭配（图7-26）。

主　色：土金色、浅军绿色、奶灰白色

基本色：乳白色、蛋壳杏色、浓灰绿色

图7-26　浅色系陈列搭配

（2）深色系陈列搭配（图7-27）。

（3）冷色系陈列搭配（图7-28）。

主　色：雁灰色、深玫紫色、电光紫色

图7-27　深色系陈列搭配

主　色:灰海蓝色、深茄紫色、深蓝色
基本色:奶灰白色、黑色、卡其灰色

图7-28　冷色系陈列搭配

5. 着装配搭概念

（1）配搭概念一，宝蓝色、深茄紫色等浓郁色彩的搭配是俄罗斯的奢华基调（图7-29）。

（2）配搭概念二，军绿、明贴袋是时尚俄罗斯军官风格的体现（图7-30）。

图7-29　配搭概念一

图7-30 配搭概念二

（3）配搭概念三，烫金风格体现极尽的奢华，也打破了深蓝的沉闷（图7-31）。

图7-31 配搭概念三

上述案例通过图片和文字，展示了该品牌秋冬季女装成衣的开发主题"俄罗斯军官"的细节元素和成衣风格，明确了成衣设计的色彩、面料、工艺、图案、配饰、穿着搭配等时尚元素，理清了设计思路，明确了设计方向，为下一步设计初稿的绘制打下了基础（资料来源：李军工作室）。

四、检查与评价

1. 思考题

（1）根据自己的实际理解与实践，简述在女装成衣设计中拓展运用心得？

（2）针对性的目标市场需求调研对成衣设计的指导作用有哪些？

（3）试举某一案例，说明女性心理与生理特征对女装成衣设计的影响（可以图例结合文字形式帮助说明）。

2. 实操题

（1）根据某品牌女装定位需要，收集春夏女装设计的相关资料（不少于30款）。

（2）根据品牌"蜕变"主题概念——变幻万千，设计春夏女装4款。

3. 任务评价表

本任务学习评价，参考服装企业任务SWOT评价体系（表7-7）。

表7-7　服装企业任务SWOT评价

评价任务 SWOT评价体系	评价情况记录		
	自评	互评	师评
S 优势 （3分）			
W 劣势 （2分）			
O 机会 （3分）			
T 威胁 （2分）			

学习任务三　男装成衣设计

一、任务书

服装设计研发中心为MAN品牌提供产品设计的任务书，企划2016年春夏男装产品。为MAN品牌提供包括款式设计、图案设计、拆色、搭配、陈列等服务。本季的产品企划的主题是"漫步里约"（图7-32）。

图7-32　男装品牌产品企划——漫步里约
（图片资料来源：t100服装趋势网）

具体要求：

（1）消费定位：20~35岁的中高端消费者。

（2）商品精神：时尚休闲男装，鲜艳活力的色调，热带植物的水浆印花。

（3）目标客户：上班族、时尚群体，阳光活力的年轻男性。

（4）产品定位：以南美街头的复古文化为灵感来源。色彩鲜艳的衬衫搭配休闲纯色的棉质短裤，不同材料衬衫的拼接以及大色块撞色的设计突出休闲时尚的巴西风格。

（5）参考品牌：（TRUSSARD OLIVIERSPENCER TOPMAN）

本项目重点任务主要分为：

（1）搜集潮流资讯，并作出分析，做一份潮流简报，制订颜色方向（图7-33），确定产品轮廓（图7-34）。

（2）通过搜集的潮流资讯选款，并进行款式设计（图7-35、图7-36）。

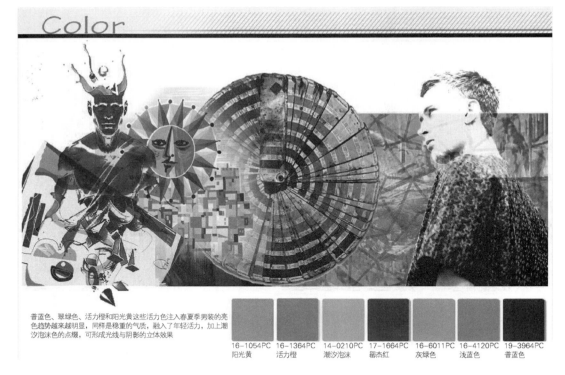

普蓝色、翠绿色、活力橙和阳光黄这些活力色注入春夏季男装的亮色趋势越来越明显，同样是稳重的气质，融入了年轻活力，加上潮汐泡沫色的点缀，可形成光线与阴影的立体效果

16-1054PC	16-1364PC	14-0210PC	17-1664PC	16-6011PC	16-4120PC	19-3964PC
阳光黄	活力橙	潮汐泡沫	罂杰红	灰绿色	浅蓝色	普蓝色

图7-33　颜色方向
（资料来源：t100服装趋势网）

图7-34　产品轮廓
（资料来源：t100服装趋势网）

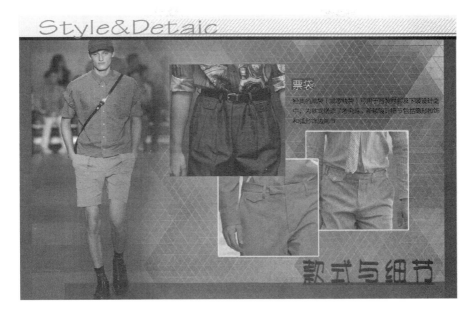

图7-35 款式与细节
（资料来源：t100服装趋势网）

图7-36 款式细节设计
（资料来源：t100服装趋势网）

（3）进行图案设计、平面款式设计、样板单制作、尺寸以及工艺描述，并进行拆色，完成设计稿（图7-37）。

（4）做样衣以及批核样板。

（5）模拟色彩波段搭配（图7-38）。

图7-37　款式设计稿
（资料来源：东莞市不驹服装设计有限公司）

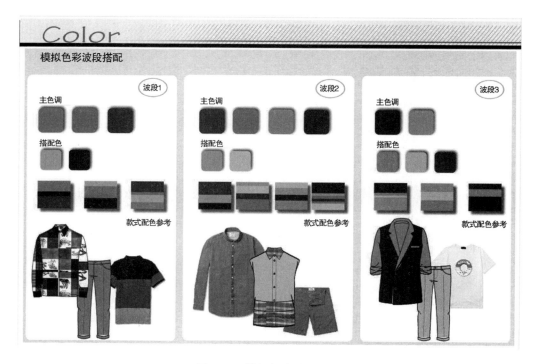

图7-38　模拟色彩波段搭配
（资料来源：t100服装趋势网）

（6）店铺货品陈列效果设计（图7-39、图7-40）。

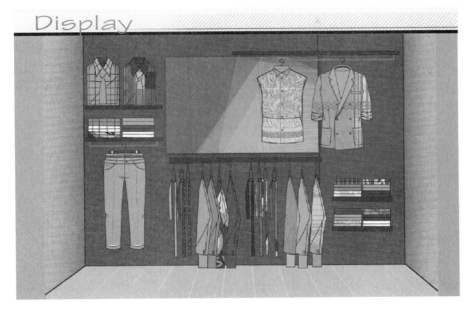

图7-39　店铺货品陈列效果设计一
（资料来源：t100服装趋势网）

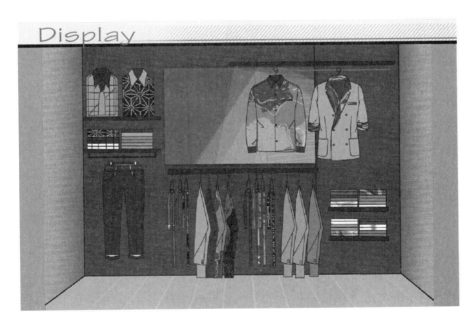

图7-40　店铺货品陈列效果设计二
（资料来源：t100服装趋势网）

1. 能力目标

（1）掌握搜集潮流资讯的能力。

（2）掌握男装成衣设计的构思方法和程序。

（3）能掌握服装主题设计思维——意向型思维实施的一般过程，学会利用各种可能的元素进行男装主题方案设计。

（4）根据各类主题进行男装成衣设计。

（5）运用设计软件，如photoshop、Adobe illustrator、CorelDRAW等进行款式设计、平面设计。

2. 知识目标

（1）了解服装主题设计思维（意向型思维实施）的一般过程。

（2）知晓男装生理与心理特征，熟悉男装品牌的基本设计定位。

（3）掌握单件男装设计稿的基本要求。

（4）理解男装构成的因素，提升男装设计的审美水平。

二、知识链接

男装成衣设计包括：梳理项目重点、难点及知识点；男装设计概念（图7-41）。

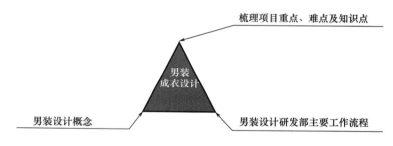

图7-41　男装成衣设计思维导图

（一）梳理项目重点、难点及知识点

1. 重点

掌握主题男装意向型思维设计的一般步骤。

2. 难点

运用意向型思维知识进行举一反三应用，培养服装多维角度元素设计的能力。

3. 知识点

（1）男装的定位与构思方法。

（2）常用针织面料、机织面料的种类与特性。

（3）男性的生理与心理特征。

（4）男装设计研发部的主要工作流程。

（5）男装品牌的架构。

（6）绘制男装设计图。

（二）男装设计概念

男装设计是针对男士服饰为研究对象的设计。其范围包括款式、色彩、面料、结构工艺、廓型细节、配饰等多方面的内容。男装设计。要把握男性审美视角，着装动机，生理、心理特点，才能设计出符合男性特征和消费心理的服装来。

1. 体型特点

男性体型一般肩宽、胸廓发达、胯部较窄、腰臀差比女性小，整个形体呈上宽下窄的倒三角形外观。

2. 心理特点

受社会环境的影响和制约，成年男性有着强烈的社会责任感，要求自己具有稳重严谨、坚毅沉着等品质特征，强调理性和严谨。

3. 审美视角

区别于女性的柔美，男性的审美要求往往注重阳刚，这种基于体现力度美的认知，使得男装设计表现为追求魁梧雄壮的力量与严峻的美感。在思维方式上，多数男性趋向于抽象思维，崇尚服装线条的大气简洁，对功能性的重视大于装饰性。

4. 社会属性

由于男性在社会活动中处于主导地位，在团体和家庭中大多时候扮演领导者的角色，一般来说，男性更注重社会群体意识，希望得到社会的融合与认可。

（三）男装设计研发部主要工作流程（图7-42）

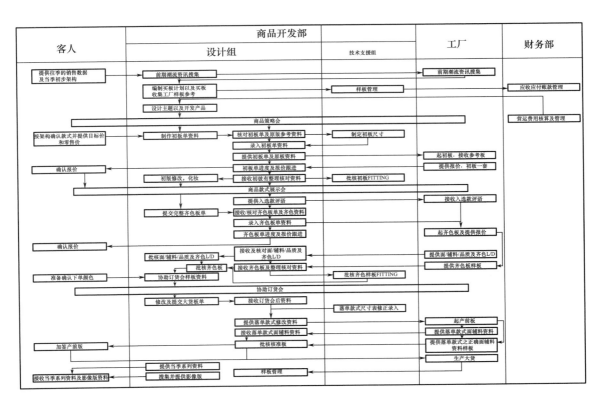

图7-42

（资料来源：东莞市不驹服装设计有限公司）

1. **前期潮流信息收集**

（1）参考去年同季的商品，与客户进行前期沟通，收集客户对来季商品开发的意见，根据以上信息进行系列开发设计，编制市场考查计划。

（2）通过网站、时尚杂志、市场考察，整理出流行元素。流行元素包括流行颜色、流行款式、流行面料、流行廓型、流行品种。

（3）参考去年同季的商品，分析数据、今年的流行趋势、系列开发设计组的市场调查资料、销售达成分析资料，初步定出当季的商品的开发规划。

（4）把不定期收集的数据，统一放入指定文件服务器配件组活页夹内共享。外出看市场或考查，需在出差前一天进行会议沟通，明确出差目的及方向，并在出差回来后制作市场调查报告。报告可采用样板、照片、文字的方式表达。完成报告后交副总经理和总经理审阅。

2. **整理初步架构及买板**

（1）根据客户提供的下季销售预算及初步款式架构，系列开发设计组前期收集潮流资料分析、市场调查报告等编制买版计划。

（2）买版费用预算（按照客户需求决定）

（3）系列开发设计组根据客户提供的全年买板专项费用，当季款式架构，设计师意见，结合每季检讨会上的师承分析，确定全年度的买板行程，从而制订年度的买板费用预算及季度买版费用预算。预算包括出差旅费及买板费用等。

3. **落实品牌策略及系列主题会议**

（1）与客户进行品牌策略会议，会上根据师承分析、颜色分析、相关竞争对手款式开发状况、潮流趋势、潮流颜色、潮流元素、潮流方向来确定未来设计主题及未来的主打面料。

（2）确认当季选用颜色制作的ColorMaster总表和面料Master总表制作完成后。批签流程：系列开发设计组主管——公司设计副总监——客户采购部主管——公司总经理，批签完成后分发给公司总经理、设计副总监、面料商、客户、商品开发部系列开发设计组、商品开发部跟单、技术组，并由各组自己保存。ColorMaster和面料Master若由客户提供，需要由商品开发部系列设计组及跟单、技术组各执一份，并由两组主管接收保存。

4. **服装款式设计和服装平面设计**

（1）根据当季款式架构，策略会上客户及管理层会初步定出主打品种款数及价格，根据有关的讨论建议，设计构思当季的款式设计开发。

（2）按面料、购买的样版、潮流趋势设计一选一款式；同时根据一选一款式准备二选一或三选一款式资料。

（3）根据一选一买板画好平面图，准备未来制单用。同样二选一款式按图或多买的原版准备好数据，供客户选择，根据架构所有品种必须有二选一款式供选择。商品策略会后，按需要时间完成样板单的制作，并交接给跟单技术开发组。

（4）在进行商品开发过程中，涉及平面设计的内容包括：印花设计、唛头设计、吊卡设计等。设计根据实际需要开发1∶1的实样平面图。

5. 提交样板单数据及正确辅料数据

（1）样板单的制单格式要求与公司发的标准格式一样。设计部提交样板单的规范格式要求。

（2）商品策略会后，根据工作时间表需要完成样板单制作，制单文件内容包括款式图、工艺图、实样图（某些部位以1∶1的实样平面图来注明）、物料表、尺码表、拆色表、样板评语表、款式修改记录表等。

（3）设计完成样板单的制作后，交给设计主管审核，经审核合格的样板单由设计主管连同参考用的原板一同交给跟单技术开发组同事。

6. 提供主打面料及（MASTER）

在商品策略会上，客户及管理层会初步定出主打品种款数及价格，设计师会后整理汇总成布料MASTER总表，经设计主管审核后交给跟单技术开发组。

7. 批核样板及收集报价

（1）收到工厂起回的最初样板，系列开发设计组与跟单、技术开发组召开沟通会议，对样板板型进行批核。

（2）对样板进行评核后，系列开发设计组对样板进行筛选、系列搭配等，进行款式展示会前的准备工作。

（3）跟单人员收到面料商的报价后转发给系列开发设计组，设计组的报价按款式录入到款式架构上的报价栏里。若面料商的报价未能达到目标价，则由跟单人员和设计人员共同与面料商进行价格沟通会议对价格进行调整。

8. 提供拆色数据

收到工厂取回的样板，设计师对样板进行筛选，对有希望入选的款式进行拆色并制表，完成拆色、制表的款式经设计主管核对后可提供给跟单人员，准备做录入电子制单的工作。

9. 款式展示预备会及款式展示会

系列开发设计组在会上负责解说每款样板的款式特点、面料的运用、色调及物料的搭配等内容，会上由管理层和客户选出入选款式。

10. 提交完整齐色办单

（1）在款式展示会上管理层和客户选出入选款式系列，并对入选的款式提出修改意见，系列开发设计组根据修改意见进行齐色样板单数据修改，在规定时间内完成修改工作。

（2）齐色样板单的制单格式要求与公司发的标准格式一样。

（3）完成修改的齐色样板单修改后，把做好的齐色拆色交客户批签，经过客户确认的拆色和齐色样板单交给跟单人员。

（4）齐色样板单文件内容包括款式图、工艺图、实样图（某部位以1∶1的实样平面图来注明）、物料表、尺码表、拆色表、样板评语表、款式修改记录表等。

11. 批核齐色板（设计效果）及批核面、辅料质量及齐色L、D

（1）收到工厂起回的齐色板，跟单人员负责签收样板并分类分组做好收板进度。收到样板后，服饰配件设计组与跟单、技术开发组召开板型沟通会，对板型效果、工艺、颜色等进行批核。然后交给客户看是否有不同意见，若无意见客户代表签字确认。若客户有不同意见的，在合理要求情况下修改制单数据后交面料商重新制板给客户确认。

（2）面料商在提供批核的面、辅料时，需要注明批核面、辅料内容，跟单人员核对数据无误后，写好评语，交给系列开发设计组批核，经批核后的面、辅料资料由跟单人员转发给面料商。若齐色板中批核的面、辅料质量及颜色不行，面料商需通知工厂，再提供符合要求的样板重新批核。

12. 购货预备会前会及购货预备会

系列开发设计组收到齐色样板后进行系列搭配，参加购货预备会前会及购货预备会。会上向客户和管理层详细介绍产品开发方向及产品卖点。

13. 批核订货会样板资料

在购货预备会前及购货预备会上，客户和管理层提出修改意见，设计师根据客户意见进行齐色样板单修改，在规定时间内完成修改工作。

14. 协助订货会工作

在购货会前，系列开发设计组对用于购货会的样板进行筛选搭配，准备道具及安排模特走秀相关事项。订货会上详细介绍产品开发方向及产品卖点。

15. 接收订货会后修改数据和提交大货办单

（1）购货会上加盟商和正店客户对产品提出不同的修改意见，则由客户采购部人员收集整理，经过客户公司主管确认需要修改后，以批签形式发回系列开发设计组主管。系列开发设计组人员根据批签文件进行制单数据修改，完成样板单数据修改后连同拆色一起交客人批签确认。

（2）系列开发设计组把经客户确认的大货生产单资料整理后，提交给跟单人员在电子制单中更新数据。

16. 批核核准办（设计效果）

收到工厂寄回的核准办后，跟单、技术开发组人员负责签收并分类分组做好收板进度。系列开发设计组与跟单、技术开发组共同对样板进行批核，若样板效果不能达到设计要求的，则重新制版。

17. 提供当季系列数据

（1）根据客户实际购货的款式、颜色、尺码、到仓期的销售等数据，系列开发设计组提供每款齐色彩图及面料介绍、款式描述、卖点描述、洗水数据、故事版、开发策略等资料，给统计组人员编辑排版广告画册。

（2）统计组人员编辑排版完成后，交系列开发设计组人员和客户核对，若没有错误刻录光盘交客户推广部印刷。

18. 审核模拟店搭配效果

客户公司陈列人员完成模拟店陈列后，邀请系列开发设计人员到仿真店查看陈列效果，并提出改善意见和建议。

19. 协助产品拍摄工作和产品介绍会工作

（1）根据商品开发大时间表，与客户会议讨论产品介绍会的安排时间，制订产品介绍会各项工作详细时间表。

（2）现场产品讲解介绍工作包括以下几项。

①根据时间表，系列开发设计组根据当季商品开发策略整理讲解文稿，设计PPT文件。

②系列开发设计组主管审核讲解图、文稿的合理性，完成后提交给客户审核。

③产品介绍会若在总部进行，由客户公司推广人员协助进行会场布置工作。若不在总部讲解，系列开发设计组需要把样衣寄往会场所在地。

④产品介绍会完成后两周，系列开发设计组接收客户反馈回的意见，作检讨改进。

（3）通过拍摄服装产品DVD进行产品介绍工作包括以下几项。

①根据产品介绍时间表，准备拍摄服装产品DVD的拍摄剧本，准备相应的道具。

②进行产品DVD内容版面设计以及剪接、刻录等工作。

③产品介绍DVD送给观看后，收集客户反馈回的意见，作检讨改进。

20．产品销售数据分析

（1）统计组每周提供当季所开发产品的销售数据给系列开发设计组，系列开发设计组主管针对各款的销售情况作出分析检讨。

（2）每周的销售数据分析，系列开发设计组主管需分类保存于计算机上，方便日后查阅。

21．总结报告

系列开发设计组在总结检讨会议前，依据统计组所提供的季度产品销售数据，分析总结产品开发策略。在总结会上，依据相关的统计数据决定下季产品款式的开发方向。

三、学习拓展

企业男装成衣设计典型案例——男装企划方案"航海印记"

（资料来源：t100服装趋势网）

1．市场定位

关键词

航海旅程、休闲度假、地中海风情、海洋元素

（1）消费层定位：27～35岁主体消费者

（2）商品精神：商务休闲男装，经典和活力的航海色彩，注重简洁舒适的轮廓，除了一贯的条纹图案外，还有海洋生物、航海标志和航海地图新元素融入。

（3）目标顾客：从事的设计人士、白领、时尚群体，适合一般商务办公或休闲度假场合。

（4）产品定位：以简单的基本廓型为主，再用色块拼接、口袋、拉链、图案等装饰作为细节亮点。舒适的棉质面料，功能性速干面料和用于外套的航海布等，添加户外的功能性面料，令更多的场合都适合穿着。

（5）参考品牌：Michael Kors、Parke and Ronen、Tommy Hiffiger、YMC。

2．主题故事

当看到约翰肯·尼迪休息期间的老照片，姿态放松而自然，我们可以毫不夸张地说：在自己的私人时间里，他是个终极的时尚主义者。在他的帆船上，在科德角和玛莎葡萄园岛等地，肯尼迪和杰姬度过了无数休闲美好的时光。这为"航海"这一主题带来新的诠释。它注

重快乐的具体印记，如龙虾、航海气质、鲸鱼，还有鲜艳明亮的红、黄、蓝三原色，意想不到的样式组合和整齐适航的绳子和黄麻（图7-43）。

图7-43　"航海印记"主题故事

3. 故事板（图7-44）

图7-44　"航海印记"主题故事板

4. 色彩设计方向

　　鲜艳的红、黄、蓝三原色，配搭活力跳跃的颜色，衬托出地中海地带外表冷漠却内含热情的气息（图7-45、图7-46）。

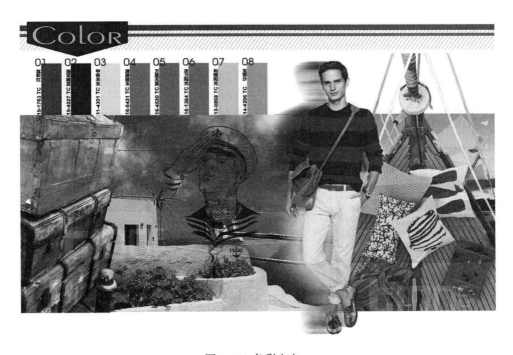

图7-45　色彩方向一

鲜艳明亮的航海红、黄、蓝三原色，配搭着活力跳跃的颜色，特别衬托出地中海地带外表冷漠，却内含热情的气息。

图7-46　色彩方向二

5. 模拟色彩波段搭配

模拟色彩波段进行多组不同的搭配（图7-47）

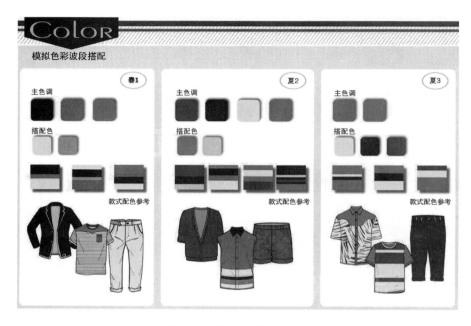

图7-47　模拟色彩波段搭配

6. 终端展示陈列（图7-48）

进行陈列展示模拟设计（图7-48）。

图7-48　终端展示陈列

7. 面料参考

此主题系列服装的面料参考包括：条纹面料、棉质针织面料、航海布、速干面料、细斜纹布、图案提花面料（图7-49～图7-51）。

图7-49 面料参考一

图7-50 面料参考二

图7-51　面料参考三

8. T恤款式设计

在经典航海条纹的基础上修改条纹的角度或宽度拼凑出层次感，指南针标志图案的运用，素描海洋生物的图案加上色彩对比强调主题风格（图7-52）。

图7-52　T恤款式设计

9. 衬衫款式设计

海洋渐变的染色效果犹如天和海的感觉，纯色衬衫拼接航海条纹，在门襟和肩部位置切割，拼接毛边等设计元素（图7–53）。

图7–53　衬衫款式设计

10. 外套款式设计

改良后的西装外套，增加多处切割位；带有功能性的航海布外套；拼色设计，撞布设计（图7–54）。

图7–54　外套款式设计

11. 裤装款式设计

功能强大的多袋裤、条纹休闲裤、超短沙滩裤款式；用编绳的皮带衬托出海洋沙滩的休闲感，海洋生物花纹的百慕大短裤和特别洗水效果的休闲长裤，卷边裤脚是下装最为重要的潮流细节（图7-55）。

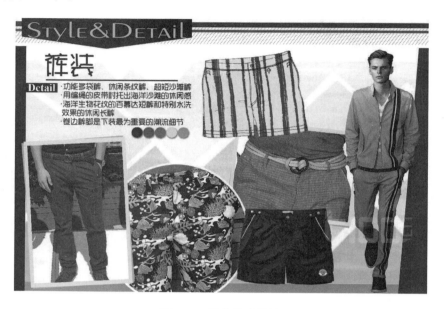

图7-55　裤装款式设计

12. 细节设计

衬衫、T恤、马甲、西装外套等服装中的细节设计，将传统元素运用得更贴合当下流行趋势，于细节中见设计亮点（图7-56、图7-57）。

图7-56　细节一

图7-57 细节二

13. 图案设计

服装上的图案设计紧贴主题要求，体现主题特点（图7-58、图7-59）。

图7-58 图案一

图7-59　图案二

四、检查与评价

1. 思考题

（1）根据自己的实际理解与实践，简述在男装成衣设计中如何收集潮流资讯？

（2）设计流程对成衣设计的指导作用有哪些？

2. 实操题

（1）根据企划主题设计一系列款式（不少于30款）。

（2）通过款式主题方向，完成款式设计，并完成设计稿的制作（不少于10款）。

单元八　服装成衣设计管理

单元描述： 成衣设计管理是随着创意产业的出现、发展而由无到有的。历经四五十年的发展，设计管理已在设计创意领域广泛应用并受到品牌企业的广泛关注和重视。在服装领域对于我国而言，服装设计管理的发展只是初级阶段。本单元通过对设计管理理论的研究，结合创意产业和服装品牌的特点，分别从组织层级、职能结构、流程和人员管理方面构架服装设计管理理论模式。这对国内服装品牌建立完善的设计管理体系、提高市场核心竞争力，发展企业良好的经济利益具有很好的借鉴意义。

能力目标： 能够在实际案例中找出成衣企业管理内部存在的问题。

知识目标： 了解服装设计管理的概念界定，掌握分析服装企业在成衣设计管理中的症结所在，知悉服装成衣设计管理的阶段和方法。

学习任务　服装设计管理的概念

一、任务书

根据当下服装产业结构链并进行市场调查，设计一个服装成衣品牌的管理模式架构图。

1. 能力目标

（1）能够了解服装企业成衣设计管理的相关定义、特点和作用。

（2）能够了解服装企业成衣设计管理的一般架构模式。

2. 知识目标

（1）了解服装成衣设计管理的定义、特点和作用。

（2）掌握服装设计管理的内容。

二、知识链接

服装成衣设计管理包括服装成衣设计管理的定义；服装成衣设计管理的特点；服装成衣设计管理的作用及服装成衣设计管理的内容，如下图所示。

（一）服装成衣设计管理的定义

成衣设计管理是企业化和市场化衍生的行为，是保证企业稳健成长的重要手段，设计管理不是企业的核心竞争力，而是提升企业核心竞争力的管理方法。创意产业的产品就是设计，因此，对创意产业的产品质量控制就是对其设计进行良好的设计管理，用好它，能够提

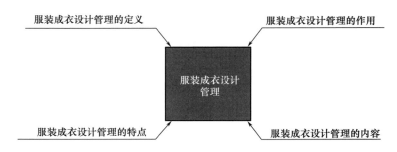

服装成衣设计管理思维导图

升造就品牌的能力，提升企业核心竞争力，使企业在激烈的市场竞争中更具优势。

1. 保证产品设计如期完成

服装成衣设计管理的目标就是保证产品设计能够如期完成。

2. 品牌与产品风格要一致

服装成衣设计管理要使所开发的产品与品牌风格一致，体现出品牌的价值。

3. 各项目部门之间的运作要协调

服装成衣设计管理要保证各个项目部门之间配合能够协调。

（二）服装成衣设计管理的特点

结合当前我国品牌服装运作的特点，服装设计管理具有以下几个特征。

1. 制订产品开发计划，明确预定设计目标

设计管理活动是多种多样的，但其过程基本相同：首先树立设计工作特点和品牌目标相结合的观念，确定需要达到的目标，然后分析收集情报，制订达到目标的方法，并且在某一个计划规定的时间内实施这一方法，根据完成的情况进行修正，最终达到目标。

2. 建立人才梯度结构，完善设计团队组织

几乎所有团队结构都以金字塔形构建，这种结构的顶尖和基础的关系合理，能够形成稳固的工作关系。这种关系的构建与品牌采用的设计制度有关，完整的金字塔形结构至少包含高、中、低三个层次，一些小型服装企业并不能完全建立起这种关系，结构完整的金字塔形结构往往在大型服装企业得以完成。一般包括设计主管层、设计担当层和设计助理层，设计管理的规则和步骤由设计主管层决定。这些规则和步骤是相互依赖的，前面是后面得以实现的前提，后面是前面的目的和结果。设计主管在进行某一个步骤的工作时，进行得不好就会影响整个管理活动的顺利进行。

3. 制订设计效率标准，把握时间检查进程

就设计效率管理而言，其管理过程首先是确定设计效率标准。管理所有的活动首先需要有个检查衡量的效率标准。没有效率标准，管理就无从谈起。设计效率标准是衡量实际设计工作绩效的依据和准绳。设计效率标准通常来源于设计部门在其计划阶段所订的目标，在具体的设计业务活动中，笼统地将设计部门的计划目标作为标准是不行的，必须根据具体的设计任务设置定量标准，有些标准是不容易定量的，如工作状态、人际关系、职业道德等，虽然这些内容不能完全定量化，但是仍然可以提出一些定性的标准。其次，根据上述制订的标准，分析当前的工作状况，跟进工作进度，适时对照目标，及时发现问题，在按部就班地进行设计效率管理的同时，适当注意灵活掌握检查的标准。当然，掌握灵活性并非意味着姑息迁就，对发现的问题得过且过。

（三）服装成衣设计管理的作用

设计管理的根本目的是提高设计品质，设计品质是品牌服装的根本所在，需要通过良性的设计管理模式加以保证。据此，服装设计管理的作用就是根据市场与消费者的需求，通过计划、组织、监督、考核等管理手段的介入，有效地积极调动设计师的创造性思维，把对品牌的重新认识转换在新产品中，以新的更为科学合理的方式影响和改变思维输出结果，并促使其转化成企业资本的利润最大化。具体来说，服装设计管理的作用表现在以下几个方面。

1. 形成激励机制

激励机制是通过一套理性化的制度来反映激励主体相互作用的方式。激励机制的内涵就是构成这套制度的几个方面的要素。激励机制的实质是要求管理者抱着人性的观念，通过理想化的制度来规范员工的行为，调动员工的工作积极性，谋求管理的人性和制度化之间的平衡，以达到有序管理和有效管理。

每个人都希望生活在激励和赞赏中，希望自己的工作努力得到相应的奖赏。如果设计结果与收入不成正比，对大部分人来说，工作惰性的出现将不可避免。在与企业经营者达成一致意见的基础上，设计部门主管可以提出一套可行的基础题案，由上级部门研究和最终决定。实行激励机制关键是必须按时兑现承诺的激励内容，不然会使人觉得言而无信，出现使得其反的负面影响。

2. 完成设计任务

任何措施都只是手段而不是目的，设计管理措施也只是达到更好地完成设计任务这一最直接的目的。完成设计任务有"做完了"和"做好了"之分，前者是为完成而完成，缺乏主观能动意识，后者是不仅完成，还要追求完成的品质，这是在不同的工作态度下得到的两种结果。这些结果会造成品牌目标的落空或达成。因此，设计管理的任务就是要帮助设计师"做好"而不是"做完"设计任务。

3. 营造工作氛围

设计是一种高度应用知识、智慧的知识密集型的创造性活动，实施设计管理有利于企业设计部门创造保证这种活动健康进行的工作氛围。利用机械设备生产的产品因有操作规范和质量检验体系作保证，质量不会因为生产工人的心态因素而受到影响，而设计师的设计结果却与工作心态有莫大的关系，工作心态与工作氛围密切相关。人有追求精神满足的需要，融洽的设计团队个人与集体、个人与个人、部门与企业的关系需要良好的设计管理才能建立。在宽松健康的工作心态下，设计师的潜能可以得到很大的发挥，设计管理创造的工作氛围也是品牌设计文化的体现。

除了激励机制和企业文化等软件条件以外，物质的工作环境也是工作氛围的重要因素。在相同的软性条件下，优越的工作硬件是孕育优秀设计结果的温床。设计工作本身就是一项非常感性的工作，优美的视觉愉悦给设计思维带来的影响是不言而喻的。设计管理作为企业与部门上下关联的协调力量，应该尽可能为设计师创造能够有效地提高设计创造开发积极性的优美工作环境。

4. 提高产品品质

提高设计品质只是设计管理的中间目的，最终目的应该围绕提高产品品质，后者必须有前者作为保障。设计管理可以利用与企业协调的窗口，通过充分利用企业其他方面的资源，从而实现设计与制造的敏捷化，推动设计思维迅速转化为商品，从而为品牌创造新的市场机会。

一般来说，企业的生产部门常常会抱怨设计部门，原因是产品制作难度影响产品品质。产品品质的提高无疑会带动销售业绩的提高，如果企业建立的设计激励机制中有设计师可以销售提成的内容，那么，提高产品品质就是一项设计师不能坐视不管的工作。虽然提高产品品质不是单凭设计部门能够做到的，必须有生产部门的配合，但是，对设计完成以后可能出现的生产问题，设计师的建议可以起到补救作用。因此，设计管理可以将设计部门与产生部门紧紧地捆绑在一起。

（四）服装成衣设计管理的内容

设计管理工作千头万绪，牵涉到从概念到结果的方方面面。为了理清工作关系，抓住工作要点，可以把服装设计管理的主要内容分为以下三大板块。

1. 设计人才管理

设计人才是指为了完成设计任务而组织和配备的专业技术人员，主要由设计师、样板师、样衣师等组成，按照技术等级，他们被分为总监、主任、助理等岗位。在人员一定的情况下，管理工作的要点是在以人为本的前提下，通过制订一系列人性化激励政策、管理制度、工作流程，充分调动设计人员的积极性，化解因工作摩擦产生的纠纷与矛盾，跟进、监督和调整设计任务计划，努力在规定的时间和规定的地点，依规定的品质和规定的成本，完成规定的数量。

2. 设计成本管理

设计成本是为了达到设计目的而必须付出的物质和资金保证，主要有材料样品、人员工资、差旅费用、办公费用等组成。在材料一定的情况下，设计成本是与从设计构思到样板完成所花费的时间成正比的，如果从设计稿到样衣完成的时间太长，不仅会使设计成本明显增加，而且会影响生产计划乃至整个销售计划的实施。那么，到底多长时间才是最合理的时间成本，这与企业规模和运转程度、设计师专业素质有很大的关系。

一般来说，一件样衣的成本折算下来是成本的5~8倍，甚至更多。品牌服装多品种少批量的特点使设计成本在总成本中的比例相当高，因此，涉及管理的内容之一是控制昂贵的设计成本，提高设计样品的录用率。

3. 设计品质管理

设计品质包括款式品质和样衣品质，是对设计结果的评判。款式品质是指设计的产品企划部门和销售部门对款式的要求是否一致。在时间进度范围内，设计品质是最为关键的，是设计工作的核心所在。如果没有品质的保证，量多等于是浪费，因此，设计品质管理的核心是"宁可求其质，不可求其量"。

三、学习拓展

服装成衣设计管理工作及对应的职位

（资料来源：东莞市不驹服装设计有限公司）

1. 工作内容

服装设计研发中心的工作包括潮流资讯搜集、款式设计、平面设计、设计稿制作，每种工作都有对应的职位。每种职位以小组形式进行工作。

（1）潮流资讯组：通过网站、时尚杂志、市场考察，整理出流行元素。流行元素包括流行颜色、流行款式、流行板型、流行品种。

（2）款式设计组：根据潮流资讯组搜集出来的流行趋势进行款式设计。

（3）平面设计组：对潮流资讯组搜集的流行图案进行图案设计、平面设计、印绣花设计等。

（4）设计稿制作组：统筹其他三个小组的工作，完成设计稿制作、样板工艺制作、尺寸以及样衣试穿。

2. 职级

服装设计研发中心有四个职级，包括设计主管、主力设计师、设计师及设计助理。

（1）设计主管：设计工作项目的主要领导人，把握整个设计工作的总体流程和规划。

①职务目标：

A. 协助制订部门业务目标、策略、制度、人事、发展方向、财务预算等。

B. 负责管理和执行日常部门工作，并督导下属工作。

②关键职责：

A. 协助制订样板命中率预算目标、批板准期率目标、商品开发策略、买办策略、商品开发业务运作制度、发展方向。

B. 负责管理和执行日常设计组的商品设计、批核样板、审核板单等工作，主要包括潮流元素、信息收集与分析；编制产品设计架构；参照商品开发策略设计系列产品；审核板单相关资料；批核样板设计效果；参与每季产品介绍及展示工作；复核服装资料手册的内容；季度商品开发检核及总结。

C. 督导下属工作。

③关键表现指标：

A. 把握本部门及组别业务发展方向及落实相关业务计划的能力。

B. 落实本部门及组别资源分配策略的能力。

C. 协助管理本部门及组别日常运作及解决相关问题的能力。

D. 各项KPI达标情况（如样板命中率、批核样板准期率）。

④素质指标：

A. 有归属感，忠于公司。

B. 主动，力求上进，有责任心。

C. 有队制精神，尊重及照顾下属。

D. 果断，命令不忘教育。

⑤要求达到的表现：

A．处处为公司着想；服从上司。

B．提出及接纳新意见，努力改进，不墨守成规；身先士卒，率领及推动革新；支持顾客、下属及有关之士的革新建议；主动与顾客保持联络，使他们充分了解公司的产品及服务与顾客建立关系，增强顾客的信心；留意市场动向，提出见解，调适工作分配。

C．承担个人责任；具备专业知识，有效地应用于工作中；学习并研究新知识，把工作做得更好；运用专业知识，指导及协助组员工作。

D．发挥团队精神，为组员提供机会，发挥强项；为团队提供支持。

E．对基层多沟通、多了解、多关心多支持；适当地分配工作。

F．快速及正确地解决顾客反映的问题；指导及培训基层人员。

（2）主力设计师

①职务目标：

执行上级安排的工作，注重工作效果及指导下属工作。

②关键职责：

A．执行上级安排的涉及样板的相关工作、协助设计产品及整理服装数据等，主要包括参与产品设计工作；整理板单相关数据；协助复核样板设计效果；整理季度商品开发检核报告资料；协助整理服装手册数据；协助订货会工作。

B．指导下属工作。

③关键表现指标：

A．日常工作安排及监督相关进展的能力。

B．积极、主动、精准地完成工作。

C．及时完成工作。

（3）设计师：

①职务目标：

执行上级安排的工作及指导下属工作。

②关键职责：

A．执行上级安排的工作，完成一定的设计任务。

B．指导下属工作。

③要求达到的表现：

A．处处为公司着想；服从上司。

B．努力改进提升自己的设计能力；能够有效地完成上司的指定工作。

C．具备一定的专业知识，有效地应用于工作中；学习并研究相关的知识，把工作做得更好；运用专业知识，指导及协助组员工作。

D．发挥团队精神；为团队提供支持。

（4）设计助理：完成上司安排之工作。

四、检查与评价

1. 简答题

（1）服装成衣设计管理的特点有哪些？

（2）服装设计管理的作用有哪些？

2. 实操题

进行市场调查，做出某品牌成衣设计管理模式的架构。

附录　思考题答案汇总

单元一　服装成衣设计概述

学习任务一　成衣设计概述

思考题

请选取几款不同的服装，按照成衣的层次定位进行分析，并说明原因。

答题要点

（1）说明该款式的层次定位（略）。

（2）说明该层次定位的原因：

高级定制（译自法语Haute couture），也称为高级时装，它是根据顾客的特定需求进行的量身定制，以设计师的服务为重点，对每个顾客而言强调其专属感和个性化，尺码、规格非常精确；扬长避短，用料考究，工艺精湛，大部分用手工制作，完全量体裁衣。针对体型定制人台，能够体现穿着者和设计师的个人风格，经过几次假缝和试穿，堪称艺术品。价格非常昂贵。

高级成衣（译自法语Pret-a-porter），英译为Ready-to-wear，它是以中产阶级为消费对象，在一定程度上运用高级时装的制造技术，小批量生产的高档成衣。现在大多是设计师品牌，消费对象多为中产阶级，价位较高，是介于高级定制和普通成衣之间的一种服装产业。

成衣是按照一定号型标准和质量要求，参照工业化生产模式批量生产的系列成品服装。成衣有别于单量单裁的定制式服装，消费群体为广大的普通百姓，价位相对便宜。

学习任务二　成衣业的产生与发展

思考题

查阅并搜集新中国成立后的典型成衣款式，分析其设计特色和历史背景，并互相交流。

答题要点

（1）典型款式展示（略）。

（2）设计特色及历史背景分析（略）。

（3）收集第一次世界大战和第二次世界大战之后国外的经典款式，并分析其形成原因。

学习任务三　用"设计语言"
表达设计师的职业素养

思考题

请搜集若干国内、外知名服装设计师信息，了解其生平和主要事迹，并互相交流。

答题要点

国内、外知名服装设计师介绍（略）。

单元二　成衣流行的成因与应用

学习任务一　成衣流行的成因

思考题

查阅资料，了解一种流行风格，并分析提取相关的风格特点；分析当时的政治、经济、科技、文化等因素对其产生的影响。

答题要点

（1）历史上的流行风格（略）。

（2）政治、经济、科技、文化等因素对其产生的影响（略）。

学习任务二　成衣流行的形式与规律

思考题

查阅资料，了解一种历史上的流行成衣，并按照成衣流行的周期性规律，分析其萌芽、发展、高潮和衰退的过程。

答题要点

（1）历史上的流行成衣（略）。

（2）成衣流行的周期性规律：

①萌芽期，这个阶段是服装流行的初始阶段，在这一时期，少数对流行比较敏感的人已经率先感受到新锐的流行服饰，并开始穿着和搭配。由此这一轮时尚的序幕便被徐徐拉开。

但此时流行时尚还并没有被多数人所感受到。

②发展期，随着流行服饰的穿着人群逐渐增多，流行时尚被逐渐推广开来，流行服饰逐渐为更多的人群所接受和穿着，此时流行进入了发展期。

③高峰期，伴随着流行服饰的推广和越来越多的人群对这股时尚潮流的推动，服装企业开始大批量地生产和销售，此时社会大众已经开始参与并逐渐熟悉这股流行的风尚，成衣流行至此时达到高峰期。

④衰退期，成衣的流行伴随着大众的普遍参与达到高峰期之后便是人们审美倦怠的开始，人们逐渐不再被这种流行的样式所吸引。由此对潮流敏感的人士开始逐渐被新的流行所吸引。这也预示着新一轮流行风尚即将开始。因此可见，成衣的流行在高峰期过后便进入急剧的衰退期，与此同时伴随着的是下一轮新的流行的兴起。

实操题

请根据快时尚的概念及特征，分析相关成衣品牌，并进行小组交流，然后完成评价表。

答题要点

（1）快时尚品牌搜集（略）。

（2）快时尚的概念及特征分析：

快时尚（Fast Fashion）是一个当代用语，它指时装零售商告诉大众他们设计的产品从T台到店铺只需要很短的时间，代表了当下市场上的流行趋势。"快"字主要体现在对市场快速的反应能力，即快速更新产品、快速投入市场、快速响应市场。快时尚与时尚相比，在广度上特征更加突出，它与宫廷时尚、资产阶级时尚这种由上层阶级引发的时尚显得更加亲民性。从某种意义上来说，快时尚就是时尚的民主化进程。

快时尚的特征包括以下几个方面：

①产品更新速度快，可以在很短的时间内设计、销售最新产品。

②产品时髦，颜色、图案、材料、轮廓等走在潮流前端。

③价格便宜，相对上千上万元的品牌相比，货品价格几十元到几百元不等。

④不以独立设计师为中心，以设计团队为核心。

⑤具有知名度，具有品牌运作一系列流程管理特征。

⑥店铺均选址在人群流量很大的繁华商圈。

学习任务三　流行趋势的收集与应用

实操题

搜集下一季的流行趋势，分析其中关键的流行元素，并进行小组交流。

答题要点

下一季的流行趋势预测分析，其内容包括以下几点：

（1）款式造型预测分析；

（2）色彩图案预测分析；

（3）面料材料预测分析；

（4）主题风格预测分析；

（5）综合表达。

单元三　成衣设计部门职责与工作流程

学习任务一　成衣设计部部门职责

思考题

1. 思考成衣设计部门职能的重要性及其作用。

答题要点

（1）构想新产品的初步思路。内容包括新产品的策划方案、市场定位、艺术主题、价位构思、服饰材料、结构特征、工艺过程及质量性能指标等诸多因素。新的款式系列能否获得成功，构想是关键性的第一步，它统领着以后各个阶段的大方向和基本策略。好构想的产生取决于三个方面的因素：第一，考察市场动态，收集用户意见；第二，分析竞争对手，做到知己知彼；第三，熟悉自身实力，精心测算投资风险和生产周期。

（2）筛选各种构思方案。成衣产品设计必须要有足够的构想，产生数套方案进行比较、分析和研究。一般情况下，设计部门要拿出2～3倍的准备设计方案。约定企业内部各有关部门，如技术部门、商品部门、销售部门及生产部门等共同"会审"，设计师要做出可信的解释和说明，以便共同判断、评价和选优，淘汰那些不可行或可行性差的构想。筛选方案时，有三个方面的问题必须详细说明：第一，新构想是否符合企业成衣生产目标；第二，企业的资源能否满足构想的需要；第三，成衣产品性价比是否合理。

（3）做出必要的销售预测。通过新款式系列的技术分析，进一步评价其商业成功的可能性。销售预测要建立在科学的可行性研究基础上，使预测真正成为新产品决策的依据。

（4）整理出总体构思方案。对可能涉及的新造型、新结构和新材料进行必要的试验，以掌握其工艺性。新产品开发建议书的内容主要包括开发新产品的名称和类型、市场理由、初步构想方案、产品的性能和用途、技术的先进性、经济的合理性、组织方式及经费预算等。

（5）规范和优化服装产品设计开发流程。制订规范的流程文件，包括流程图、作业规范、标准和流程有效性衡量指标，逐步实现精细化管理，提高工作质量；缩短成衣设计开发周期；控制成衣产品成本；从成衣产品策划到上订货会过程中的主要业务流程的规范与优化。

（6）整理新产品的配套工作。负责组织产品设计过程中的设计评审，设计验证和设计确认；负责相关技术、工艺文件、标准样板的制订、审批、归档和保管；建立健全技术和保密档案管理制度；负责与设计开发有关的新理念、新技术、新工艺、新材料等情报资料的收集、整理、归档；订货会样衣和相关资料的准备；配合企划部完成每年春夏与秋冬画册的拍摄工作。

2. 分析服装企业任务SWOT评价体系，说明其对成衣设计的指导作用。

答题要点

从成衣设计中的SWOT分析来看，SWOT主要是分析成衣设计产品的优势（strength）、劣势（weakness）、机会（opportunity）和威胁（threats）。在成衣设计过程中，既要思考产品每一步的设计优点，同时，设计中产生的缺点和威胁要通过各部门的反馈意见收集到位，在修改的过程中，做到及时处理和修改设计，保证成衣产品的实用与美观性，方便成衣大货生产工序和步骤合理性。

学习任务二　成衣设计部工作流程

实操题

模拟国内一线品牌如"例外""播""天意"等设计品牌进行模拟开发，锻炼品牌设计开发能力及系列化设计方法。作为成衣设计流程的学习来说，根据市场上某个目标品牌进行模拟产品开发是能很快提高自己实战能力的。以团队小组为单位，在掌握成衣设计开发流程的基础上，要对本组模拟成衣品牌进行全方位的阐述。具体要求如下：

（1）方案综述。模拟品牌的风格、年龄定位、目标客户、上货波段，甚至包括公司文化、目标品牌主设计师的情况等都要有一个全面的综述（教师建议：要求每组都要有本组喜欢的设计风格并参考对品牌长期进行的跟踪记录，以增强针对性，能清楚地知道成衣品牌开发和上货情况）。

（2）流行企划。根据参考品牌的风格和市场流行趋势，确定模拟品牌某一季度产品的品类和数量、产品设计理念、开发进度等。

（3）案例小试。结合模拟成衣产品需要进行面料调样，作为模拟开发可以到面料市场收集面料小样（不少于10种面料），并进行系列化或单款的细节设计（至少两个主题，20套系列成衣产品设计）。

答题要点（略）

建议以团队小组为单位，在掌握成衣设计开发流程的基础上，要对本组喜欢的设计风格的参考品牌（本地区知名品牌）进行长期的跟踪和调研。实操题完成时间可用2个月计算。

单元四　成衣设计程序

学习任务一　成衣设计开发企划准备

思考题

1. 根据自己的理解，谈谈如何把握成衣设计的要素与要求？

答题要点

（1）成衣设计的要素，创意性要素、实用性要素、协调性要素、市场化要素、利润性要素。

（2）成衣设计的要求。成衣设计需要设计师把握市场规律并仔细观察消费者和市场；成衣设计要求设计师了解流行趋势和本地区服装的需求状况；成衣设计是规模化、工业化的生产，设计要符合批量生产的原则；成衣设计要求设计者了解生产技术和工艺流程。

2. 为什么说企业文化的使命或愿景影响品牌的成衣设计理念？

答题要点

企业使命是企业生产经营的哲学定位，也就是经营观念。这中间包含了企业经营的哲学定位、价值观以及企业的形象定位。企业愿景是指企业的长期愿望及未来状况，组织发展的蓝图，体现组织永恒的追求。有助于管理团队对长期目标需要何种水准的品牌行销支持达成共识。因此，为了真正挖掘、提炼、运用、发挥好企业愿景和企业使命的品牌成衣理念，有必要具体分析、理解企业愿景和企业使命之间的关系。企业愿景和企业使命都是对一个企业品牌未来的发展方向和目标的构想和设想，都是对未来的展望与憧憬，也正是因为两者有对未来展望的共同点。企业愿景主要考虑的是对企业品牌设计有投入和产出等经济利益关系的群体产生激励、导向、投入作用，让直接对企业有资金投资的群体、有员工智慧投入的群体等产生长期的期望和现实的行动，让这些群体通过企业使命的履行和实现感受到社会价值的同时，自己的利益发展得到保证和实现。企业使命是在界定了企业愿景概念的基础上，也就是说，企业使命只具体表述企业在社会中的经济身份或角色，在社会领域里，该企业的分工是什么，在哪些经济领域里为社会做贡献。

实操题

调研市场，选取某一知名成衣品牌（男、女、童装品牌不限），每位学生根据品牌定位实施——接触点管理原则列出该品牌的风格定位，以PPT形式个人单独完成。

学习任务二　成衣设计开发施展过程

思考题

1. 成衣设计开发中设计构思主要包含哪些，试举例说明？

答题要点

包括对服装主题、品牌风格定位、成衣产品结构、流行趋势、服装款式、矢量图片、印花绣花、色彩系列、面料辅料、服装制板、裁剪工艺、服饰搭配等多种表现形式的设想。一般说，设计构思是意象物态化之前的心理活动，是设计师"眼中自然"转化为"心中自然"的过程，是心中意象逐渐明朗化的过程。在展开设计构思的工作中，可以从以下三个方向综合考虑，确保成衣产品的实用性与审美性。

（1）设计构思方向一，包括对产品风格、意境图板、主题故事、流行趋势的设想与架构。

（2）设计构思方向二，包括对服装款式、矢量图片、印花绣花、色彩系列、面料辅料、服装制板、裁剪工艺的设想与架构。

（3）设计构思方向三，包括对产品结构、服饰搭配、卖场陈列、市场环境、政治经济等方面的设想与架构。

2. 选取某季服装流行趋势意境图，分组探讨识图后阅读到的信息点。

答题要点（略）

实操题

绘制成衣女装上装一款（季节、年龄、风格都不限），并配以相关的配套工艺单。

答题要点（略）

学习任务三　成衣设计开发后期反馈

思考题

1. 简述成衣产品订货会的主要工作核心点。

答题要点

成衣商品订货会对于服装品牌设计部来讲是设计工作考量中最直接的核心指标，订货会中订单量直接反映出设计师的设计能力及对市场的把握水准。对于企业来说也是营销工作中最重要的环节之一，订货会的质量会影响到一整季的销售额，做好订货会就要把握好订货会产品推广、落单、利润获取等实质问题。核心点主要包括设计产品的波段设置和设计卖点介绍、成衣产品的展示方式选择、订货会期间的客户服务与落单工作安排。

2. 解读成衣商品大货生产一般要点有哪些？

答题要点

成衣商品大货生产的一般要点：接到生产大货通知的订单→做生产资料计划→定面、辅料→制作大货产前样→裁剪→绣、印花→生产进度、质量跟进→洗头缸洗大货→后整查货→包装出货→回收面、辅料。在此期间，有许多因素会影响大货生产环节的进度，还需设计人员再次确认或更改设计方案或手法。

实操题

参观当地服装企业（不少于2家企业），调研企业主要工作岗位职责和任务，以小组为单位，设计思考开发本组服装项目团队创业计划书，要求：内容完整，条理清晰，重点突出，与现实联系紧密，可操作性强，数据科学、准确，分组合作，学生合理分工，完成开发施展流程的体验实践；能根据创业项目特点，分析消费者的特点、产品的特性、市场环境因素等，制订恰当的价格，选择合适的渠道，制订适合本企业模拟开发成衣产品的营销推广策略。

答题要点（略）

单元五　服装成衣设计基础

学习任务一　成衣设计的影响因素

实操题

请同学们分组搜集不同款式的成衣，根据成衣的影响因素，完成评价表，并分组进行阐述，说明理由。

答题要点

成衣的社会意识分析；成衣的流行风格分析；成衣的面料处理分析；成衣的工艺技术分析；综合表达与陈述。

学习任务二　成衣设计的基本要素

实操题

根据当季流行趋势，请每组同学选择若干款式，分析设计师主要运用了哪些基本的设计要素，并完成评价表。

答题要点

（1）成衣中"点"的运用分析。点是造型设计中最小的单位，也是成衣设计中最小的造型要素。数学中的点只是表示位置，但在造型设计中，点不但可以有面积大小的变化，也可有色彩、质感等不同的形式。从外形上看，并不是圆形才构成点，方形、三角形、菱形、梯形等都可以构成视觉上的点。可以通过聚与散、多与少、大与小等构成丰富多彩的视觉效果。

（2）成衣中"线"的运用分析。水平线具有横向的延展感，有稳定、宽阔、平静感。垂直线具有纵向的伸长感，有挺拔、权威、坚强、严肃的感觉。水平线和垂直线的综合运用在成衣中可以产生丰富多变的效果。斜线能产生活泼的动感及不安定的效果；曲线能够产生丰富的韵律和节奏感。

（3）成衣中"面"的运用分析。面可以分成几何形的面和偶然形的面。几何形的面包括圆形、方形、三角形等，这些面在服装造型设计中运用极为广泛。如以方形的面组合成的男装西服、中山装、夹克衫、职业装等，从外形轮廓、衣身结构到口袋造型，多给人以严谨、庄重之感，能较好地体现出穿着者的气质及修养。圆形的面多用于女装中，如裙摆设计、圆领、圆角衣摆、圆形的衣袋设计等，能够体现出柔和、优雅的女性气质。

偶然形的面有洒脱和随意性，富有一定的艺术美感。深受人们的喜爱。如不规则的裙摆设计，正是一种偶然形的构成形式，在成衣设计中具有较强的设计美感。另外通过面料的二次设计、印染、扎染等，都可以塑造出偶然形的造型效果。

（4）成衣的综合设计分析。成衣设计中的点、线、面可以相互转换。多个点可以连成线，线的推移可以形成面。例如成衣中的纽扣设计，单个的纽扣是点的效果；多个点排列就形成了线的效果；较大的纽扣也可以看作是面。单根线是线的感觉，多根线在一起就可以形成面的效果。所以成衣设计中的点、线、面是可以相互转换的。

学习任务三　形式美法则在成衣设计中的运用

实操题

根据当季流行趋势，请同学们选择相应的成衣款式，分析形式美法则是如何贯穿其中进行运用的，并完成评价表。

答题要点

（1）比例与分割的运用。比例是指艺术造型内部不同线段或面积之间大小、长短的数量配比关系。恰当的比例给人以美的感受，称为"比例适度"，反之，如果内部之间的数量配比超过了人们心理预期的承受范围，则感觉为"比例失调"。

比例的应用包括无规律比例和有规律比例。有规律比例中包括渐变和黄金分割比。在成衣设计中比例的体现无所不在，如长度配比中有上衣与下装的比例关系；围度配比中有肩宽与胸围、腰围、臀围的比例关系；另外还有服饰配件（帽子、首饰、围巾、包带）与成衣主体的大小配比关系；成衣的内外空间的形体比例关系等。

（2）对称与均衡的运用。对称，是指以对称轴为中心，两侧的形、色或是质呈现出同形同量的状态。对称呈现出秩序感、稳定感的特点，但处理不当会显得单调、呆板。均衡，是指形态的两边不受中心线的约束，虽然形态不同，但是分量相同的一种状态，它给人以稳定的心理感受。

（3）变化与统一的运用。变化指各个不同的组成要素在一起构成的对比和差异感。它体现的是事物之间的差异性，可以是形的变化：如形态之间的大小、长短、方向、位置变化；也可以是色彩的变化：如色相、明度、纯度、色彩的深浅、浓淡、虚实等变化；也可以是面料的变化，如面料的光泽感、质感的变化等。形态之间富有变化感，会显得生动活泼，但是如果变化感过大，缺乏统一和协调，则会显得杂乱无章。

统一是指图案中各组成部分内在的同一性和一致性，是各个因素中的共性的因素在起主导作用。有了统一的因素，成衣的设计才会有整体感、周到感、秩序感，但处理不当，便会显得单调乏味。

（4）对比与调和的运用。对比指两个或两个以上的因素之间所具有的数量、形状、色彩或是大小、质感之间的差异性对比，属于较为个性的因素。调和是指两个或两个以上的因素之间所具有的共性的因素。

（5）节奏与韵律的运用。节奏和韵律本是音乐中术语，节奏是指音乐中节拍的轻重缓急所产生的变化和重复。节奏这个具有时间感的用语在成衣设计上是指同一要素在连续重复时所产生的律动感。在成衣设计中主要是指造型、色彩、图案、面料质感的规律性排列，如形成等差数列或是等比的数列关系。

韵律在音乐中原指声韵和节奏。在成衣设计中韵律可以体现在色彩、图案的构图及纹样的渐变上，还可以表现为装饰细节的粗细、浓淡、深浅、繁简等的渐变关系。节奏和韵律都体现了成衣设计中的秩序之美。

单元六　成衣设计中设计元素的架构

学习任务一　主题元素的设计

实操题

根据当季流行趋势，每人收集男、女、童装主题板图片各两块，并根据收集的主题板之一，编写该主题元素提取说明方案。

答题要点（略）

学习任务二　色彩元素的设计

实操题

根据已学知识设置分级任务，并根据自己的实践能力进行任务挑战。共设三级任务，级别越高，任务挑战难度越大。

（1）任务设置：

一级任务：绘制女性短袖T恤正面款式图，进行多色配色练习（不少于四组配色）。

二级任务：自拟一个主题，绘制系列女性短袖T恤正面款式图（不少于三款设计），进行多色配色练习。

三级任务：根据既定主题，选定符合主题的款式与色彩元素，绘制系列女性短袖T恤正面款式图（不少于三款设计），进行多色配色练习。

（2）任务要求：正确领会；灵活运用；小组讨论探究（四人一组），合作完成任务。

答题要点（略）

思考题

对本单元的感悟与体会进行小结。

答题要点

在成衣设计中，色彩起到了视觉醒目的作用，人们首先看到的是颜色，其次是服装款式，最后才是材料和工艺问题，所以服装色彩元素作为服装的组成部分，具有十分重要的意义。服装设计是由色彩、款式和材料三个要素组成的，它们在现实中有着独特的意义，但更多的意义是表现在审美上面。服装设计是一种艺术更是一种文化，服装的色彩搭配是文化的组成部分，因为其生动，以色夺人、以色抒情、以色写意，成为最具表现力的影响因素，可见视觉色彩带给人的第一印象是十分重要的。另外每一种颜色本身还有不同的语言，代表着人们不同的感情和情绪，不同的色彩搭配更是丰富了人们的情感。在正常的情况下，能给人强烈的视觉刺激，正是因为服装有了丰富多彩的颜色。服装色彩和音乐一样都能给人一种奇妙的感觉，优秀合理的服装色彩搭配，会给人以美的愉悦与体验。

各种颜色都有其固有的美。成衣配色时需以色与色之间的关系来体现美感，要按一定的秩序搭配成衣色彩；搭配的色彩要有主次之分，各色之间所占的位置和面积大小，一般按接近黄金分割线比例关系搭配，以产生秩序美。通过搭配产生运动感，它可由服装本身的图案如面料色彩的重复出现、面料的重叠等工艺而产生。另外，色彩的运动感也可由色的彩度和明度按渐变或者配色本身的形状而产生。无论如何搭配，最终必须使其效果在心理和视觉上有和谐感。为此，有时可利用装饰和衬托，强调服装某一部分的吸引力而达到这一效果。我们根据以上的原理可以从明度配色、色相配色、纯度配色来尝试服装中色彩之间的搭配组合所产生的不同的效果。

学习任务三　廓型与款式元素的设计

实操题

（1）任务一：任意选择一款常用成衣外轮廓，进行内部变化拓展设计10款（正背面款式图），重视成衣内部细节的设计表现，尤其强调内部款式结构创意的设计，从而弱化了外部轮廓造型。

答题要点（略）

（2）任务二：根据既定主题，选定符合主题的廓型与款式，手绘系列女性休闲装5款（彩色正、背面款式图）。深入了解主题板意境，分析成衣廓型与服装款式设计的相互关系及它们的发展变化规律，借助成衣外部廓型与内部款式设计的巧妙结合来表现主题的丰富内涵和风格特征，综合体现服装设计者的设计修养与设计能力。

任务要求：

①正确领会题意，设计作品时灵活运用。

②款式局部细节设计可放大处理绘制，并根据设计思路，可适当增加文字辅以说明。

③绘制在A4纸上，注意排板及形式美感。

④小组讨论研究（四人一组），根据自己实际学习情况，单独完成任务一或任务二。

答题要点（略）

思考题

根据自己的理解，浅谈成衣造型设计的两大重要组成部分——廓型与款式设计两者之间的关系（可利用案例设计稿具体阐述内涵关系）是怎样的？

答题要点

成衣廓型与款式元素设计是成衣造型设计的两大重要组成部分。廓型是指成衣的外部造型线，也称轮廓线。款式是成衣的内部结构设计，具体可包括成衣的领、袖、肩、门襟等细节部位的造型设计。成衣廓型是造型设计的本源，成衣的造型一般也具有一定的规律，虽然每一季的服装都呈现出让人耳目一新的换血，但从廓型来说，在原有的廓型基础上增加了新的代表流行的元素，就成就了新一季的潮流款式。成衣廓型所反映的往往是服装总体形象的基本特征，像是从远处所看到的服装形象效果；款式是成衣造型设计的具体组合形式，是服装的细节。在成衣构成中，廓型的数量是有限的，而款式的数量是无限的。也就是说，同样一个廓型，可以用无数种款式去充实。成衣作为直观的形象，如剪影般的外部轮廓特征会快速、强烈地进入视线，给人留下深刻的总体印象。同时，成衣廓型的变化又影响制约着款式的设计。成衣款式的设计又丰富、支撑着成衣的廓型。

案例概述分析（略），可根据学生自己理解开放回答。

学习任务四　材料元素的设计

实操题

（1）任务一：使用面料元素做成衣材料搭配练习

①同一材料不同肌理的搭配：同材不同质的搭配；同材同质同色彩的搭配；同材同质不同色彩的搭配。

②不同材料肌理的搭配：同色彩不同材料的搭配；不同材料不同色彩的搭配；不同图案

纹样的组合搭配。

任务要求：

①以彩色款式图的形式表现。

②写明搭配形式。

③使用8开纸，装裱。

答题要点（略）

（2）任务二：面料趋势板制作

任务要求：

①根据虚拟春夏面料流行趋势主题，任意选择，完成四组面料趋势板制作，合组完成（4人一组）。

②调研周边服装市场，每幅作品面、辅料收集不能少于10种。

③4开白硬卡纸完成，装裱。

④根据主题要求，可对采集的面料进行二次开发，注意形式美感。

⑤全班同学作品在学校内部做小型静态时装艺术面料展（艺术版面参考形式范例如正文图6-47）。

答题要点（略）

思考题

1. 成衣设计中材料、造型、色彩的结合关系应如何处理？

答题要点

成衣设计中，材料选择应与成衣的造型、色彩相匹配，突出设计的重点以及材料要符合设计理念，与服装艺术整体和谐，准确表达设计师的服装理念和设计内涵，形成独特的、完美的艺术效果。材料与成衣造型之间的协调美感是服装设计中至关重要的环节，材料不仅是服装造型的物质基础，同时也是造型的艺术表现形式。质感和肌理突出的材料给人以强烈的视觉冲击力，单纯、细腻的材料则可以体现夸张多变的造型，若两者配合不当，所表现的视觉效果就无形式和风格的统一，因此材料与服装的造型、色彩相互间搭配的关系，已成为贯穿现代服装设计构思过程中的主线。服装的色彩是通过服装材料来体现的，由于服装材料内在结构、表面肌理不同，色感的差别反映到人的视觉感觉也就不相同。

2. 结合身边实例，谈谈面料再造在服装设计中的应用。

答题要点

（1）加法设计：用各种手法将相同或不同的多种材料重合、叠加、组合而形成立体的、有层次的、富有创意的新材料类型。如果在面料设计中没有材料的变化、色彩的变化、质感的变化、肌理的变化，就会显得单调、乏味、古板。方法如刺绣、打结绳、褶裥等。

（2）减法设计：将原有材料经过抽丝、剪除、镂空、撕裂、磨损、烧、腐蚀等手法除掉部分材料或破坏局部，使其改变原来的肌理效果达到一种新的美感，如做旧形式。

（3）变形设计：将原来的面料经过抽褶、裥饰缝，从正面或反面进行捏褶处理，用拧、挤、堆积、黏合等手法完成，使面料具有立体感、浮雕感的变化处理。

（4）其他设计：面料的二次设计，如手绘、印染、喷绘等。

（5）综合设计：同时采用以上几种方法设计出新的富有变化的再造材料，使多样变化或构成了强烈对比的各种因素趋向缓和，在外观上呈和谐的艺术效果，使服装材料产生生动的美感。

学习任务五　装饰元素的设计

实操题

1. 成衣装饰手法拓展运用一

根据已给出参考图片，仔细观察其设计元素的装饰手法，据此手绘拓展3款款式图。要求如下：

①正、背面款式图。

②根据参考图提取装饰元素并进行拓展运用。

③设计细节可放大处理。

④注意版面美观及排板合理。

⑤辅以文字说明。

答题要点（略）

2. 成衣装饰手法拓展运用二

设计两套裙装、一个图案，根据此图案的特点，在裙装适当的地方添加合适的图案。要求如下：

①图案设计品类不限。

②以彩色正面款式图形式绘制。

③设计细节可放大处理。

④注意版面美观及排板合理。

答题要点（略）

3. 用白坯布使用不同的装饰手法进行创意性装饰设计，创造出风格各异的视觉效果，要求装饰变化不少于五种。

答题要点（略）

思考题

根据自己的理解，阐述成衣服装的不同装饰手法对于服装的款式、结构和工艺的设计有何影响？如何协调？

答题要点

结合表6-8～表6-11装束手法举例说明。

学习任务六　工艺元素的设计

实操题

1. 成衣工艺元素设计拓展运用一

根据已给出参考图片（图6-73），仔细观察其工艺设计元素的装饰手法，据此手绘拓展两款款式图。要求如下：

①正背面款式图。

②根据参考图片提取工艺元素并进行拓展运用。

③设计细节可放大处理。

④注意版面美观及排板合理。

⑤工艺细节辅以文字说明。

2. 成衣工艺元素设计拓展运用二

观察图6-74~图6-77，根据每款成衣服装工艺元素特征，在对应的括号里写出工艺手法（可列出多种手法）。

思考题

1. 成衣工艺元素设计有哪些形式？

2. 选取一件羽绒服，仔细观察，写出其主要运用的工艺手法。

3. 设计一款女童连衣裙，绘制正、背面款式图（用文字标注工艺细节），并绘出缝制工艺流程分析图。

单元七　成衣项目分类设计

学习任务一　童装成衣设计

思考题

1. 根据自己的实际理解与实践，简述在童装成衣设计中意向型思维设计的拓展运用心得？

答题要点

要提示学生根据自己的理解与实际设计运用来分享心得。

2. 有针对性的项目市场调研对成衣设计的指导作用有哪些？

答题要点

针对性的项目市场调研是指通过有目的地对一系列有关服装设计生产和营销的资料、情报、信息的收集、筛选、分析来了解现有市场的动向，预测潜在市场，并由此做出生产与营销决策，从而达到进入服装成衣市场、占有市场并实现预期的目的。

①了解消费者的真实需求。市场调研是了解消费者真实需求的有效途径。一般情况下，服装企业往往是单方面向消费群提供流行信息与服饰产品的，但目标消费者真正需要和喜好的产品是什么色彩、风格、功能以及搭配方式等信息却很难自动反馈给企业。通过自身店铺和同类其他品牌的销售调研以及消费者问卷的形式，可以直观地了解消费者对于产品的反应及需求，提高顾客的满意度。

②提供市场决策的依据。市场调研可以为企业的市场决策提供最直接有效的依据。相对于仅凭经营者的经验而对市场做出的判断来说，客观的调研结果在很大程度上避免了判断的主观性、盲目性和风险性。这一点对于一个即将推出的新品牌来说尤为重要。品牌的定位和相关的建设方法都需要通过市场调研进行必不可少的前期准备工作。而对于现有服装品牌来说，无论是品牌风格的变化、产品价格的调整、还是店铺形象的换装工程都需要相关部门做好扎实有效的市场调研，为企业随之而来的大笔资金投放做好导向工作。

③掌握竞争对手的信息。市场调研还是掌握竞争对手信息的重要手段。一个品牌在发展还不完善，尤其是尚未成为业内领头羊的时候，通常都会在市场上寻找一个旗鼓相当或者略高于自己的对手作为竞争的目标品牌。通过市场调研，弄清目标品牌的基本情况，为赶超对手提供客观的依据。大部分市场业绩良好的服装品牌都会是其他服装品牌悄悄瞄准的目标品牌，前者什么产品好销，销量是多少，后者通过市场调研即可以一目了然。并且据此调整产品结构甚至经营手段，努力使自己的产品得到更大的市场席位。

3. 试举一案例，说明儿童心理与生理特征对童装成衣设计的影响（可以图例结合文字形式进行说明）。

答题要点（略）

实操题

1. 根据贴袋款式设计需要，收集童装贴袋设计的相关资料（不少于30款）。

答题要点（略）

2. 根据品牌"绽放"主题概念——急速奔跑的时尚，设计带有贴袋形式的男女童T恤各4款。

答题要点（略）

学习任务二　女装成衣设计

思考题

1. 根据自己的实际理解与实践，简述在女装成衣设计中拓展运用的心得？

答题要点（略）

2．有针对性的目标市场调研对成衣设计的指导作用有哪些？

答题要点

（1）目标市场定位；

（2）常用色彩、款式、面料、工艺、细节等设计元素；

（3）影响消费者购买的心理、经济、文化因素；

（4）品牌的设计定位：成本、风格、主题。

3．试举一案例，说明女性心理与生理特征对女装成衣设计影响（可以图例结合文字形式进行说明）。

答题要点（略）

实操题

1．根据某品牌女装定位需要，收集春夏女装设计的相关资料（不少于30款）。

答题要点（略）

2．根据品牌"蜕变"主题概念——变幻万千，设计带春夏女装4款。

答题要点（略）

学习任务三　男装成衣设计

思考题

1．根据自己的实际理解与实践，简述在男装成衣设计中如何搜集潮流资讯？

答题要点

要充分利用各大时装周的潮流资讯以及充分的市场考察。

2．设计流程对成衣设计的作用有哪些？

答题要点

设计流程能够保证成衣设计计划的按时实施，保证成衣设计各部门的协作与沟通，保证成衣设计计划的目标实现。

实操题

1．根据企划主题设计一系列款式（不少于30款）。

答题要点（略）

2．通过款式方向，完成款式设计，并完成设计稿的制作（不少于10款）

答题要点（略）

单元八　服装成衣设计管理

思考题

1．服装成衣设计管理的特点有哪些？

答题要点

（1）制订产品开发计划，明确预定设计目标。

（2）建立人才梯度结构，完善设计团队组织。

（3）指定设计效率标准，把握时间检查进程。

2．服装设计管理的作用有哪些？

答题要点

设计管理的根本目的是提高设计品质，设计品质是品牌服装的根本，需要通过良性的设计管理模式加以保证。

实操题

进行市场调查，做出某品牌成衣设计管理模式的架构。

答题要点（略）